工业控制与智能制造丛书

UWB 定位技术及智能制造应用

赵荣泳　张浩　林权威　陆剑峰　著

机械工业出版社

超宽带（Ultra Wide-Band，UWB）是一种新型的无线通信技术，近年来兴起了对该技术的研究和产品开发热潮。本书以科普性、理论性、技术性和实用性为编写原则，面向智能制造发展过程中对各类生产要素高精度定位的需求，深入浅出地阐述了 UWB 高精度定位技术的相关理论、方法、模型和实现算法。同时，结合本书作者及其科研团队在智能制造领域中的理论和技术研究，介绍了行业代表性产品的研发和应用案例。为增强本书的技术实用性，在附录部分涵盖了关于 TDOA 的定位程序、定位数据处理及显示程序、UWB 典型产品选型指导以及 UWB 系统标准化接口协议等，兼具实用技术手册的功能。

　　本书可以为 UWB 定位软硬件研发人员、企业安全和生产运营管理人员、智能制造系统研发人员提供宝贵的技术参考，同时也可以作为无线通信、智能制造及其相关专业的高年级本科生或研究生的教材。

图书在版编目（CIP）数据

UWB 定位技术及智能制造应用/赵荣泳等著. —北京：机械工业出版社，2020.10（2024.4 重印）

（工业控制与智能制造丛书）

ISBN 978-7-111-66744-5

Ⅰ.①U… Ⅱ.①赵… Ⅲ.①宽带通信系统-无线电通信-通信技术-高等学校-教材 Ⅳ.①TN92

中国版本图书馆 CIP 数据核字（2020）第 189871 号

机械工业出版社（北京市百万庄大街 22 号　邮政编码 100037）
策划编辑：付承桂　责任编辑：付承桂　杨　琼
责任校对：张晓蓉　封面设计：马精明
责任印制：邓　博
北京盛通数码印刷有限公司印刷
2024 年 4 月第 1 版第 5 次印刷
169mm×239mm·17.5 印张·312 千字
标准书号：ISBN 978-7-111-66744-5
定价：85.00 元

电话服务

客服电话：010-88361066
　　　　　010-88379833
　　　　　010-68326294

网络服务

机　工　官　网：www.cmpbook.com
机　工　官　博：weibo.com/cmp1952
金　书　网：www.golden-book.com
机工教育服务网：www.cmpedu.com

封底无防伪标均为盗版

前　言

未来已来！高精度无线定位技术为智能制造领域生产要素的精准定位业务带来了无限可能，也衍生出更多的安全、高效的新业务、新产品和新服务。UWB定位技术势必赋能智能制造，促进新一轮的智能制造新业态的优质发展。

超宽带（Ultra Wide-Band，UWB）是一种新型的无线通信技术，近年来兴起了对该技术的研究和产品开发热潮。UWB定位技术就是利用电子标签设备发射脉冲信号，定位基站接收，再根据到达时间或到达时间差等方法来计算标签相对于基站的距离差，从而获得电子标签的高精度位置数据。该项定位技术可应用于机场、高铁站、医院、商场、化工生产线、智能制造车间等不同的定位场景。

本书详细地介绍了UWB定位技术的原理、方法、模型、算法、研发路径和智能制造应用案例，共分为9章。第1章主要介绍了常见的定位技术及其工作原理，如RFID、UWB和卫星等，并对常见定位技术的性能做了比对分析；第2章主要介绍了超宽带UWB无线通信技术的发展历程、相关标准以及各国监管机构及频谱分配；第3章主要介绍了UWB定位原理及方法，详细地阐述了常见的位置测量方法、UWB室内系统定位原理以及典型的UWB无线定位方法；第4章主要介绍了UWB室内定位模型及算法，主要包括UWB的系统信号、信道模型和定位算法，最后详述了基于TDOA模型的室内定位实现仿真案例；第5章主要分析了UWB定位误差的来源和评价指标，最后分析误差并给出了消除误差的方法；第6章主要分析了UWB系统中的惯性导航辅助定位，其中主要涉及的内容是惯性导航设备、三维空间刚体运动、UWB与IMU的组合定位算法和融合技术，最后对提出的算法进行仿真验证；第7章主要阐述了UWB系统产品的迭代研发路径与行业案例；第8章主要阐述了智能制造原理与技术、智能制造中的柔性物流与UWB，以及UWB在智能制造领域的设计与部署方法；第9章分享了UWB定位技术在智能制造领域各行业的应用案例、实施效果与项目建设经验，如电气设备行业、汽车制造行业、电子信息行业、钢铁行业以及工程机械行业等UWB定位项目成功案例。

为增强本书的技术实用性，在附录部分涵盖了关于TDOA的定位程序、定位数据处理及显示程序、UWB 典型产品选型指导以及 UWB 系统标准化接口协议等，兼具实用技术手册的功能。

本书的编写工作由同济大学 CIMS 研究中心的赵荣泳副教授、陆剑峰副教授和张浩教授，以及南京沃旭通讯科技有限公司的总经理林权威合作完成。在此，感谢同济大学中德学院王磊教授对本书的学术指导。感谢本书编写小组协调人同济大学 CIMS 研究中心研究生张智舒，以及负责各章节资料整理、分析和研究工作的李咪渊、王妍、贾萍，中德学院研究生谭光涛。同时，感谢南京沃旭通讯科技有限公司技术总监房宏、市场经理房海燕和博世力士乐（常州）有限公司工程师朱枫对本书技术研发和应用案例的大力支持，以及机械工业出版社的付承桂编辑对本书的修订建议。

本书以科普性、理论性、技术性和实用性为编写原则，面向智能制造发展过程中对各类生产要素高精度定位的需求，深入浅出地阐述了 UWB 高精度定位技术的相关理论、方法、模型和实现算法。同时，结合本书作者及其科研团队在智能制造领域中的理论和技术研究，介绍了行业代表性产品应用案例。本书可以为智能制造相关领域的科研人员、UWB 定位软硬件研发人员、企业安全管理和生产运营管理人员提供宝贵的技术参考，也可以作为无线通信、智能制造及其相关专业的高年级本科生或研究生的教材。

本书的部分研究工作得到中德政府间国际科技创新合作重点专项"基于 3D 实时位置信息的智能工厂物流优化与碰撞规避技术研究"（项目编号 2017YFE0100900）的资助，部分方法也来自国家自然科学基金"含双向充电桩的新能源微电网运行机制建模及优化策略"（项目编号 71871160）等项目的研究成果。本书在编写过程中得到南京沃旭通讯科技有限公司、博世力士乐（常州）有限公司、机械工业出版社等相关单位的大力支持，在此一并感谢。

本书面向日新月异的 UWB 定位技术研究和工程应用，应运而生。因成稿时间紧迫，难免存在不足、瑕疵甚至片面之处，恳请广大读者不吝指教。

目　录

第**1**章

常用无线定位技术概述

无线定位技术有其自身非接触测量的技术优势，在科研、生产和生活中得到研究与应用。无线定位技术相关的硬件和软件相融合，推陈出新、升级换代，不断满足人们所关心对象的定位需求。从 RFID 无线射频定位技术到卫星定位技术，定位技术类型繁多，原理与特性各异。在智能制造领域，对于人员、设备、物料、线边仓和移动仓库等生产要素的状态感知需求是生产透明化的基础需求。其中，位置属性作为生产要素状态的基本属性，不但能回答生产要素的"从哪里来?""在哪里?"以及"到哪里去?"的问题，而且，由定位数据和移动轨迹数据，涌现出更多的"大数据"分析结果，可间接回答"工时占用为什么那么多?""产能还能再提高吗?"以及"访客违规走动，能给出警示吗?"等更有趣的业务问题。为此，本章将介绍常用的无线定位技术，并对比分析其性能，从而使我们对无线定位技术形成较为全面的认识。

1.1 RFID 定位技术

1.1.1 RFID 技术简介

射频识别（Radio Frequency Identification，RFID）技术是无线电射频技术在身份识别领域的应用，该身份信息可以与各类事物（Things）绑定，以拓展客观事物的信息属性，实现物物相连，成为物联网（Internet of Things，IOT）的物理基础。借助磁场或者是电磁场，RFID 技术通过无线射频方式进行双向通信，实现对事物的身份识别，以及交换数据功能。RFID 技术已经成为公认的 21 世纪最具发展潜力的 IT 技术之一[1]。

通过无线电波，RFID 技术不接触被识别对象就可以实现快速信息交换和存储。进一步，通过无线通信与数据访问技术相结合，连接各类数据库，以实现非接触式的双向数据通信，串联起一个兼顾实物身份识别和数据存储的信息闭环系统。在身份识别过程中，通过电磁波读写电子标签。根据通信距离的长短，可分为近场通信和远场通信两种类型。根据信号调制模式，可将 RFID 数据交换分为负载调制和反向散射调制。

RFID 技术常用的无线电波频段包括：低频、高频、超高频和微波。针对定位系统，将不同频段的射频信号性能进行对比，见表 1.1。

表 1.1　RFID 技术频段射频信号性能对比[2]

频　　段	低频/kHz	高频/MHz	超高频/MHz		微波/GHz
	135	13.56	433.92	860~960	2.45
识别范围	<0.6m	0.1~1.0m	1~100m	1~6m	0.25~0.5m（主动） 1~15m（被动）
数据传输速率	8kbit/s	64kbit/s	64kbit/s		64kbit/s
防碰撞性能	一般	优良	优良	优良	—
识别速度	低速—————————————→高速				
系统性能	价格比较高，易发生衍射，损耗能量	价格较低廉，适合短距离、多重标签识别	长识别距离，适时跟踪，对温度等环境因素敏感		特性与超高频相似，系统能耗小，受环境影响比较大

（1）RFID 系统组成

一般地，RFID 系统包括：读写器（Reader）、电子标签（Tag）和数据管理系统[3]，如图 1.1 所示。

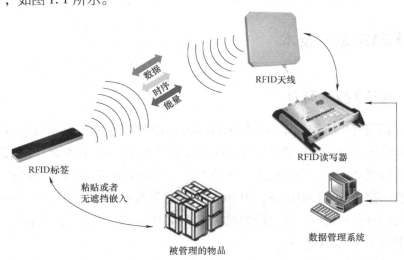

图 1.1　RFID 系统结构与原理

1）读写器（Reader）。读写器通常称为阅读器，是将电子标签中的信息读出，或将标签所需要存储的信息写入电子标签的装置。根据用途不同，阅读器分为只读阅读器和读/写阅读器，是 RFID 系统信息控制和处理中心。在 RFID 系统工作时，由阅读器在一个区域内发送射频能量形成电磁场，区域的大小取决于发射功率。在阅读器覆盖区域内的标签被触发，发送存储在其中的数据，或根据阅读器的指令修改存储在其中的数据，并能通过接口与计算机网络进行通信。阅读器的基本构成通常包括：收发天线、频率产生器、锁相环、调制电路、微处理器、存储器、解调电路和外设接口。

2）电子标签（Tag）。电子标签由收发天线、AC/DC 电路、解调电路、逻辑控制电路、存储器和调制电路组成[3]。a）收发天线：接收来自阅读器的信号，并把所要求的数据送回给阅读器；b）AC/DC 电路：利用阅读器发射的电磁场能量，经稳压电路输出为其他电路提供稳定的电源；c）解调电路：从接收的信号中去除载波，解调出原信号；d）逻辑控制电路：对来自阅读器的信号进行译码，并根据阅读器的要求回发信号；e）存储器：作为系统运作及存放识别数据的位置；f）调制电路：逻辑控制电路所送出的数据经调制电路后加载到天线送给阅读器。

3）数据管理系统。数据管理系统也称为应用系统或者数据引擎，主要实现两个方面的功能。a）读数据功能：对由读写器传输来的电子标签数据进行解析，存放在数据库或者指定文件中，以供第三方系统读取；b）写数据功能：通过读写器对电子标签进行数据加密处理，并写入电子标签的指定存储扇区。

（2）RFID 系统工作原理

当电子标签处于阅读器的识别范围内时，阅读器发射一特定频率的无线电波能量，电子标签将接收阅读器发出的射频信号，并产生感应电流。借助该电流所产生的能量，电子标签发送出存储在其芯片中的产品信息。这类电子标签一般称为无源标签或被动标签，英文名称为 Passive Tag；或者由标签主动发送某一频率的信号到阅读器，这类电子标签一般称为有源标签或主动标签，英文名称为 Active Tag。阅读器接收到电子标签返回的信息后，进行解码，然后送至相关应用软件或者数据管理系统，进行数据处理[3]。

根据阅读器及电子标签之间的通信及能量感应方式，可划分为感应耦合和后向散射耦合。一般低频 RFID 大都采用第一种方式，而较高频大多采用第二种方式。阅读器是系统信息控制和处理中心。根据用途不同，阅读器分为只读类型和读/写类型。阅读器通常由耦合模块、收发模块、控制模块和接口单元组成。阅读器和标签之间一般采用半双工通信方式进行信息的交换，阅读器通过电磁感应给无源标签提供能量[4]。在实际应用中，可借助工业以太网实现对物体识别信息的采集、处理及远程传送等管理功能。

（3）RFID 系统分类[4]

RFID 技术依据其标签的供电方式可分为三类，即无源 RFID、有源 RFID 和半有源 RFID。

1）无源 RFID 系统。无源 RFID 系统出现时间最早、最成熟，其应用也最为广泛。在无源 RFID 中，电子标签通过接收 RFID 阅读器传输来的射频信号，以及通过电磁感应线圈获取能量来对自身短暂供电，完成信息交换。其结构简单、成本低、故障率低、使用寿命较长。然而，无源 RFID 的有效识别距离通常较短，一般用于近距离的接触式识别。无源 RFID 主要工作在较低频段 125kHz、13.56MHz 等。无源 RFID 系统的典型应用包括：公交卡、二代身份证和食堂餐卡等。

2）有源 RFID 系统。有源 RFID 系统研发起步较晚，但已应用在各领域。例如，在高速公路电子不停车收费系统（Electronic Toll Collection，ETC）中，采用了有源 RFID 系统。有源 RFID 通过外接电源或者内置光伏电池供电，主动向阅读器发送信号，拥有了较远的传输距离与较快的传输速度。有源 RFID 标签可在 100m 范围与阅读器建立数据通信，读取率可达 1700 次/s。有源 RFID 主要工作在 900MHz、2.45GHz、5.8GHz 等超高频段和微波频段，且具有可以同时识别多个标签的功能。有源 RFID 系统的上述特性使其广泛应用于高性能、大范围的 RFID 场景。

3）半有源 RFID 系统。如上文所述，一方面，无源 RFID 系统自身无须供电、结构简单、体积小巧，但有效识别距离较短（一般小于 100cm）；另一方面，有源 RFID 识别距离足够长（一般小于 100m），但需外接电源或者内置光伏电池，体积较大。为了解决这一矛盾，半有源 RFID 系统应运而生。半有源 RFID 技术又称为低频激活触发技术。在通常情况下，半有源 RFID 标签处于休眠状态，仅对标签中保持数据的部分进行供电，因此耗电量较小，可维持较长的时间。当标签进入 RFID 阅读器的识别范围后，阅读器先以 125kHz 的低频信号在小范围内精确激活标签使之进入工作状态，再通过 2.4GHz 的微波与其进行信息传递。也就是说，在不同位置安置多个低频阅读器用于激活半有源 RFID 产品，由此，既能实现定位，又能实现数据的采集与传输。

1.1.2 RFID 定位技术的原理及发展

（1）RFID 定位原理

RFID 定位技术利用 RFID 无线技术实现识别对象和定位，首先确定电子标签与阅读器的距离，进而采用三边定位机制，确定目标方位。在实际应用中，确定电子标签与阅读器的距离，通常采用接收信号强度的方法来实现。该技术的作用距离一般最长为几十米。RFID 技术因具有非视距识别和低成本的特点，从而成为室内定位的优选技术之一[5]。典型的 RFID 定位系统结构与原理如图1.2 所示。

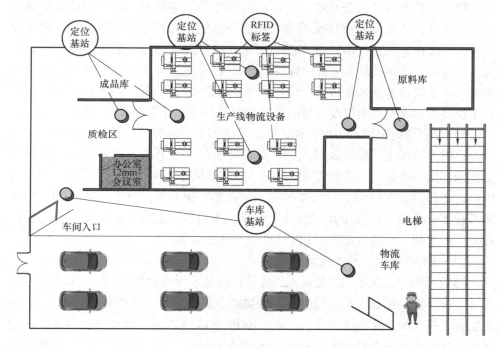

图 1.2　RFID 定位系统结构与原理

（2）RFID 定位技术现状

定位技术的重要标志为定位算法，根据其用途和技术结构不同，RFID 的定位算法类型划分较为细致，如 T. Sanpechuda 和 L. Kovavisaruch 根据被追踪目标携带的对象，将 RFID 定位分为阅读器定位和标签定位[6]；Mathieu Bouet 和 Aldri Ldos Santos 将其分为距离估计、场景分析和邻近判别 3 类[7]。从室内定位中使用 RFID 标签的角度出发，将当前主要的 RFID 定位分为无源、有源和半有源 RFID 定位 3 类[8]。

1）无源定位技术。无源定位技术中，无源电子标签接收从读写器发射的射频信号，并感生电流以获取等效电源能量[9]。这种无源标签尺寸小，但其作用距离相对较近。使用超高频、微波通信的无源标签作用距离通常在 10m 以内[9]，能够满足室内定位需求，因而室内定位中使用的无源标签通常工作在高频、超高频段。在定位信息方面，无源射频定位仅能判断电子标签是否处于阅读器的识别范围，无法提供接收信号强度等信息。因此，在进行定位时，需要构建某种定位模型或采用其他手段进行间接定位。

2）有源定位技术。有源定位技术中，采用有源电子标签。有源标签内部嵌有电池或者外部供电，需要定期更换电池，环境适应性有限[9]。但其作用距离相对较远，具有自动应答功能，可实现与阅读器的主动通信，对运动物体具有较高适用性，还可以根据特殊用途附加额外功能，如存储器、传感器、加密模块等，因而在室内定位中获得广泛的应用。基于阅读器接收信号强度与阅读器天线和标签之间距离具有近似线性关系[10]，在有源定位中，往往通过测定信号强度并结合定位算法实现精确定位。此外，根据接收信号相位差也能实现定位，该定位技术具有更高的精度，进而实现装有有源电子标签的目标追踪[11]。

3）半有源定位技术。半有源定位技术使用半有源标签，该标签内部嵌有电池，这种半有源电子标签兼具无源和有源标签的部分特性，内置电池与有源标签相同，反向散射同无源标签相同，平时处于休眠状态，进入阅读器的识别范围时，由阅读器的射频询问信号唤醒。尽管半有源标签内嵌有小型电池，但其和阅读器的通信方式与无源标签几乎无异，因而也需要像无源标签那样进行间接定位。目前，在室内定位系统中很少使用这种标签[8]。

（3）RFID 定位技术发展趋势

随着应用场景发展和性能需求的提升，对基于无线射频 RFID 定位系统的可靠性、实用性、精确度及环境的自主感知能力等提出了更高的要求，单一 RFID 定位技术将无法满足全部需求。将来，RFID 定位技术与其他定位技术及系统的融合，将成为新的发展趋势。此外，鉴于人们对于三维位置信息需求的增加及定位系统在空间中实用性的增强，室内三维定位也将被广泛研究并获得迅速发展。未来的室内定位系统，还将能够更好地定位移动目标，对周围事物具有自主感知和处理能力，以更好地适应外界环境。

1.2　WiFi 定位技术

随着 WiFi（Wireless Fidelity）无线通信技术的高速发展和日益普及，基于 WiFi 无线通信的定位技术也成为产品研发和技术研究的热点之一。下面将基于 WiFi 定位技术，介绍该类定位技术的基础、原理和应用。

1.2.1　WiFi 技术原理

WiFi 全称 Wireless Fidelity，是美国电气和电子工程师协会（Institute of Electrical and Electronics Engineers，IEEE）制定的一项无线通信网络工业标准通信协议，该标准源自 IEEE 802. 11 通信协议。自 1997 年实施以来，IEEE 802. 11 标准协议先后发展演变为 802. 11a、802. 11b、802. 11e 和 802. 11g 等系列标准协议。为了解决无线局域网存在的带宽不足、安全保障度低等问题，IEEE 提出发展制定 IEEE 802. 11ac 和 IEEE 802. 11ad 标准。理论上，这两个标准的最高速率将会达到 1Gbit/s，随着 WiFi 技术的发展，传输速率得到提高，无线局域网将跨入千兆时代，给人们的生产生活带来革命性的改变，催生一系列相关应用技术的产生[12]。

（1）WiFi 通信系统的基本组成

IEEE 802. 11 标准协议中定义了无线网络的硬件组成架构，WiFi 的基本组成主要包括工作站（Station，STA）、访问点（Access Point，AP）、无线介质（Wireless Media，WM）和传输系统（Transmission System，TS）四个部分[12]，如图 1. 3 所示。

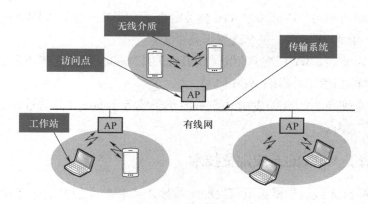

图 1. 3　WiFi 网络架构

1）工作站。工作站主要包括笔记本电脑、PAD、智能手机等网络设备，可以实现访问点和工作站之间的数据传递。

2）访问点。讯问点用来连接无线和有线的硬件设备，它不但具有工作站的功能，而且还提供工作站接入分布式系统的功能。

3）无线介质。IEEE 802. 11 协议以无线介质的形式在工作站之间进行传递数据帧。经过商业化推广和应用实践，结果表明射频物理层比较受市场和用户的认可。

4）传输系统。访问点与访问点之间传输数据的网络称为传输系统，主要用来将数据从源地址转发至目的地址，一般情况下，传输系统是由传输介质和桥接引擎组成的。

（2）网络拓扑结构

IEEE 802.11 定义了两种重要的通信模式：对等模式和基础结构模式，网络拓扑结构分为三种：独立型网络、基础服务集网络和扩展服务集网络。基础服务集网络和扩展服务集网络属于基础结构模式，独立型网络属于对等模式[12]。

（3）WiFi 网络特点

目前 WiFi 网络被广泛应用于工业生产、公共场所、办公和居家环境。一般而言，WiFi 技术的特点有如下几个方面：

1）部署简单，无须布线。

2）成本较低。WiFi 技术信号工作频率一般为 2.4GHz，该频段无需许可证即可使用，节省频段授权成本。

3）覆盖范围广。覆盖半径一般可达 100m，甚至在无遮挡情况下可以覆盖多个楼层。

4）传输速率高。IEEE 802.11n 标准融合了 OFDM 技术和 MIMO 技术，传输速率一般大于 300Mbit/s，甚至达到千兆[12]。

5）稳定性高。WiFi 通过多组天线组成天线阵列，并且速率可以随时调整，确保用户体验到稳定可靠的 WiFi 信号。

6）安全性高。WiFi 的发射功率一般小于或等于 50mW，信号辐射性较小，对人体健康较为安全。

1.2.2 基于 WiFi 的无线定位技术

利用 WiFi 无线信号覆盖范围内的无线接入点和各类便携式智能设备，WiFi 可以通过较低部署成本实现无线定位。WiFi 的室内无线定位工作原理如图 1.4 所示，其特点是适用性强。WiFi 无线定位技术根据待定位点处 WiFi 信号的各项数据而计算得到 WiFi 接入设备的空间位置。根据信号测量技术的不同可以将定位技术分为 TOA 定位技术[13]、TDOA 定位技术[14]、AOA 定位技术[15]和 RSSI 定位技术[16]。

1）TOA 定位技术。TOA（Time of Arrival）即到达时间定位技术。该定位技术通过无线信号到达被定位设备（定位点）所需时间乘以 WiFi 无线信号在空气中的传播速度即可得到被定位设备（定位点）与 AP 之间的距离。设无线信号到达待定位点所用的时间为 t，无线信号在空气中的传播速度为 v，则待定位点与 AP 之间的距离 d 为

$$d = vt \tag{1.1}$$

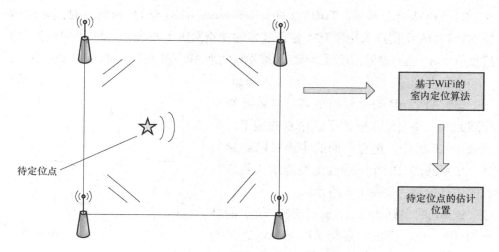

图 1.4 基于 WiFi 的室内无线定位工作原理

待定位点被限定在以 AP 为圆心、以 d 为半径的圆上，用三个圆（圆心分别对应 AP_1、AP_2、AP_3）就可以确定待定位点的位置，如图 1.5 所示。估计位置（计算位置）坐标为三个圆的交点，坐标为 (x, y)。

设 AP_i 的坐标为 (x_i, y_i)，待定位点的坐标为 (x, y)，待定位点与 AP_i 之间的距离为 d_i，则 x 和 y 满足式（1.2），求解方程组即可得到待定位点的坐标。

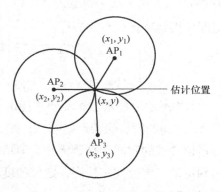

图 1.5 TOA 定位技术示意图

$$\begin{cases} \sqrt{(x-x_1)^2 + (y-y_1)^2} = d_1 \\ \sqrt{(x-x_2)^2 + (y-y_2)^2} = d_2 \\ \sqrt{(x-x_3)^2 + (y-y_3)^2} = d_3 \end{cases} \tag{1.2}$$

TOA 定位技术获取无线信号传播时间的具体过程为：AP 发送无线信号的同时将本地时间以时间戳的形式加载到无线信号上，待定位终端接收到信号的时候，将本地时间与 WiFi 无线信号时间戳之间的差值作为无线信号的传播时间。根据光速约为 299792458m/s 计算，即使只有 1μs 的时钟误差，也会造成 299.79m 的距离误差。所谓"失之毫厘，差之千里"。这种对时钟同步的严格要求使得定位成本增加。此外，无线信号在室内环境下的多径效应也会影响传播时间测量的精确性。

2）TDOA 定位技术。TDOA（Time Difference of Arrival）即到达时间差定位技术。TDOA 定位技术针对 TOA 定位技术的缺点做出了改进，它利用待定位终端接收两个 AP 信号的时间差得到待定位终端与两个 AP 的距离差，如式（1.3）所示。

$$d = v\Delta t \tag{1.3}$$

根据两个 AP 的位置和距离差可以得到一个双曲线，待定位点就位于这个双曲线上。重新选择 AP 组合，重复上面的步骤可以得到另外一个双曲线，两个双曲线的交点即为待定位点的估计位置，如图 1.6 所示。

设 AP_i 的坐标为 (x_i, y_i)，待定位点的坐标为 (x, y)，待定位点与 AP_1 和 AP_3 之间的距离为 d_{13}，待定位点与 AP_2 和 AP_3 之间的距离差为 d_{23}，则 x 和 y 满足式（1.4），求解方程组即可得到待定位点的坐标。

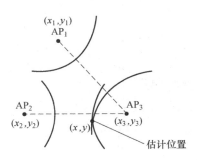

图 1.6　TDOA 定位技术示意图

$$\begin{cases} \sqrt{(x-x_1)^2 + (y-y_1)^2} - \sqrt{(x-x_3)^2 + (y-y_3)^2} = d_{13} \\ \sqrt{(x-x_2)^2 + (y-y_2)^2} - \sqrt{(x-x_3)^2 + (y-y_3)^2} = d_{23} \end{cases} \tag{1.4}$$

TDOA 定位技术虽然不要求待定位终端与 AP 的时钟保持同步，但是要求各个 AP 之间的时钟保持严格同步，因为只有时钟严格一致才能保证无线信号到达待定位终端的时间差精确无误。TOA 定位技术和 TDOA 定位技术主要应用在蜂窝网定位，定位成本较高，定位精度较高。然而，该两类技术在室内 WiFi 定位中应用较少。

3）AOA 定位技术。AOA（Angle of Arrival）即到达角度定位技术。该定位技术通过 AP 的位置和待定位点与 AP 的角度得到待定位点所在的方向线。利用不与待定位点处于同一条线上的两个 AP 可得到两条方向线，这两条方向线的交点即为待定位点的估计位置，所以 AOA 定位技术一般需要两个或两个以上 AP。AOA 定位技术的示意图如图 1.7 所示。设 AP_i 的坐标为 (x_i, y_i)，待定位点的坐标为 (x, y)，AP_i 与待定位点之间的角度为 θ_i，则 x 和 y 满足式（1.5）。

$$\begin{cases} |(y_1-y)/(x_1-x)| = \tan\theta_1 \\ |(y_2-y)/(x_2-x)| = \tan\theta_2 \end{cases} \tag{1.5}$$

AOA 定位技术在理想视距传播情况下的定位精度较高，但是障碍物广泛存在于室内环境，障碍物容易引起 WiFi 无线信号的多径传播，导致 AP 到待定位点的角度测量误差，定位精度下降。

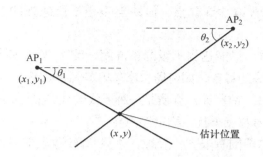

图 1.7　AOA 定位技术示意图

4）RSSI 定位技术。RSSI（Receiver Signal Strong Indication）接收信号强度指示技术。该定位技术包括：信号传播模型定位法和位置指纹定位法。

① 信号传播模型定位法的原理为：AP 的信号强度值与待定位点距 AP 的距离密切相关。把待定位点处的信号强度值代入对数损耗模型公式，可以计算出待定位点到 AP 的距离，另选两个 AP 重复以上过程，最后通过三边法即可得到待定位点的位置[17]。

② 位置指纹定位法的分类包括：离线阶段和在线阶段。利用强度匹配算法，得出待定位点位置。位置指纹定位法具有高抗干扰能力、高定位精度、不需要额外添加硬件设备，因此应用广泛。

WiFi 室内无线定位技术比较见表 1.2。

表 1.2　WiFi 室内无线定位技术比较

定　位　技　术	定　位　精　度	成　本	定　位　条　件
TOA	较高	高	AP 与待定终端严格时钟同步
TDOA	较高	高	AP 与 AP 严格时钟同步
AOA	较高	高	视距传播
信号传播模型定位法	较低	低	障碍物较少
位置指纹定位法	较高	低	信号较为稳定

1.2.3　WiFi 定位技术的应用

通过 WiFi 室内定位，人们可以确定自己所在楼层以及当前楼层的布局。由此，可以便捷地找到各类吃、喝、玩和娱乐的地方[18]。由于人们追求生活简单化的缘故，越来越多的机器人在各家各户出现，比如扫地机器人等。因为家里的结构相对固定化，面积相对较小，WiFi 定位技术基于米级的精度完全可以实现。虽然 WiFi 室内定位技术有易安装的方便性、低成本且具有性能高的优异性、被广泛使用的普遍性等优点，但缺点也是不可忽视的，主要有以下几个方面：

1）精准度有限。只能达到米级的精准度，使得 WiFi 室内定位技术只能应用于精准度需求不高的场合，如商场和停车场车位导航等。

2）稳定性有限。WiFi 无线介质是一种无线电波，信号强度尤为重要。但随着环境的改变，信号易受干扰，稳定性不高。

3）定位的覆盖范围有限。一般地，单只 WiFi 收发器只能覆盖半径百米以内的范围。

1.3 ZigBee 定位技术

1.3.1 ZigBee 技术原理

ZigBee 是一种低速无线个域网技术（Low Rate Wireless Personal Area Network，LR- WPAN）。"ZigBee" 来源于蜂群所使用的一种传递信息的方式。蜜蜂在发现花丛后通过一种 ZigZag 形状的舞蹈来通知同伴食物源的位置、距离和方向等信息。蜂群数量众多，通过每个个体之间有组织地相互协作实现整个种群的生存和发展。这与 ZigBee 技术的特点相当吻合，故而得名[19]。

1）ZigBee 的技术特点为低功耗、低成本、高度扩充性、高可靠性、自组织。基于这些技术特点，ZigBee 技术非常适合应用于通信数据量不大，但对节点成本和功耗要求严格的大规模 WSN[19]。

2）ZigBee 的设备类型为：a）协调器（Coordinator），协调器是网络组网的核心，管理组网中的设备并且及时处理请求，帮助构建网络安全和应用绑定，并发送数据以保证网络的正常运行。b）路由器（Router）负责转发数据，也可以作为一种由电池供电的设备。c）终端设备（End- Device），终端设备功能简单，功能就是收发简单信息，大部分时间的状态是休眠，可以唤醒或睡眠。以上设备大概分两大类：半功能设备以及全功能设备，其中前者只能作为终端节点，后者可以承担网络中的任何设备[20]。

3）ZigBee 网络拓扑结构。根据通信能力，IEEE 802.15.4 网络中的设备可以分为精简功能设备（Reduced Function Device，RFD）和全功能设备（Full Function Device，FFD）。IEEE 802.15.4 标准支持星状网络拓扑结构和对等网络拓扑结构。ZigBee 网络层在此基础上衍化出三种网络结构，分别为星型网、簇型网和网状网。

　　如图 1.8 所示，星型网无需 ZigBee 路由器，协调器负责整个网络的控制，协调器与所有终端节点直接进行数据通信，与其他节点的通信则需通过协调器转发。星型网的结构简单，协调器负责网络中的绝大多数管理工作。然而，星型网的覆盖范围十分有限，而且网络中的流量集中地涌向中心协调器，很容易形成网络传输瓶颈。

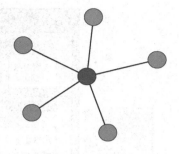

图 1.8　星型拓扑结构

　　如图 1.9 所示，簇型网是利用路由器对星型网络的扩充。簇型网中，协调器负责启动网络，选择网络关键参数。采用分级路由策略，路由器传送数据和控制信息。但是，簇型结构的外部的动态环境适应性有限，如果骨干网络的路由节点发生故障，那么相关区域通信就会瘫痪。

　　如图 1.10 所示，在网状网中，设备之间使用完全对等的通信方式，网络中的所有 FFD 都具有路由转发功能。在通信范围内，FFD 能够与其他设备进行通信。图 1.10 中的网状网能够提供动态路由，节点间的通信路径并不唯一，增加了网络的可靠性。然而，网状网结构复杂，节点需要维护大量的路由信息，网络建设和维护成本较高。

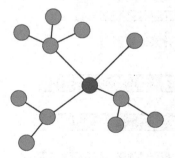

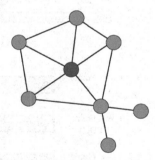

图 1.9　簇型拓扑结构　　　　　　　图 1.10　网状拓扑结构

　　4）ZigBee 体系结构。ZigBee 网络的物理层和 MAC 层由 IEEE 802.15.4 标准定义。在此基础上，ZigBee 联盟制定了 ZigBee 网络的网络层和应用层[21]。ZigBee 体系结构如图 1.11 所示，底层通过服务接入点（Service Access Point，SAP）为上层提供数据采集和网络设备管理服务[21]。

　　ZigBee 网络以数据帧格式进行数据通信。ZigBee 协议定义了网络各层数据帧的格式、意义以及数据交换方式。每一层都有特定的帧结构，各层帧结构如图 1.12 所示。可见，每一层的数据帧都是在其上一层数据帧的基础上添加一系列的控制信息而构造的[21]。

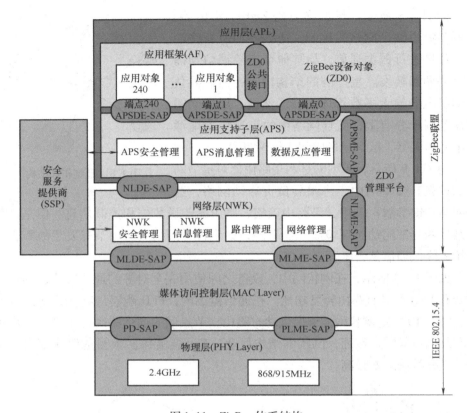

图 1.11　ZigBee 体系结构

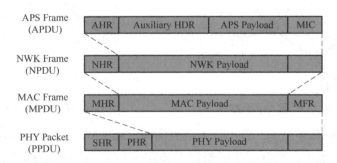

图 1.12　ZigBee 各层帧结构

图中，ASP：动态服务器页面；NWK：网络层；MAC：媒体访问控制；PHY：端口物理层；PDU：协议数据单元。

（1）物理层

IEEE 802.15.4 标准包含 2.4GHz 层和 868/915MHz 层两种物理层。两者均采用相同的物理层数据包格式，区别在于工作频率、传输速率、信号处理过程以及调制方式。物理层主要技术参数见表 1.3。

表 1.3　物理层主要参数

地区	工作频段	传输速率	符号特征	码片速率	调制方式
欧洲	868.0 ~ 868.6MHz	20kbit/s	二进制	300kchip/s	BPSK
北美	902.0 ~ 928.0MHz	40kbit/s	二进制	600kchip/s	BPSK
全球	2400 ~ 2484.5MHz	250kbit/s	十六进制	2000kchip/s	O-OPSK

ZigBee 使用 3 个频段定义了 27 个物理信道。其中，868MHz 频段定义了 1 个信道；915MHz 频段定义了 10 个信道，信道间隔为 2MHz；2.4GHz 频段定义了 16 个信道，信道间隔为 5MHz。27 信道中心频率如下：

$$f_c = 868.3 \text{MHz} \qquad\qquad k = 0$$
$$f_c = [906 + 2(k-1)] \text{MHz} \qquad k = 1, 2, \cdots, 10$$
$$f_c = [2405 + 5(k-11)] \text{MHz} \quad k = 11, 12, \cdots, 26$$

ZigBee 网络 27 个信道间隔分布如图 1.13 所示。

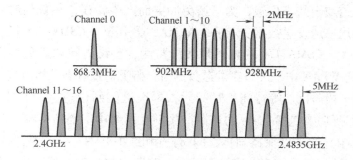

图 1.13　ZigBee 网络 27 个信道间隔分布

物理层中还包含一个物理层管理实体（PLME），负责维护物理层 PAN 信息数据库（PHY PIB）对射频电路的工作实现相应的管理。物理层的主要功能包括：a）激活和休眠射频收发器；b）信道能量检测（Energy Detect，ED）；c）检测接收数据包的链路质量指示（Link Quality Indication，LQI）；d）空闲信道评估（Clear Channel Assessment，CCA）；e）收发数据。

（2）媒体访问控制层

在 IEEE 802.15.4 通信标准中，网络协调器通过超帧来组织 LR-WPAN 内设备间的数据通信。超帧将通信时间划分为活动部分和非活动部分。在活动部分，PAN 中的设备通过竞争或非竞争的方式使用信道；在非活动部分，设备进入睡眠以降低能耗。CFP 又划分为若干个保护时隙，分配给特定的设备使用，如图 1.14 所示。

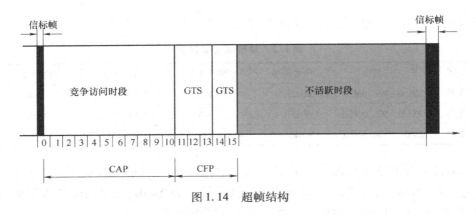

图 1.14　超帧结构

活动部分包含 16 个等长的时隙，PAN 中的设备只能在特定的时隙中进行数据的收发。协调器在超帧的第 1 个时隙发送信标帧，其他设备通过检测信标帧与协调器同步。其余的 15 个时隙又分成竞争访问时段（Contention Access Period，CAP）和非竞争访问时段（Contention Free Period，CFP）。在 CAP，网络设备需要通过竞争获得信道的使用权。

无线信道属于共享信道，为了避免冲突而产生错误，在任何时刻，只能有一台设备使用信道发送数据。ZigBee 在 MAC 层引入了 CSMA-CA 机制来尽量避免冲突的发生。CSMA-CA 的意思是载波监测、多路访问和避免冲突。在基于 CSMA-CA 的 WPAN 中，设备在发送数据前，监听信道状态。检测到存在空闲信道，且保持一段时间。等待随机时间后，再次检测到信道空闲，才发送数据。MAC 层的主要功能包括：a）协调器产生并在网络中广播信标帧，其他设备通过检测信标帧与协调器保持同步；b）建立和维护 PAN；c）对接收或发送的帧提供安全服务；d）为避免信道访问冲突，采用 CSMA-CA 机制；e）保护时隙的分配和管理；f）为两个对等的 MAC 实体之间提供一个可靠的通信链路。

（3）网络层

ZigBee 协议栈的核心是网络层。网络层向应用层提供服务接口。同时，网络层对 IEEE 802.15.4 标准定义的 MAC 层进行正确的操作。在逻辑上，网络层由两部分组成：网络层数据实体（NLDE）和网络层管理实体（NLME）。NLDE 通过服务接口 NLDE-SAP 为上层提供数据传输服务。NLME 通过服务接口 NLME-SAP 为上层提供网络层的管理服务，并完成对网络层信息数据库（NIB）的维护和管理。NLDE 为数据提供服务，允许一个应用进程在两个或多个设备之间传输应用层协议数据单元（APDU）。

（4）应用层

ZigBee 协议栈的最高协议层是应用层，包含应用支持子层（Application Support Sub-layer，APS）、应用架构（Application Framework，AF）和 ZigBee 设备对象（ZigBee Device Objects，ZDO）。

1.3.2　基于 ZigBee 的室内定位系统

以 ZigBee 技术作为载体的定位也属于无线网络室内定位。本节下文所述的室内定位系统就是基于 ZigBee 无线网络，针对楼道及办公室等室内环境，实现人员或物品的定位功能[21]。

基于 ZigBee 的室内定位系统可分为两个部分：ZigBee 网络部分和上位机部分。基于 ZigBee 的室内定位系统结构如图 1.15 所示。其中 ZigBee 网络中的节点按功能可以分为网关节点、锚节点、盲节点，在网络中分别作为协调器、路由器、终端。上位机的功能是通过串口接收到网关节点上传的数据，并实现对待测点的定位以及通过上位机界面将定位结果进行直观显示。

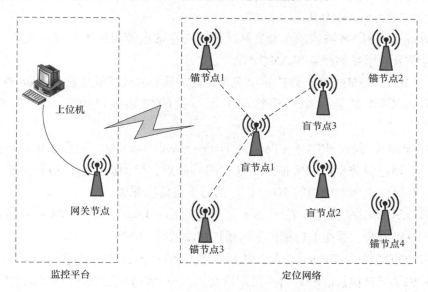

图 1.15　基于 ZigBee 的室内定位系统结构图

1.4　SLAM 定位技术

1.4.1　SLAM 技术简介

（1）概述

随着社会需求和 IT 自动化装备技术的发展，移动机器人已成为研究热点。

移动机器人搭载各种传感器，在工作环境中自主移动，获得外界环境信息，是一种具备自主运动能力的自动化设备。人们尝试赋予移动机器人感知环境的能力，在没有先验知识的情况下，能做到自主定位，而且还能知道环境对象的分布情况。这种搭载传感器，能够实现同时定位与地图构建的系统，称为 SLAM（Simultaneous Localization and Mapping，同步定位与建图）系统[22]。

根据传感器的不同，常用于同时定位与地图构建的主流方案有：激光 SLAM 和视觉 SLAM 两大类。

1）激光 SLAM 源于基于测距的定位方法，它的优点是在不通过接触的情况下可以进行远距离测量，而且测量非常准确。

2）视觉 SLAM 可以从环境中获取丰富的纹理信息，拥有超强的场景辨识能力。近年来，随着具有稀疏性的非线性优化理论的发展[23]以及相机和计算机性能的提升，实时视觉 SLAM 运算成为可能。

（2）视觉 SLAM 方案

随着视觉 SLAM 技术的蓬勃发展，其解决方案也随着技术的进步逐渐优化。下文介绍几种常见的视觉 SLAM 方案[24]。

1）MonoSLAM 方案。该方案由视觉 SLAM 领域的权威研究者 Davison 教授提出。MonoSLAM 是第一个利用移动端不可控的摄像头得到"纯粹的视觉"系统[25]。

2）PTAM 方案。PTAM（Parallel Tracking and Mapping）的意思是并行追踪与建图。通过摄像头提取所拍摄图像中的特征点，根据提取出的特征点检测出平面，在平面上建立虚拟的 3D 坐标，然后生成新的图像。

3）LSD-SLAM 方案。在经历了以上发展后，Engel 等人于 2014 年提出了LSD-SLAM 方案，即在单目相机下利用直接法进行 SLAM。

4）SVO 方案。Forster 等人于 2014 年提出 SVO 方案[26]，结合特征点法与直接法，属于半直接法。SVO 方案采用直接法，对跟踪特征点进行相机运动估计，这里只对特征点进行跟踪，不计算其描述子，SVO 构建的是稀疏的地图。

5）ORB-SLAM 方案。Mur-Artal 等人于 2015 年提出 ORB-SLAM 方案。无论是单目、双目还是 RGB-D 相机都可以使用该方案，并且可以达到很好的效果。目前，ORB-SLAM 也是视觉 SLAM 系统中性能最高、功能最完善、使用最方便的方案。无论在大小场景中，它都能适用。ORB 算法可以说是 PTAM 的改进，它使用了其构架，并在其基础上进行优化改进。

（3）SLAM 技术发展趋势

未来 SLAM 有两方面的前景展望：第一方面为 SLAM 视觉与 IMU 惯导技术

融合方向；第二方面为语义 SLAM 方向。SLAM 与深度学习相结合，在 SLAM 中增加环境语义的目的是使地图的信息涉及面更广，这样就可以对环境信息有更清晰的表述。因此，构建语义地图也是 SLAM 定位技术领域的一个新的发展方向[27]。

1.4.2　SLAM 定位系统构建

现代 SLAM 系统主要包括视觉里程计前端（Visio Odometer）、滤波器或者后端非线性优化（Optimization）、回环检测（Looping Colsing）以及地图构建（Mapping）这几个部分，系统实现流程及框架图如图 1.16 所示。视觉里程计前端的任务：a）根据摄像头采集的图像计算相机的帧间运动；b）估计路标点大致的空间位置坐标。后端非线性优化的作用是优化系统，使其有更加良好的性能。回环检测的作用是当摄像头在环境中判断出到达了自己曾经到达过的位置后，结合已保存的地图数据，修正误差，以使整个 SLAM 过程生成的运动轨迹和地图与实际的尽量吻合。

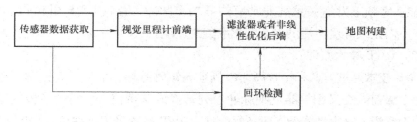

图 1.16　SLAM 系统结构

图 1.16 中，系统首先通过视觉里程计处理传感器数据，获取相机运动估计以及构建局部地图，然后通过后端对得到的一系列的相机位置与姿态、地图信息和回环检测信息进行优化，获取具有较高一致性的相机轨迹和全局地图，其中回环检测为是否到达过当前位置提供了判断依据，最后系统通过地图构建程序利用后端输出的相机轨迹和地图信息构建出满足其他上层应用程序需求的环境地图。

1.5　无线 UWB 定位技术

1.5.1　UWB 技术简介

UWB（Ultra Wide Band，超宽带）技术是一种无线载波通信技术，它不采用正弦载波，而是利用纳秒级的非正弦波窄脉冲传输数据，因此其所占的频谱范围很宽。在理论上，UWB 信号作为一种高频率的正弦信号，其时间分辨率精度高（纳秒级），从而实现高精度（厘米级）的定位。因此，UWB 技术在进入室内高精度定位领域后得到快速发展。

（1）UWB 信号定义

UWB 无线通信也称作脉冲无线电（Impulse Radio）、时域（Time Domain）或无载波（Carrier Free）通信。UWB 方式不利用余弦波进行载波调制而发送许多小于 1ns 的脉冲，因此这种通信方式占用带宽非常之宽，且由于频谱的功率密度极小，它可以扩频通信。UWB 在超宽带通信方式下，数据传输速率在 10m 左右的范围内可达数百 Mbit/s 至数 Gbit/s。UWB 的技术优势包括：抗干扰性能强、传输速率高、带宽极宽和能耗低等，主要应用于室内通信、高速无线 LAN、家庭网络、无绳电话、安全检测、位置测定、雷达等领域。UWB 技术最初是被作为军用雷达技术开发的，早期主要用于雷达技术领域。2002 年 2 月，美国联邦通信委员会（FCC）允许 UWB 技术用于民用，UWB 技术研发得到快速发展。UWB 能在宽频上发送一系列非常窄的低功率脉冲。并且 UWB 引起的干扰小，能够在室内无线环境中提供与有线相媲美的性能。

（2）UWB 技术原理

UWB 技术通过发送和接收高斯单周期超短时脉冲，信号带宽很宽。接收机直接用一级前端交叉相关器就把脉冲序列转换成基带信号，省去了传统通信设备中的中频级，极大地降低了设备复杂性。UWB 技术采用脉冲位置调制 PPM 单周期脉冲来携带信息和信道编码，一般工作脉宽为 0.1 ~ 1.5ns，重复周期在 25 ~ 1000ns。实际通信中使用一长串的脉冲，由于时域中信号重复的周期性造成了频谱的离散化，导致频谱中出现了强烈的能量尖峰。这些尖峰将会对传统无线电设备和信号构成干扰，而且这种十分规则的脉冲序列一般不携带有用信息。采用脉冲位置调制 PPM，以改变时域的信号周期，可减低这种尖峰。例如可以用每个脉冲出现位置超前或落后于标准时刻一个特定的时间 δ 来表示一个特定的信息。

（3）UWB 技术发展过程

根据 FCC 对 UWB 技术的定义，相对带宽大于 0.2 或带宽超过 500MHz 的系统都可看作 UWB 系统，并分配 3.1 ~ 10.6GHz 频段作为 UWB 系统可使用的频段，在该频段内，UWB 设备的发射功率需低于 −41.3dBm/MHz，以便与其他无线通信系统共存。UWB 在 10m 以内的范围实现无线传输，应用于 WPAN（一种近距离无线通信技术）。

直接序列扩频超宽带（DS-UWB）技术主要是由飞思卡尔（Freescale）半导

体公司支持的方案。MB-OFDM 方案则是由 WiMedia 联盟支持的。两种标准一直以来都处于激烈的争论中，评价 DS-CDMA 和 MB-OFDM 在技术层面上孰优孰劣，对方案的最终妥协是无益的。在 IEEE 802.15.3a 内部虽然经过多次投票表决，始终无法淘汰其中一种标准，取得统一。最终在 2006 年 1 月份召开的 IEEE 802 会议上，802.15.3a 经过投票，解散了该任务组，UWB 在 IEEE 的标准化进程被终止。目前，UWB 技术市场处于开发阶段，我们有必要采取一种更为谨慎的方式，即允许多种 UWB 技术同时商业化，并让它们随着市场一起发展。

（4）UWB 技术特点

1）系统实现过程简单。当前的无线通信技术所使用的通信载波是连续的电波，载波的频率和功率在一定范围内变化，从而利用载波的状态变化来传输信息。而 UWB 则不使用载波，它通过发送纳秒级脉冲来传输数据信号。UWB 发射器直接用脉冲小型激励天线，不需要传统收发器所需要的上变频，从而不需要功用放大器与混频器，因此，UWB 允许采用非常低廉的宽带发射器。同时在接收端，UWB 接收器也有别于传统的接收器，不需要中频处理，因此，UWB 系统结构的实现比较简单。

2）高速的数据传输。民用商品中，一般要求 UWB 信号的传输范围为 10m 以内，再根据经过修改的信道容量公式，其传输速率可达 500Mbit/s，适合于构建个人通信网和无线局域网。UWB 不占用已经拥挤不堪的频率资源，共享其他无线技术使用的频带，以非常宽的频率带宽来换取高速的数据传输。在军事应用中，可利用巨大的扩频增益来实现远距离、低截获率、低检测率、高安全性和高速的数据传输。

3）较低功耗。UWB 系统使用脉冲来发送数据，脉冲持续时间很短，一般在 0.20 ~ 1.5ns 之间，占空比很低，系统耗电可以做到很低，在高速通信时系统的耗电量仅为几百 μW 至几十 mW。例如，与传统移动电话相比，民用 UWB 设备功率一般为传统移动电话的 1/100 左右，是蓝牙设备所需功率的 1/20 左右。军用 UWB 电台耗电也很低。因此，UWB 设备在电池寿命和电磁辐射上，相对于传统无线设备有着很大的优越性。

4）高安全性。由于 UWB 信号一般把信号能量弥散在极宽的频带范围内，对一般通信系统来讲，UWB 信号相当于白噪声信号，并且大多数情况下，UWB 信号的功率谱密度低于自然的电子噪声，采用编码对脉冲参数进行伪随机化后，脉冲的检测将更加困难。

5）较强的多径分辨能力。多数常规无线通信的射频电波为连续信号，其持续时间远大于多径传播时间。多径传播效应限制了通信质量和数据传输速率。

由于超宽带无线电发射的是持续时间极短的单周期脉冲且占空比极低，多径信号在时间上是可分离的。如果多径脉冲在时间上发生交叠，其 UWB 多径传输路径长度应小于脉冲宽度与传播速度的乘积。由于脉冲多径信号在时间上不重叠，很容易分离出多径分量以充分利用发射信号的能量。大量的实验表明，对常规无线电信号多径衰减 10～30dB 的多径环境，对 UWB 无线电信号的衰减小于或等于 5dB。

6）高精确度定位。UWB 技术很容易将通信与定位融合，而常规无线电难以做到这一点。UWB 无线电波的穿透能力极强，可在室内和地下进行精确定位。

7）工程实施简单，造价便宜。在工程实施方面，UWB 比其他无线技术的部署简单得多，可全数字化实现。它只需要以一种数学方式产生脉冲，并对脉冲产生调制，而这些电路都可以被集成到一个芯片上，设备的成本将很低。

（5）UWB 技术的发展现状和趋势

UWB 技术的应用场景主要包括：生产线物流系统、办公室、居家、个人消费电子产品等。在智能制造领域，各行业的生产线物流系统中，UWB 技术技能用于物料定位与跟踪，又可以实现物流小车（AGV/RGV 等）的定位与通信；在数字化办公室的应用表现为用无线方式代替传统有线连接，使办公环境更加方便灵活。早期的蓝牙技术已经使某些设备的无线互联成为可能，但因传输速率过低（1Mbit/s 以下），只能用于某些计算机外设（如鼠标、键盘、耳机等）与主机的连接。而 UWB 技术的高传输带宽可以实现主机和显示屏、摄像头、会议设备、终端设备与投影仪之间的无线互连。同样，UWB 技术在个人便携设备上也将会有规模应用。由于 UWB 技术已经可以提供相当于计算机总线的传输速率，这样个人终端就可以从互联网或局域网上即时下载大量的数据，从而将大部分数据存放在网络服务器的存储空间中，而不是保存在个人终端中。携带具有 UWB 功能的小巧终端，在任何地点都可以接入当地的 UWB 网络，利用当地的设备（如大屏幕电视、计算机、摄像头、打印机等）随时构成一台属于自己的多媒体计算机[28]。

由此，取代现有 USB 接口和 1394 接口的线缆连接，即无线 UWB 和无线 1394 将成为 UWB 技术最有前途的应用。无线 USB 联盟已经公布物理层使用 MB-OFDM 方案，这对于 UWB 的应用将是较好的推动。

2006 年，已经有多家公司可以提供 UWB 芯片，例如 Alereon、Artimi、Staccato、Wisair、Intel、英飞凌等均有各自的 UWB 芯片解决方案，包括基带芯片、MAC 芯片、RF 收发芯片，或集成基带、MAC 和 RF 的芯片[29]。同时，很多芯片公司均公布在 2007 年推出符合 WiMedia 认证的 UWB 芯片，并拓展 UWB 应用在消费电子类产品中。在笔记本电脑芯片市场占有绝对领导地位的 Intel 公司，致力于将 UWB 的主要应用无线 USB 3.0 作为笔记本电脑的标准配置接口。

1.5.2　UWB 室内定位技术

超宽带定位系统一般包括未知位置标签、已知位置基站和数据处理终端三部分。图 1.17 所示为 UWB 定位系统示意图。

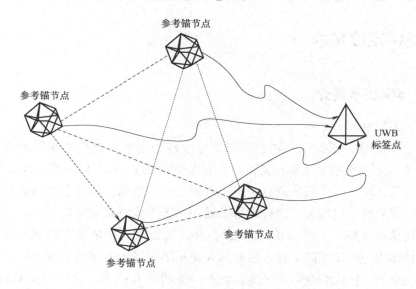

图 1.17　UWB 定位系统示意图

1）未知位置标签是指需要定位系统进行位置获取的节点，可以发射也可以反射脉冲信号。若要发射 UWB 脉冲信号则需要复杂电路的支撑，若要反射脉冲信号则仅需有源射频标签将接收到的脉冲信号放大、反射即可。

2）已知位置基站是指预先放置在定位场景中的信号探测器，它们的位置是由人直接指定的，在定位地图中坐标信息明确。当信号探测器接收到标签发送的脉冲信号时，会从脉冲信号中提取可供分析的数据，如信号强度（RSSI）、接收时间等，并发送给数据处理终端。一般要获取定位目标的二维坐标值最少需要三个基站，三维坐标值最少需要四个基站。

3）数据处理终端是指进行分析、计算和显示的上位机，可以通过一定的定位算法将基站传回的数据转化为实际的坐标值，并显示在定位地图上。具有可视化能力，可以在预先导入的场景地图上直接看出待测节点所在的真实位置，对于移动中的待测目标，甚至可以显示出其路径轨迹。在 UWB 定位系统工作过程中，已知位置基站与未知位置标签均会发射和接收脉冲信号，其定位工作方式可以分为两种：已知位置基站优先发射信号、未知位置标签优先发射信号。已知位置基站优先发射信号的原理为：当已知位置基站发射脉冲信号后，未知位置标签侦测到此信号，对其进行接收放大但不会进行信息提取，之后将信号发送回已知位置基站。未知位置标签优先发射信号的原理为：未知位置标签先将包含自身位置信息的脉冲信号发送出去，已知位置基站接收到该信号后，对其进行信息提取来进行定位。

1.6 5G 定位技术

1.6.1 5G 技术简介

（1）发展背景

5G 技术，作为第五代移动通信技术已经成为通信业的技术研发和应用热点。5G 的发展主要有两个驱动力：一方面以长期演进（LTE）技术为代表的 4G 已全面商用，对下一代技术的讨论提上日程；另一方面，移动数据的通信速度和质量的需求爆炸式增长，现有的移动通信系统难以满足未来的需求，急需研发新一代通信系统[31]。自 2015 年以来，移动运营商正在覆盖未联网的移动用户，新移动用户超过 5 亿。越来越多的人使用比语音更方便的互联网服务来进行日常的交流，使他们能够参与数字经济。自 2015 年以来，已有超过 8.5 亿新移动互联网用户，使全球总用户数达到 36 亿。预计 2019 ～ 2025 年，将有 14 亿人使用移动互联网，到 2025 年移动互联网用户数将达 50 亿[32]。未来网络必然是一个多网并存的异构移动网络，要提升网络容量，必须解决高效管理各个网络、简化互操作、增强用户体验的问题。为了解决上述挑战，满足日益增长的移动流量需求，亟须发展新一代 5G 移动通信网络[33]。

（2）5G 网络技术特点

5G 移动网络属于数字蜂窝网络，在这种网络中，供应商覆盖的服务区域被划分为许多被称为蜂窝的小地理区域。本地天线通过高带宽光纤或无线回程连接与电话网络和互联网连接。当用户从一个蜂窝穿越到另一个蜂窝时，他们的移动设备将自动"切换"到新蜂窝中的天线[33]。5G 区别于前几代移动通信的关键，是移动通信从以技术为中心逐步向以用户为中心转变，主要体现在如下几个方面：

1）为满足高清视频和虚拟现实等大数据量传输需求，峰值速率需要达到 Gbit/s。

2）为满足自动驾驶、远程医疗等实时数据传递的需求，空中接口时延约为 1ms。

3）为满足千亿设备和物联网通信的连接需求，支持超大网络容量。

4）频谱效率要比 LTE 提升 10 倍以上。

5）连续广域覆盖和高移动性下，用户体验速率达到 100Mbit/s 以上。

6）流量密度和连接数密度大幅度提高。

7）系统协同化，智能化水平提升，表现为多用户、多点、多天线和多摄取的协同组网，以及网络间灵活地自动调整。

1.6.2　5G 室内定位技术

1. 5G 室内定位技术的发展

高精度室内定位技术是未来移动互联网和物联网的重要核心业务之一。为了适应高精度室内定位的需求，FCC、3GPP、IEEE 等组织已将广域高精度室内定位确立为下一代移动通信技术的基础功能。IEEE 802.11 成立了 NGP（Next Generation Positioning）研究下一代高精度室内定位。Nextnav、高通等在室内定位产品、定位芯片领域有巨大技术积累的公司，借助美国政府的支持强力推进室内定位技术标准。中国 IMT-2020（5G）推进组 2015 年 2 月发布的《5G 概念白皮书》中把"移动互联网和物联网将成为 5G 发展的主要驱动力"作为 5G 系统需求基础，移动通信论坛（FUTURE 论坛）是在国家发展改革委、科技部、工业和信息化部的共同支持下，由全球移动通信运营企业、设备制造企业、科研机构、高等院校等 26 家单位共同发起成立的非营利性国际社团组织，其在 2016 年 12 月发布了以中国联通、中兴通讯、清华大学和哈尔滨工程大学等单位撰稿的《5G Enabler：Indoor Positioning》，专门论述 5G 高精度定位的关键技术，并出版发行[34]。GPP 主流公司室内定位的提案情况见表 1.4。

表 1.4　GPP 主流公司室内定位的提案情况

公　司	主要布局点
爱立信	PRS 增强
高通	PRS 增强、TBS、DL-LTU
Nextnav	TBS
LG	prs-beacon、D2D
朗讯	Unlicensed prs-beacon、D2D
Intel	D2D、prs-beacon、TBS
中兴通讯	prs-beacon、TBS、D2D

注：1. PRS：Positioning Reference Signal，定位参考信号。

2. DL-LTU：DownLink-Location Transimission Unit，下行定位发送单元。

3. D2D：设备到设备。

3GPP 于 2014 年 6 月成立了通信网室内定位增强项目，成果将会演进到 5G 标准。根据表 1.4 的提案布局分布来看，未来 5G 定位系统将是一个包含广域覆盖网、超密集组网（UDN）、专有无线系统、WLAN 系统等多种定位网络形态的异构定位系统，因此 5G 高精度室内定位技术架构必然是一个异构定位架构，如图 1.18 所示[35]。

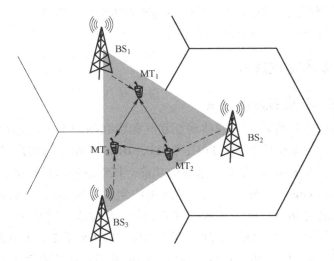

图 1.18　5G 移动终端（MT）定位示意图

2. 5G 定位的主要技术

（1）超密集组网下的定位技术

5G 超密集组网为高精度室内定位提供了网络基础，但仍需解决每个射频单元的可分辨性问题。针对室内场景，目前每个远端无线射频单元（Remote Radio Head，RRH）只是复制发送基站的基带信息。因此终端不能区分是从哪个远端无线射频单元发来的定位信号，定位技术无法充分利用密集组网的覆盖优势。需要在 5G 室内分布系统的每个射频单元都分配独立的 PRSID，实现定位信号的可分辨性[36]。

（2）面向 5G 的 TDOA 和 AOA 定位技术

信号到达时间差（Time Difference of Arrival，TDOA）和到达角度（Angle of Arrival，AOA）是两种基础的无线定位技术。从理论上分析，一方面，5G 采用高频或者毫米波通信，毫米波通信具有非常好的方向性，可以实现更高精度的测距和测角；另外一方面，5G 采用大规模天线技术，具有更高分辨率的波束，也可以实现更高精度的测距和测角特性。因此，基于 AOA 的定位方法将比 4G 具有更高的精度。而且，由于 5G 采用了低时延、高精度同步等技术，对提升

TDOA 的定位精度也有帮助。下面分别从误差模型出发，分析在 5G 技术下 TDOA 和 AOA 两种基础定位方法的特性[43]。

TDOA 的技术原理是根据检测定位信号到达基站间的时间差列出观察方程，如式（1.6）所示，通过至少 4 个基站，建立至少 3 个相对时间差方程组，然后求解方程组中的坐标未知量。因此，其误差主要来源是时钟误差。

$$t_{ue}^i + \delta_{ue} = \frac{1}{c} \left| P_{ue}^t - P_s^{t,i} \right| + \delta_i + \varepsilon_i^t \tag{1.6}$$

式中，$i \in \Omega$ 为基站编号；δ_i 为基站 i 时钟误差；δ_{ue} 为终端 UE 与标准时钟的钟差；ε_i^t 为测距误差。

AOA 技术通过角度测量获得空间直线方程，最少可以利用两个基站完成终端的定位，其误差观测方程如下（一般方程比较复杂，下面以二维简单情况为例说明误差模型，并设极轴均和坐标系轴同向）：

$$\begin{cases} \rho\sin(\alpha_1 - \theta) = \rho_1\sin(\alpha_1 - \theta_1) \\ \rho\sin(\alpha_2 - \theta) = \rho_2\sin(\alpha_2 - \theta_2) \end{cases} \tag{1.7}$$

式中，α_1 和 α_2 为相对极轴的测量角；（ρ_i，θ_i）为锚点坐标；（ρ，θ）为终端坐标。

通过误差模型，综合比较 TDOA 和 AOA 技术，两者技术特点见表 1.5。

表 1.5 TDOA 和 AOA 技术特点

特征项	TDOA	AOA
误差因素	采样周期 同步误差	角度量化 波束宽度 距离
误差特点	主要来自于设备误差和带宽的影响，受环境影响有限，收敛性好	和距离有关，波束宽度影响较大，收敛性差
天线	单天线或小规模天线	大规模天线
多径影响	首径检测精度	直射径检测精度
覆盖	能量累积 OFDM 1000 倍以上累积，覆盖远	无能量累积，覆盖差

（3）面向 5G 网络上行定位和下行定位

上行定位和下行定位是 4G 系统的两个基本定位方式，而且上行定位曾一度被行业看好，是解决室内定位的主要解决方案。上行定位的主要原理是终端发射定位信号，基站进行检测定位；下行定位的主要原理是基站发射定位信号，终端进行检测定位。两者在 5G 网络下的技术特点见表 1.6。

表 1.6 5G 网络下的上行定位与下行定位对比表

	上 行 定 位	下 行 定 位
发射功率	小	大
覆盖	小	大
定位场景	高密度场景	低密度、高密度均可
定位时延	依赖终端资源分配、配置流程最小 20ms	最小可达 ms 级
定位信号使用带宽	依赖分配，通信情况下远小于最大带宽；定位用户可以分配最大带宽	可以使用最大带宽
容量	每个用户需要分配 SRS 资源，容量小	容量不受限制
定位精度	（和分配带宽有关）带宽小，精度差	精度高
定位方法	UTDOA，AOA	OTDOA，AOA
定位模式	基于网络	基于用户设备和基于网络

从表 1.6 可以看出，下行定位能够充分发挥出 5G 系统的大带宽、低时延、大规模天线阵列等特点。基站的发射功率比终端大上千倍，借用 Massio MIMO 的优势，可以大大提高定位的覆盖距离，降低定位系统对网络密度的要求。

3. 面向 5G 定位网络架构

要提供高精度的室内外一体化定位服务，除了利用 5G 技术提升基础定位技术的定位精度，另外一个重要的方面就是需要以 5G 通信网络为基础，充分利用移动网络的通道和平台优势，融合各种不同的异构定位技术，实现通信和定位一体化。下面分别从一体化和融合的角度阐述面向 5G 的定位网络架构[36]。

（1）一体化网络架构

一体化网络架构如图 1.19 所示，架构在通信网频带内，一体化同时支持通信网和定位网，架构的技术特点有：a）支持高精度同步网络。因为目前标准基站之间的接口无法支持高精度同步，所以必须增加高精度同步网络单元。b）实现了通信网和定位网一体化的目标，分别设计了相应的定位网元和定位管理网元。c）定位网元可以和基站共站，支持常规的一体化的通信和定位覆盖。d）定位设备也可以以独立定位设备形态存在，支持独立的定位增强覆盖网络。e）可以支持异构定位网，包括带内定位网、共频带定位技术、TBS、WiFi等。f）各种定位网络支持接入 5G 网络，在终端或者定位服务器中进行融合定位。

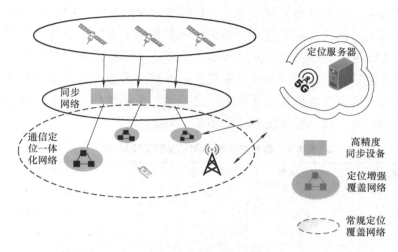

图 1.19　一体化网络架构图

（2）融合技术架构

异构融合定位系统不是简单地对各种定位网络叠加，需要研究各种定位技术的智能融合技术，综合实现最优的定位性能。智能异构融合定位技术架构的特点为：a）异构一体化融合定位架构。在架构层面建立了异构一体化融合的机制，通过多种有机融合机制，综合输出最优的定位结果。b）多层次融合。支持多种基本室内外定位技术以及补充定位技术融合；在融合手段上，支持基本定位技术结果融合、各种定位技术测试量的混合算法、预测融合等多个层面的机制以及定位决策与反馈。c）反馈式融合定位决策机制。融合定位架构包含了实际位置结果估计和预测拟合结果之间反馈决策机制，充分利用空间、预测等智能分析方法，减少异常定位结果，提高定位的可靠性和稳定性。

1.7　卫星定位技术

1.7.1　卫星定位技术概述

目前，卫星定位技术的研究成果大都是基于 GPS 开展研究的。伪距单点定位是 GPS 提供的基本服务之一。GPS 提供两种伪距定位服务：标准定位服务（Standard Positioning Service，SPS）和精密定位服务（Precise Positioning Service，PPS）。SPS 属于公开服务，目前定位精度约为 10m；PPS 使用 P 码观测量，定位精度较 SPS 高。实时动态（Real Time Kinematic，RTK）定位技术也是一种采用载波相位观测量的相对观测定位方式，它具有实时的数据传输链路，使得流动站用户能够实时地获得高精度定位结果。随着各国卫星导航系统的发展，卫星导航将从 GPS + GLONASS 时代向 GNSS（全球卫星导航系统）时代转变，形成多系统并存的局面。各大卫星导航系统的设计充分考虑与其他系统的融合，多模卫星定位技术将有效地提高系统的定位精度、可用性和可靠性，成为国内外学者关注的热点。各导航系统不同频段的工作频率见表1.7。

表 1.7　各导航系统不同频段的工作频率[37]

导航系统	国家和地区	频　段	工　作　频　率
GPS	美国	L1	1575.42MHz ± 1.023MHz
		L2	1227.60MHz ± 1.023MHz
		L5	1176.45MHz ± 1.023MHz
GLONASS	俄罗斯	L1	1602.5625MHz ± 4MHz
		L2	1246.4375MHz ± 4MHz
BD1	中国	S	2491.75MHz ± 4.08MHz
		L	1615.68MHz ± 4.08MHz（左旋圆极化）
		B1	1561.098MHz ± 2.046MHz
BD2		B2	1207.520MHz ± 2.046MHz
		B3	1268.520MHz ± 1.023MHz
Galileo	欧洲	L1	1575.420MHz ± 1.023MHz
		E5b	1207.140MHz ± 1.023MHz
		E5a	1176.450MHz ± 1.023MHz
		E6	1278.750MHz ± 1.023MHz

1.7.2　美国 GPS 卫星定位与导航系统

GPS（Global Positioning System，全球定位系统）的卫星定位工作原理是由地面主控站收集各监测站的观测资料和气象信息，计算各卫星的星历表及卫星钟改正数，按规定的格式编辑导航电文，通过地面上的注入站向 GPS 卫星注入这些信息[38]。

（1）工作原理

GPS 卫星定位测量时，用户可以利用接收机的储存星历得到各个卫星的粗略位置。根据这些数据和自身位置，由计算机选择卫星与用户连线之间张角较大的四颗卫星作为观测对象。观测时，接收机利用码发生器生成的信息与卫星接收的信号进行相关处理，并根据导航电文的时间标和子帧计数测量用户和卫星之间的伪距。将修正后的伪距、输入的初始数据以及四颗卫星的观测值列出 3 个观测方程式，即可解出接收机的位置，并转换所需要的坐标系统，以达到定位目的。简单来说 GPS 是在车载终端中内置一张手机卡，通过手机信号传输到后台来实现定位，GPS 终端就是这个后台，可以帮助实现一键导航、后台服务等各种人性服务。GPS 随着社会的发展被应用到越来越多的行业，它起到前期监督、后期管理的作用，统一分配，便于管理，能够提高我们的工作效率，降低成本[38]。

（2）主要构成

GPS 主要由空间卫星星座、地面监控站及用户设备三部分构成，如图 1.20 所示。

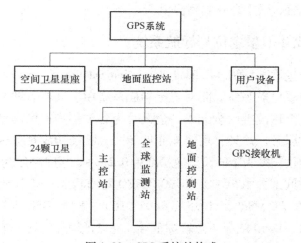

图 1.20 GPS 系统的构成

1）GPS 空间卫星星座由 21 颗工作卫星和 3 颗在轨备用卫星组成。24 颗卫星均匀分布在 6 个轨道平面内，轨道平面的倾角为 55°，卫星的平均高度为 20200km，运行周期为 11h58min。卫星用 L 波段的两个无线电载波向广大用户连续不断地发送导航定位信号，导航定位信号中含有卫星的位置信息，使卫星成为一个动态的已知点。在地球的任何地点、任何时刻，在高度角 15°以上，平均可同时观测到 6 颗卫星，最多可达到 9 颗。GPS 卫星产生两组电码，一组称为 C/A 码（Coarse/Acquisition Code 11023MHz），一组称为 P 码（Procise Code 10123MHz）。

2）地面监控站由 1 个主控站、5 个全球监测站和 3 个地面控制站组成。监测站均配装有精密的铯钟和能够连续测量到所有可见卫星的接收机。监测站将取得的卫星观测数据，包括电离层和气象数据，经过初步处理后，传送到主控站。主控站从各监测站收集跟踪数据，计算出卫星的轨道和时钟参数，然后将结果送到 3 个地面控制站。地面控制站在每颗卫星运行至上空时，把这些导航数据及主控站指令注入卫星。这种注入对每颗 GPS 卫星每天进行一次，并在卫星离开注入站作用范围之前进行最后的注入。如果某地面站发生故障，那么在卫星中预存的导航信息还可用一段时间，但导航精度会逐渐降低。

3）GPS 用户设备由 GPS 接收机、数据处理软件及其终端设备（如计算机）等组成。GPS 接收机可捕获到按一定卫星高度截止角所选择的待测卫星的信号，跟踪卫星的运行，并对信号进行交换、放大和处理，再通过计算机和相应软件，经基线解算、网平差，求出 GPS 接收机中心（测站点）的三维坐标。GPS 接收机的结构分为天线单元和接收单元两部分。目前各种类型的接收机体积越来越小，重量越来越轻，便于野外观测使用[38]。

1.7.3　中国北斗卫星定位与导航系统

中国北斗卫星导航系统（BeiDou Navigation Satellite System，BDS）是中国自行研制的全球卫星导航系统。北斗卫星导航系统由空间段、地面段和用户段三部分组成，可在全球范围内全天候、全天时为各类用户提供高精度、高可靠定位、导航、授时服务，并具有短报文通信能力，已经初步具备区域导航、定位和授时能力，定位精度为 10m，测速精度为 0.2m/s，授时精度为 10ns。

北斗系统空间部分由 5GEO/5IGSO/4MEO 星座构成，其中 5 颗 GEO 卫星分别定点于东经 58.75°、80°、110.5°、140°、160°；5 颗 IGSO 卫星分布于 3 个轨道面上，其中 I1、I2 和 I3 星下点轨迹重合，交点地理经度处于东经 118°，I4 和 I5 分别和 I1、I2 处于同一轨道面，与 I1、I2 各相位相差 23°，交点地理经度处于东经 95°；4 颗 MEO 卫星轨道高度为 21000km，为 7 天 13 圈回归周期，4 颗卫星分别位于 WALKER 24/3/1 星座的第一轨道面 7、8 相位和第二轨道面 3、4 相位上。北斗区域系统在中国区域可为用户提供 10m 精度三维位置服务，在亚太区域可提供 20m 的位置精度服务[39]。

北斗地面运控系统由主控站、监测站和时间同步/注入站组成，完成导航业务运行与控制管理。其中，主控站是系统运行的控制中心，主要任务是收集跟踪站的原始观测数据，进行系统时间同步及卫星钟差预报、卫星精密定轨及广播星历预报、电离层改正计算、广域差分改正、系统完好性监测等信息处理；完成任务规划与调度、系统运行管理与控制等。同时，主控站还需与卫星进行星地时间比对观测；与所有时间同步/注入站进行站间的时间比对观测；向卫星注入导航电文参数、广播信息等。

用户终端部分是指各类北斗用户终端以及与其他卫星导航系统兼容的终端，以满足不同领域和行业的应用需求。GPS 建设时间早，用户数量庞大，经过长时间大量用户的应用磨合，系统较为完善成熟。我国的北斗卫星导航系统建设刚刚开始，系统的完善和应用的开发需要大量的用户参与，必须立足于完全自主知识产权的核心芯片，研发生产出符合市场需求的各类终端，形成完整的产品线和良好的产业链。目前，我国一些科研院所正积极开展相关研究以突破芯片、板卡、终端高精度解算算法关键技术，使具有"中国芯"的终端产品真正占据我国广大接收机市场。根据参考文献［40］，北斗一号系统构成如图 1.21 所示。

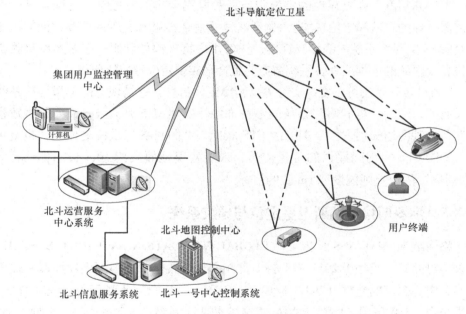

图 1.21　北斗一号系统构成

1.7.4　欧盟伽利略卫星定位与导航系统

伽利略卫星导航系统（Galileo Satellite Navigation System），是由欧盟研制和建立的全球卫星导航定位系统，该计划于 1999 年 2 月由欧洲委员会公布，欧洲委员会和欧洲航天局共同负责。系统由轨道高度为 23616km 的 30 颗卫星组成，其中 27 颗工作星，3 颗备份星。卫星轨道高度约 2.4 万 km，位于 3 个倾角为 56°的轨道平面内。截至 2016 年 12 月，已经发射了 18 颗工作卫星，具备了早期操作能力（EOC），并在 2019 年具备完全操作能力（FOC）。全部 30 颗卫

（调整为 24 颗工作卫星，6 颗备份卫星）计划于 2020 年发射完毕。不仅能使人们的生活更加方便，还将为欧盟的工业和商业带来可观的经济效益。更为重要的是，欧盟将从此拥有自己的全球卫星导航系统，这有助于打破美国 GPS 的垄断地位，从而在全球高科技竞争浪潮中获取有利地位，更可为将来建设欧洲独立防务创造条件[41]。

"伽利略"系统是世界上第一个基于民用的全球卫星导航定位系统，在 2008 年投入运行后，全球的用户将使用多制式的接收机，获得更多的导航定位卫星的信号，将无形中极大地提高导航定位的精度，这是"伽利略"计划给用户带来的直接好处。"伽利略"计划是欧洲自主、独立的全球多模式卫星定位导航系统，提供高精度、高可靠性的定位服务，实现完全非军方控制、管理，可以进行覆盖全球的导航和定位功能。"伽利略"系统还能够和美国的 GPS、俄罗斯的 GLONASS 实现多系统内的相互合作，任何用户将来都可以用一个多系统接收机采集各个系统的数据或者各系统数据的组合来实现定位导航的要求。

"伽利略"系统可以发送实时的高精度定位信息，这是现有的卫星导航系统所没有的，同时"伽利略"系统能够在许多特殊情况下提供服务，如果失败也能在几秒钟内通知用户。与美国的 GPS 相比，"伽利略"系统更先进，也更可靠。美国 GPS 向别国提供的卫星信号，只能发现地面大约 10m 长的物体，而"伽利略"的卫星则能发现 1m 长的目标[41]。

1.7.5 俄罗斯格洛纳斯卫星定位与导航系统

格洛纳斯 GLONASS 是俄文 "GLOBAL NAVIGATION SATELLITE SYSTEM" 的首字母缩写，已经于 2011 年 1 月 1 日在全球正式运行。根据俄罗斯联邦航天局信息中心提供的数据（2012 年 10 月 10 日），目前有 24 颗卫星正常工作、3 颗维修中、3 颗备用、1 颗测试中。"格洛纳斯"系统的标准配置为 24 颗卫星，而 18 颗卫星就能保证该系统为俄罗斯境内用户提供全部服务[42]。

全球导航卫星系统（GLONASS）是由苏联（现由俄罗斯）国防部独立研制和控制的第二代军用卫星导航系统，与美国的 GPS 相似，该系统也开设民用窗口。GLONASS 技术可为全球海陆空以及近地空间的各种军、民用户全天候、连续地提供高精度的三维位置、三维速度和时间信息。GLONASS 在定位、测速及定时精度上优于施加选择可用性（SA）之后的 GPS，由于俄罗斯向国际民航和海事组织承诺将向全球用户提供民用导航服务。其系统组成主要包括：a）卫星星座；b）地面支持；c）用户设备。GLONASS 绝对定位精度水平方向为 16m，垂直方向为 25m。目前，GLONASS 的主要用途是导航定位，与 GPS 一样，也可广泛应用于各种等级和种类的定位、导航和时频领域等。GLONASS 卫星定位系统构成如图 1.22 所示[43]。

图 1.22　GLONASS 卫星定位系统构成

与美国的 GPS 不同的是 GLONASS 采用频分多址（FDMA）方式，根据载波频率来区分不同卫星 [GPS 是码分多址（CDMA），根据调制码来区分卫星]。每颗 GLONASS 卫星发播的两种载波的频率分别为 $L_1 = 1602 + 0.5625K(\text{MHz})$ 和 $L_2 = 1246 + 0.4375K(\text{MHz})$，其中 $K = 1 \sim 24$，为每颗卫星的频率编号。所有 GPS 卫星的载波频率是相同的，均为 $L_1 = 1575.42\text{MHz}$ 和 $L_2 = 1227.6\text{MHz}$。GLONASS 卫星的载波上也调制了两种伪随机噪声码：S 码和 P 码。俄罗斯对 GLONASS 采用了军民合用、不加密的开放政策。

1.8　常用定位技术性能对比

随着各类电子与通信技术的飞速发展，定位技术也出现"百花齐放，百家争鸣"的研发和产品市场的繁荣局面。高精度定位技术可以分为两类：第一类为基于外置信源的室内定位技术，这类技术的实现依赖于外置信源，主要包括 WiFi、蓝牙、超宽带（Ultra Wide Band，UWB）、蜂窝移动网络和伪卫星；第二类为基于天然信源的室内定位技术，这类技术仅依靠终端的传感器即可实现定位，包括惯性导航、地磁导航等。为便于读者清晰地纵然全局，把握技术特性，总结和对比各类定位技术特性如下：

（1）RFID 定位技术

RFID 定位技术采用电磁波来进行无线通信。RFID 在进行室内定位时遵循"邻近思想"。整个定位系统由阅读器和标签两部分组成，标签用于存储信息，阅读器用于读写标签内的信息。阅读器发射电磁波实现和标签以及其他阅读器的通信。待定位者佩戴一个标签进入定位空间内，中央处理器通过比较待定位标签与其他参考标签的信号强度值，得出与待定位标签相邻近的标签，从而得到定位结果。该方案不受视距制约，且标签和阅读器使用寿命长，因此在室内定位中应用较为广泛[44]。

（2）WiFi 定位技术

由于我国从 2012 年开始大范围覆盖 WiFi 网络，一般的公共场所诸如大学、餐厅、电影院、商场甚至广场，都配有完善的 WiFi 网络，这使得之后进行 WiFi 定位系统建设的成本变得十分低廉。在 WiFi 环境中，常常应用三角定位模型，首先预先记录好待定位样本在各个参考节点处，所有无线接入点所收到的信号的强度。在进行室内定位时，将实际接收到的信号强度经分析处理后与之前统计记录好的无线接入点的数据进行对比，即可估计出待定位者的位置[44]。

（3）ZigBee 定位

ZigBee 技术凭借其低功耗的显著优势在室内定位中多有应用。应用 ZigBee 技术做室内定位时，要设定一个中心参考节点和网关，配合其他众多盲节点，组成室内定位网络，并通过盲节点之间的数据交换来实现定位。盲节点之间以无线电磁波通信的方式进行通信，具有很高的通信效率。但是 ZigBee 信号的传输受室内障碍的影响较大，极易出现多径效应，其稳定性和精准度都受制约于外界环境，所以要维持其可靠性的条件苛刻，成本也较高。

（4）SLAM 定位

同步定位和映射起源于自定位机器人领域。同步定位与地图建立的紧密结合，使此定位系统日趋成熟，这使得众包环境模型无须用户关注。然而，传统的 SLAM 方法依赖于相对可靠的感官，包括激光扫描仪和高精度 INS。虽然使用加速度计和陀螺仪的智能手机可以进行某种形式的惯性运动估计，但很难达到惯性误差小到可以通过环路检测系统进行校正的程度。此外，当人们在移动时，智能手机通常无法捕捉到合理的视频流。因此，在传感器流中寻找关联的技术仍然缺乏。然而，一种混合的方法可能有很大的潜力：使用基于 SLAM 的系统，可能有特殊的感觉，或至少在人们拿着摄像机朝向他们观看方向的情况下，一个环境模型可以由志愿者生成，它可能被用于向公众提供建筑物内基于位置的服务。特别是将移动基础设施组件（如清洁机）集成到室内定位服务的生态系统中，可弥补数据库漂移问题[45]。

（5）UWB 定位

UWB 定位技术用来传输数据的脉冲信号，其功率谱密度极低、脉冲宽度极窄，因此具备了时间分辨率高、空间穿透能力强等特点，在视距（Line of Sight，LOS）环境下能获得优于厘米级的测距和定位精度。UWB 最初便是用于军事工业，2002 年才发布商用化规范，就目前的情况而言，UWB 设备价格昂贵，部署成本较高，虽然在专业领域中应用广泛且表现极佳，但难以进入消费级市场。UWB 定位方法包括信号到达角（Angle of Arrival，AOA）、接收信号强度（Received Signal Strength，RSS）、信号到达时间（Time of Arrival，TOA）和信号到达时间差（Time Difference of Arrival，TDOA），是一种典型的基于测距的定位技术。

（6）蜂窝移动网络定位技术

随着第二代、第三代到第四代移动网络通信长期演进（Long Term Evolution，LTE）定位技术的发展，基于基站的蜂窝移动网络定位技术的精度得到了较大提高；第五代移动网络通信技术协议投入商用对室内定位领域是一个巨大的契机，其密集组网技术也使得基站定位具备广阔的应用前景和发展空间[46]。蜂窝定位技术可以便捷使用搭建的基础设施，依靠移动通信系统的体系结构和传输信息实现用户的位置坐标推算。利用室内可直接测得的无线电通信信号，与 WiFi、蓝牙、UWB 技术相同，既可基于信号强度使用传统的位置指纹匹配方法，也可以进行 TOA、TDOA、AOA 等测距方式测量。蜂窝移动网络定位技术依赖通信基站，与基站密度密切相关：虽然室内信号受基站输出功率的动态调整和非视距传播效应的影响，定位精度不高，但在室内外无缝定位需求下，可作为普适化的室内外坐标一体化的定位方案[47]。

（7）其他室内定位技术

1）伪卫星定位技术。伪卫星是指安装在地面附近的能够发射类似于 GNSS 信号的装置，其本质是一个 GNSS 信号模拟器，可以作为室内环境中对 GNSS 信号的补充。伪卫星技术定位的规模化难度比较低，同时定位精度为亚米级，能够满足大多数时候的定位需求，但是较高的基站部署成本使该技术停留在专业领域，尚未投入市场使用。目前国内上海交通大学、中国电子科技集团公司第54 研究所也对伪卫星技术进行了深入的研究，对伪卫星的组网配置方案进行了详细的研究和分析，共同探讨伪卫星独立组网配置方案的可行方案[35]。

2）基于天然信源的室内定位技术。基于天然信源的室内定位技术是指利用传感器将某些与位置相关的天然信源转换为可用于定位的信号以实现定位，例如，惯性导航技术利用惯性传感器感知载体的运动状态；地磁导航技术利用地磁传感器获取当前位置的磁场特征；气压计测高技术利用气压计测量当前位置的气压等。

3）惯性定位。惯性导航技术是基于惯性测量单元（Inertial Measurement Units，IMU）对状态进行预测，具体是利用加速度计、陀螺仪和磁力计等传感器对前一时刻的位置信息进行处理，得到当前时刻的相对位置。随着传感器的小型集成化与低成本，近些年来 IMU 被广泛应用于室内定位导航。惯性导航系统基于航位推算方法实现终端的定位，具备较强的自主性，短时间内的定位精度和连续性非常高；但定位导航精度极大地受限于器件成本，且不可避免地随着时间的推移产生累积误差，需要借助外界定位信息源不断地对位置推算进行校准。零速校正是惯性导航技术中的一种误差补偿技术，可有效控制长时间的累积误差，提高系统精度。

4）地磁定位。地球的磁场特性最先被广泛用于航海和军事等室外定位。地磁定位同样可以采用指纹匹配的方法，通过事先采集并构建精确的地磁指纹数据库，利用传感器获取人员当前位置的磁场数据，将实时数据与地磁指纹库基准数据精确匹配获得最佳估测值，从而实现人员在指定区域中的定位。由于地球磁场分布方向的原因，室内采集到的地磁 3 轴数据本质上只具备 2 个维度的指纹信息，大型建筑物的室内地磁特征差异不明显，在传统的室内区域栅格化指纹匹配方法中表现不佳，因此室内地磁信息多用于室内定位的多源信息融合，与惯性导航系统组合使用，起到辅助和误差纠正的作用。

5）多源融合定位技术。上文介绍的各种定位技术各具优势和局限性，例如，WiFi、蓝牙和 UWB 信号属于射频信号，易受多径效应的影响；惯性导航虽不依赖外置信源，但定位误差会随时间累积。目前，国内主流的室内定位方法是根据场景需求及各类室内定位技术的特点，选择 2 种及以上的定位技术进行融合以获得当前位置的最优估计。融合方法有松耦合和紧耦合两种方法，两者的区别在于：松耦合需要各类传感器提供定位结果，而紧耦合需要各类传感器直接提供观测信息；松耦合易于实现，但要求各类传感器均输出定位结果，紧耦合与松耦合相比实现难度大，但各类传感器只需提供观测信息即可。信息融合的实现依赖滤波算法，如卡尔曼滤波、无迹滤波和粒子滤波，目前工程应用多采用卡尔曼滤波。融合定位的信息源可以是多种多样的，如 GNSS 信号、加速度计/陀螺仪、基站信号、WiFi、蓝牙、气压计、地磁、视觉、室内地图等；但融合定位模型和方案同样需要考虑室内定位结果的精度和可靠性；多种信息的协同融合可以带来精度的提升，同样可能会导致灾难性的定位失准。获得传感器数据后需要对多来源信息进行预处理以剔除原生和融合噪声，从数据中提取特征后要根据不同应用情景、设备条件和具体需求进行特征级融合，赋予不同的权重，结合地图信息和各种状态估计滤波算法后进行决策级融合。

随着室内定位技术的不断进步，定位精度也逐渐提高到米级甚至亚米级，开始迈入消费级市场水平。表 1.8 所示为不同室内定位技术的对比情况[35]。

表 1.8　定位技术对比

信号载体	典型定位方式	定位精度	应用场景	不　足
RFID	基于信号场强定位	米级	室内	易受到环境阻隔和干扰，易发生能量损耗，前期部署成本高
WiFi	基于信号场强定位	米级	室内	室内覆盖区域有限，前期部署成本高
蓝牙	基于信号场强定位	米级	室内	
伪卫星	基于时延的几何结算	视距环境可达亚米级	室内/室外	无其他增值应用
蜂窝移动网络	基于 TC-OFODM 信号进行测距定位	100 米级	室外	对基站依赖程度较高
惯性导航	基于航位推算方法	米级	室内/室外	存在累积漂移误差
地球磁场	基于信号场强定位或与其他技术组合应用	米级	室外	地球指纹特征差异小
5G	超密集组网下的定位技术、面向 5G 的 TDOA 和 AOA 定位技术、面向 5G 网络上行定位和下行定位	100 米级	室外	抗干扰有局限性
卫星	3 个观测方程式求解位置	10 米级	室外	遮挡影响较大
UWB	三边测量技术、三角测量技术和极大似然估计法、TOA、TDOA、AOA 和 RSSI	厘米级	室内	遮挡后的多径效应影响较大

目前，国内主流的室内定位方案主要是针对不同的应用需求选用 WiFi、蓝牙、UWB、惯导、气压计和磁场中的 2 种以上信源，并对不同信源提供的定位信息进行融合。与室外相比，室内信道环境和空间拓扑关系复杂，虽然室内信源种类繁多，但各种信源都有一定的局限性；不同定位信息的融合目前仍采用最简单的扩展卡尔曼滤波技术；室内定位方案的选择多数以成本和定位精度为衡量指标，尚未构成与 GNSS 定位类似的完整的室内定位性能评估体系。

1.9　定位技术发展趋势

结合国际室内高精度定位技术的发展趋势，考虑目前定位技术的成熟度，可对国内室内高精度定位的发展趋势进行总结，主要包括以下四个方面：

（1）探索新的室内定位技术

由于各种成熟室内定位技术的局限性，国际上开始探索新的室内定位技术，试图寻找一种服务性能媲美 GNSS 的室内定位技术。目前，新室内定位技术的研究热点集中于视觉、光源、音频、蓝牙5.0和5G信号。除视觉定位外，其他几种都需要外置的信号源。视觉定位以相机为传感器，在场景光线和图线特征充足的条件下，定位精度可达分米级甚至厘米级。光源定位技术即光源编码定位技术，以安装在天花板上的扇格发光二极管（Light Emitting Diode，LED）光罩为信号源，通过旋转光罩使终端接收扇格在地面的光投影来确定其位置，定位精度可达厘米级。音频定位通过测量声音从音频基站到终端的传播距离来确定终端的位置。与 WiFi、蓝牙等射频信号相比，由于声音的传播速度慢，因而对时间同步的要求低。例如，要达到分米级的定位精度，时间同步精度只需0.1ms。蓝牙5.0与蓝牙4.0相比，在通信速度、功耗、通信距离和容量方面均有显著的提高，单一蓝牙5.0信标的信号覆盖范围将是蓝牙4.0信标的16倍，故蓝牙5.0的使用将大大降低信标布设成本。5G作为新一代的移动蜂窝网络在设计时就考虑了室内定位的功能，5G白皮书已明确要求室内定位精度优于1m；5G信号可能成为室内外无缝定位最可靠的信源。上述技术均处于理论研究阶段，从理论研究转换为工程应用仍需要突破许多技术壁垒。

（2）发展多源定位信息融合技术

由于各类室内定位技术的局限性，将两种以上具备互补特性的定位技术组合使用以获得优于单一技术的定位性能，是目前实现室内定位的主流。在选择定位技术的基础上，需设计高效的信息融合方案以提高系统的定位性能。以高精度或高可靠性的定位源为基准，采用紧耦合的方式融合其他定位源以获得位置的最优估计，是目前业界认可的信息融合方案设计基础。以此为前提，在信息融合过程中增加粗差探测和信源互检以确保整个系统的稳定性和可靠性是需要进一步探讨的技术难点。

（3）建立室内定位技术标准体系

通过目前国内外室内导航定位技术的对比，发现各技术存在多方面的差异。室内定位技术的数据来源五花八门，用户提供、网络、线下搜集、信标参考等均是可能的来源，而且不同来源的数据表现形式、信息量和精度等均有所不同。目前室内定位技术缺乏统一的标准规范，即一套完整的室内空间数据采集、处理、编码、更新、集成、应用及服务标准和技术规范体系，对室内数据的采集、处理与集成过程中的元数据信息、数据模型、交换格式、数据精度等具体细节进行统一规定，使得室内导航服务的生产、更新、维护和数据共享成为可能。

（4）建立室内定位性能评估体系

GNSS 作为一种技术成熟的室外定位技术，拥有完整的导航服务性能评估体系，该评估体系以定位精度、完好性、连续性和可用性为指标，衡量 GNSS 提供导航服务的质量。其中定位精度是最基础的导航服务性能需求。当前室内定位技术尚未达到与 GNSS 相当的成熟度，对其研究焦点还集中在提升定位精度上。但是，随着室内定位技术的不断发展，当定位精度的需求能够满足时，为提升服务质量，需额外考虑定位结果的可靠性、定位服务的连续性等其他服务性能指标。与 GNSS 相比，室内定位的实现是多种室内定位技术组合使用的结果，一套完整的室内定位方案往往包含多种异构定位源，因此对室内定位性能的评估要比对 GNSS 服务性能的评估复杂得多。考虑到其必要性及实施难度，室内定位性能评估体系的建立可作为室内定位领域的一个新的研究方向[35]。

1.10　本章小结

本章按照无线定位技术原理不同，介绍了常见的无线定位技术，对比分析了各类定位技术的性能。定位技术各领千秋，具有优点的同时也具有局限性。在 UWB 定位技术出现之前，工业定位基本是被 RFID 定位所垄断，ZigBee 和 WiFi 多用于民用领域。变电站、监狱、工业自动化等方面的定位技术主要采用 RFID 定位。当 UWB 定位技术出现后，因为超高的精度和工业级别的设计要求，逐渐成为工业定位的首选。一方面，UWB 定位基站的数量少，定位的精度高，费用低于 RFID 的网络建设费用；另一方面，UWB 网络采用工业级标准，产品稳定可靠，适合工业应用，设备稳定性较高，网络运维较简便。

第**2**章
UWB 无线通信技术

UWB（超宽带）技术最早诞生于无线通信领域，该新兴技术一出现就备受关注。UWB 信号有着极大的带宽，其时间分辨率高、抗多径效应能力强，被认为是高速率短距离无线通信中具有很强竞争力的候选方案之一。为此，本章寻根溯源，从 UWB 无线通信技术本身的特点出发，阐述 UWB 无线定位技术的由来、现状和发展演化历程；从标准和规范角度，介绍其国际标准、规范以及各国和机构对 UWB 定位技术的无线电频谱的分配。

2.1 UWB 定位技术现状

2.1.1 UWB 技术的由来

UWB 信号作为冲激脉冲信号，其时间分辨率精度理论上能达到厘米级甚至毫米级定位精度。但在实际应用和测试实验中，受外界因素的干扰和设备本身工艺的原因，最初 UWB 室内定位系统的定位精度大致在分米级[48]。

通常情况下，研究人员把定位的外界因素误差来源归为两个方面：第一是多径效应。由于多径分量会影响到直射路径（Direct Path，DP）的检测，影响 TOA 的估计误差，因而针对多径效应进行参数建模意义重大。第二是非视距（Non Line of Sight，NLOS）影响。非视距情况下，DP 不一定是多径分量中的信号最强路径（Strongest Path，SP），关于 NLOS 的鉴别和 NLOS 环境中其他定位方式方法的研究也成了一种趋势。在室内环境复杂的情况下对定位精度而言，外界因素问题相比于设备自身工艺问题有着更重大的影响，因此大部分研究人员在抗多径和非视距补偿方面做了大量研究。随着外界因素影响的减小，设备自身工艺带来的误差不容忽视，但对于该方面研究的人员还屈指可数。对于 UWB

室内定位技术而言，向着厘米级甚至毫米级定位精度发展的过程中，对于设备自身误差的标定是一项必不可少的过程。在实际测试过程中，通过后期的数据处理来解决特定环境下的 UWB 室内定位系统的定位精度成为市场上常用的调试方案。该方法忽略了系统自身存在的误差，片面地利用最终的定位数据准确度去调整环境参数，得到的效果往往也不尽如人意，这也使得实际应用场景下精度无法产生较大的突破[49]。

2.1.2　UWB 技术的发展

UWB 定位技术是一项新兴的定位技术。20 世纪 90 年代，南加州大学的 Moe Z. Win 证明了 UWB 信号在密集多径环境下有较强的抗干扰性，对多径衰减也有着一定的抗性[50]。1997 年 Kaveh Pahlavan 领导的研究小组开始进行精确室内定位的基础性研究，对宽带信号在室内的传播进行建模，该研究引起了包括诺基亚在内的其他组织的注意。J. Werb 在 1998 年设计了第一套针对室内定位的系统，频段在 2.4G，带宽为 40MHz[51]。2001 年 7 月，MSSI 公司完成了其长距离超宽带无线电地面波收发信机的首次现场测试。这套为海军设计的系统不仅能提供在 60 海里的非视距范围内在船与船、船与岸之间提供 30 帧/秒的视频传输，还能完成在城市峡谷中的分布式传感器网络通信[52]。同年，MSSI 为美国海军部门提供了基于 UWB 定位技术的精确定位系统（Precision Asset Location System，PALS），该系统能在复杂环境下完成对用户的识别和定位。2002 年 Joon-Yong Lee 通过实验验证了 UWB 在密集多径环境下的测试方案，取得了良好的效果。2005 年 Gezici 分析指出了 UWB 技术在定位问题上的可行性，并论述了 UWB 测距、定位的性能下界，指出基于时间到达估计的定位方式是最具潜力和高精度定位的。之后，有关 UWB 定位技术的文章络绎不绝地出现在各大期刊会议中。UWB 定位技术的研究在欧美等西方国家也被广泛关注。市场上较为常见的有 Ubisense 公司推出的 UWB 室内定位模块。以色列的 Wisair 公司、美国的 Intel 公司等也研发了自己相应的 UWB 芯片。DecaWave 公司开发一系列名为 ScenSor 的集成电路产品，能以极具竞争力的成本、极低的功耗和以往难以企及的精度（±10cm）和可靠性，识别人或物的具体位置。此外，这种芯片拥有高达 6.8Mbit/s 的数据通信能力，非常适合物联网应用及其他低功耗无线网络应用。旗舰芯片 DW 1000 适用于工厂与建筑自动化、医疗保健、EPOS 与零售、机器人、仓储、汽车和消费等多种多样的市场，已获得全球 2500 多家企业的青睐。在应用方面，Krishnan S 等将 UWB 技术运用在室内机器人导航中，为机器人室内导航提供服务。Tiemann J 等将 UWB 定位技术与无人车驾驶结合起来，用于补充在弱 GPS 信号环境中的车辆导航。通过与 GPS 技术的融合，弥补特殊环境下无人车的导航寻迹性能。Fall B 等将 UWB 技术结合时间反演技术运用到铁路运输中的车辆定位，取得了一定的效果。UWB 室内定位技术作为室内定位中高精度的典型代表，多次在微软举办的微软室内定位大赛中崭露头角。作为占据微软室内定位大赛 3D 组半壁江山的 UWB 技术，面对复杂环境和变化因素有较强的适应性，复杂环境下最佳定位平均精度能达到 0.39m[53]。

我国关于发展 UWB 无线通信相关技术可追溯到 2001 年发布的"十五"国家 863 计划。2004 年，国内研究人员在论文中对基于 TDOA 的 UWB 定位系统进行了实验，在存在读数和测量误差的情况下，良好环境下的定位精度已经达到数十厘米。之后，南京理工大学、西安电子科技大学、哈尔滨工业大学、中国科学技术大学等单位和机构对 UWB 定位技术展开了大量的研究和探索。目前大部分研究还是误差分析建模等理论研究，实际运用中大部分都是基于良好环境下的解决方案。在应用方面，将 UWB 定位技术运用于消防救援，能帮助救援人员在环境复杂的室内事故现场确定位置。将 UWB 定位技术运用在监狱人员管理，协助狱警管理犯人、并且可预防越狱滋事等事故的发生。利用 UWB 技术对变电站作业人员的安全情况进行监控，确保人员处于安全范围以避免事故发生[54]。

2.1.3　UWB 定位关键技术

在上文 UWB 定位系统原理的基础上，下文阐述 UWB 定位关键技术。UWB 是在较大的带宽上实现速率为 $100Mbit/s \sim 1Gbit/s$ 传输的技术。根据香农理论，无线信道的容量是与其占用的信道带宽成正比的，UWB 能实现很高的数据率，是由于其占用很大的带宽。根据美国 FCC 对 UWB 技术的定义，相对带宽大于 0.2 或带宽超过 500MHz 的系统都可看作 UWB 系统，并分配 $3.1 \sim 10.6GHz$ 频段作为 UWB 系统可使用的频段，在该频段内，UWB 设备的发射功率需低于 $-41.3dBm/MHz$，以便与其他无线通信系统共存。UWB 在 10m 以内的范围实现无线传输，是应用于无线个域网（WPAN）的一种近距离无线通信技术[55]。

众所周知，IEEE 802.15.3a 从 2003 年开始对 UWB 的技术方案进行标准化。在 UWB 物理层技术实现中，存在两种主流的技术方案：基于正交频分复用（OFDM）技术的多频带 OFDM（MB-OFDM）方案、基于 CDMA 技术的直接序列 CDMA（DS-CDMA）方案。CDMA 技术广泛应用于 2G 和 3G 移动通信系统，在 UWB 系统中使用的 CDMA 技术与在传统通信系统中使用的 CDMA 技术没有本质的区别，只是使用了很高的码片速率，以获得符合 UWB 技术标准的超宽带宽。OFDM 则是应用于 E3G、B3G 的核心技术，具有频谱效率高、抗多径干扰和抗窄带干扰能力强等优点[56]。

UWB 的 MAC 层协议支持分布式网络拓扑结构和资源治理，不需要中心控制器，即支持 Ad-hoc 或 mesh 组网、支持同步和异步业务、支持低成本的设备实现以及多个等级的节电模式。协议规定网络以 piconet 为基本单元，其中的主设备被称为 piconet 协调者（PNC）。PNC 负责提供同步时钟、QoS 控制、省电模式和接入控制。作为一个 Ad-hoc 网络，piconet 只有在需要通信时才存在，通信结束，网络也随之消失。网内的其他设备为从设备。WPAN 的数据交换在 WPAN设备之间直接进行，但网络的控制信息由 PNC 发出。

考虑无线传感器网络场景中主要包含两类节点：一类节点具有已知位置信息，称之为参考节点；一类节点需要估算位置信息，称之为目标节点。典型的定位导航过程主要包括两个阶段：测距阶段和定位阶段[58]。

2002 年 2 月 14 日，FCC 批准了一个范围为 3.1 ~ 10.6GHz 的频段，可在未经许可的情况下使用 UWB 信号。这一批准对于推动业内继续发展 UWB 标准起到了关键作用。不久之后，其他监管机构也纷纷效仿。每个国家或地区都有自己的规定，规定了 UWB 信号的传输和频谱。然而，UWB 技术作为一种可行的和必要的个人通信和网络手段在世界范围内被广泛接受。因此，为 UWB 技术的操作制定标准化规范的必要性变得更加明显[59]。

2.2　UWB 技术标准与规范

2.2.1　IEEE 相关标准

领先的 UWB 公司尝试了 IEEE 组织内的标准化过程。IEEE 标准一直是国际权威的标准化组织之一，特别是对无线通信制定标准问题。IEEE 802.11 是一个常用的术语，用来指成功的 WLAN 技术。现在，即使是外行人也非常熟悉 802.11 这个术语及其相关的 SIG，即 WiFi。因此，将超宽带标准化工作引入 IEEE 标准化组织是很自然的。WLAN 的 IEEE 802.15 工作组中的两个任务组被启动：高数据率的 3a 任务组（802.15.3a）和低数据率的 4a 任务组（802.15.4a）[60]。

在 2002 年 12 月，IEEE 802.15.3a 被一个项目授权请求（PAR）规定，为多媒体应用提供一个更高速度的、基于 UWB 的物理层（Physical Layer）。工作组从 23 个物理层提案开始，很快就将它们合并（向下选择）到只有两个竞争者：MB-OFDM 或 Di-rect 序列 CDMA（DS-CDMA）。但是，由于业界对两项建议中使用的信号类型的分歧阻碍了这一进程，因此没有取得进一步的进展。每个阵营都展示了模拟和原型结果，并声称其具有优越的技术性能。两个阵营都没有表现出任何委协的意愿。在几个月的时间里，这两个阵营提供了足够的成员参加 IEEE 802.15.3a 工作组会议，以防止对方获得 70% 的超级多数选票。最后，在 2006 年 1 月 19 日，工作组成员投票取消了 PAR，结束了 IEEE 高速超宽带技术标准的前景。IEEE 802.15.4a 中的低数据速率 UWB 技术标准化没有面临这样的命运，并得以顺利完成[61]。

2.2.2　ETSI 国际标准

目前 UWB 涉及的第三大标准化组织是欧洲电信标准化协会（European Telecommunications Standards Institute，ETSI）。ETSI 是由欧洲共同体委员会 1988 年批准建立的一个非营利性的电信标准化组织，总部设在法国南部的尼斯，其成员包括政府成员及业界代表[62]。

作为欧盟委员会（EC）授权的一部分，ETSI 的任务是制定必要的标准，使 UWB 能够在欧洲引入。在这种情况下，标准可以被解释为对无线电的定义、对高层协议的定义或对建立无线电符合规定要求的法规性测试的定义。然而，ETSI 选择将强制要求解释为需要开发测试标准。

在国际标准化组织中，避免在两个或多个相互竞争的标准化组织中有一个标准工作未得到充分发展是一种正常的做法（但不是一种严格的义务）。当 ETSI 从欧共体获得授权时，在 IEEE 中已经有了关于 UWB 无线电标准的工作（已经停止运作，不再发布）。唯一需要标准化的是制定测量标准来建立对欧洲法规要求的遵从性。因此，ETSI 标准化工作的范围仅限于 UWB。这些标准的制定有赖于欧洲法规的完善，因此直到 2007 年 3 月欧洲宣布对 UWB 拨款时，才开始认真执行。

除了根据欧洲共同体关于 UWB 的授权所承担的正式义务外，ETSI 的任务还包括促进被认为对欧洲很重要的技术的成功推出。他们通过与特殊利益集团和其他机构合作来帮助定义如何执行遵从性和互操作性测试。ETSI 在这些形式的测试方面的广泛的专业知识被提供给那些更密切地参与技术开发的团体。通过这种方式，可以避免由于某些故障而出现的技术延迟。

在 UWB，ETSI 和 WiMedia 联盟已经建立了联系。在这种关系中，ETSI 正与 WiMedia 协商，以帮助自动化测试过程，并提高正在进行的测试的可操作性和准确性。

这是一个关于 UWB 标准化的主要参与者的概述。在大多数情况下，那些生产最终产品的公司，如果在系统级中嵌入 UWB 无线电芯片，将不需要参与这些机构。然而，如果企业产品是 UWB 无线电芯片组，可能会认真考虑参与其中一个或多个机构,以确保未来的发展考虑到客户的需求。

2.2.3　ECMA 国际标准

成立于 1961 年的 ECMA 国际在 1994 年以前一直被称为 ECMA(欧洲计算机制造商协会)。ECMA 旨在促进信息和通信技术以及 CE 技术的标准化。ECMA 为所有标准文件提供免费访问或版权保护。WiMedia 于 2005 年向 ECMA 提交了其规范。同年(2005 年 12 月 8 日),ECMA 批准将联合的 PHY 层和 MAC 子层规范以单个文档的形式发布:ECMA-368[63]。

此外,WiMedia 的 MAC-PHY 接口(MPI)规范已发布为 ECMA-369(WiMedia MAC-PHY 接口),提出了 PHY 和 MAC 之间可能的接口。该 MPI 规范不是强制要求制造商遵循的。然而,它确实提供了物理层和 MAC IC 开发者之间的互操作性。也就是说,它允许不同的公司独立开发 PHY ICs 和 MAC ICs,并且在将它们整合成一个系统时,可以避免它们之间互操作性问题的风险。由于 WiMedia UWB 的趋势是单一集成电路解决方案(以降低成本),MPI 规范在未来可能不会发挥主要作用。然而,到目前为止,它已经被大多数 UWB PHY 开发人员很好地接受和采用。

自从 ECMA-368 和 ECMA-369 首次发布以来,它们已经经历了一次视觉试验。2007 年 12 月,ECMA 发布了第二版。在未来,预计其他与 WiMedia 相关的规范(如 WLP、WiMedia 的 logicallink 控制子层)也将在 ECMA 中发布。ECMA-368 标准还由国际标准化组织(ISO)和 ETSI 发布:ISO/IEC 26907 和 ETSI/IS 102455。此外,对于 ECMA-369,还有一个 ISO 版本:ISO/IEC 26908[64]。

2.2.4　无线多媒体 UWB 规范

UWB 论坛的团体主要由飞思卡尔(摩托罗拉的一个分支)推动而来。这个阵营支持 DS-CDMA 技术,因为它与摩托罗拉多年来在移动通信行业开发的 CDMA 技术有许多基本的相似之处,这一技术对摩托罗拉来说非常重要(摩托罗拉拥有大量的知识产权)。尽管标准化进程在 IEEE 工作组内实际上停滞不前,但两个专业组都继续认真地开发自己的去尾策略和后来的 MAC 规范。当 IEEE 工作组被解散时,两个阵营几乎已经完成了各自的物理层协议说明书。

由于缺乏折中的解决方案,无法将两个相互竞争的标准合并为一个标准,这让业界感到相当沮丧,让人想起家庭录像带和 Beta 盒式录像磁带(VHS-Betamax)产业之间的旧僵局。无线多媒体(WiMedia)联盟阵营对 IEEE 标准的前景感到失望,决定在 ECMA 国际上发布其 PHY 和 MAC 规范。无线多媒体的

UWB 技术一经 ECMA 发布，就获得了行业标准化组织的认可。

与此同时，UWB 论坛的主要领导者飞思卡尔（Freescale）完全放弃了 UWB 技术，导致了 UWB 论坛与 WiMedia 联盟在竞争方面不再占任何优势。而这一事件发生在 IEEE 802.15.3a 工作组解散之后，那时，无线多媒体已经在 ECMA 内部标准化了它的技术，已无法再回到 IEEE 标准。

2.2.5　ISO 国际标准

ECMA 完成了 368 和 369 的工作后，下一步是将这些标准推进到 ISO 中进行审批。ECMA 标准被提交给 ISO 作为国际标准。虽然大多数标准化组织是区域性的，如 ETSI，或是以行业为基础的，如美国电气和电子工程师协会（IEEE），但 ISO 是由国家行政机构制定的。

ISO 对某一标准的批准意味着各机构已就国际法的目的承认了该标准。具体来说，存在一个贸易协定网络，其重点是消除世界各地的贸易壁垒。通过获得 ISO 认可，这个标准将受到贸易条约的保护。

除了贸易条约的保护，ISO 标准的批准也使得标准化更容易被国家和其他标准化组织引用。例如，如果一个行政机构，如欧盟委员会，希望鼓励在他们的区域内的技术发展，他们可以指示一个区域标准化机构。在这种情况下，ETSI 开发一个特定的技术，如 UWB。如果存在 ISO 认可的国际标准，可以参考当地使用，而不是从零开始开发新的标准。通过 ISO 认证的 ECMA 标准为 ISO/IEC 26907 和 26908[65]。

2.3　各国监管机构及频谱分配

世界各地的监管机构规定在各自的司法管辖区使用射频频谱。主要的监管机构是控制 UWB 应用的主要市场的机构。这些包括：

1）美国联邦通信委员会（FCC）；

2）日本内政和通信部（MIC）；

3）欧洲共同体/联盟的欧洲委员会（EC）；

4）英国通信办公室（Ofcom）；

5）韩国信息和通信部（MIC）；

6）中国工业和信息化部（MII）。

UWB 系统的设计目的是在一个巨大的频率范围内与其他许多无线系统共存，无论这些无线系统是否得到了许可。UWB 功率发射是如此之低，以至于对较窄频带系统的干扰即使有，也只能是极小的。然而，世界上共存频带的现有频谱持有者都担心在他们的被授权频带中存在潜在的干扰。在世界范围内，现有的技术包括数字电视、WiMAX、第三代和第四代移动通信、卫星通信、各种政府通信系统和机场雷达等。因此，对于超宽带行业来说，让世界各地不同的监管机构接受 UWB 作为现有覆盖技术的概念，并为其分配适当的频谱和功率排放限制，是一项既耗时又有争议的工作。

一些规管机构在采用 UWB 频谱方面一直是先驱，甚至是积极的，而另一些规管机构则相当保守。上述主要国家或已分配或正在最后确定 UWB 频谱的分配。

未来许多年内，UWB 的规管仍会不断地演变。2015 年 11 月，一项未经许可的技术的频谱覆盖了许可的频谱，这让许多监管机构感到不安。因此，在可预见的未来，他们将密切关注市场和参与者之间的互动。如果 UWB 能够在没有太多干扰问题的情况下平稳地进入市场，那么监管机构很可能愿意放松对 UWB 的限制[67]。

2.3.1　中国频谱分配

中国的 UWB 频谱分配和排放限制如图 2.1 所示。规则还没有最终确定，但是在这一区域的较低端对减少干扰的要求这一熟悉的主题仍然存在。目前，需要 4.2 ~ 4.8GHz 的 DAA（Detection and Avoidance，检测和规避）。使用该波段的设备仅限室内操作。6 ~ 9GHz 无干扰，室内外运行无限制[68]。

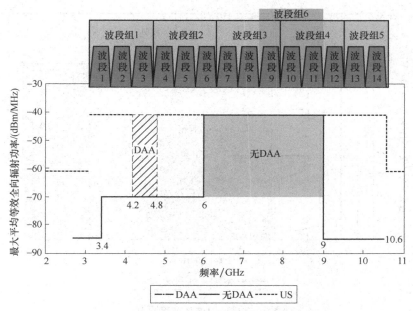

图 2.1　中国的 UWB 频谱分配和排放限制

2.3.2 美国频谱分配

FCC 是世界上第一个为 UWB 信号分配未经许可频谱的监管机构[69]。政府于 2002 年 2 月 14 日批准使用 7.5GHz 射频频谱（3.1~10.6GHz）作上述用途。不同的应用领域在这一波段被控制使用，包括：

1）医学成像系统；

2）通信系统；

3）雷达及测量系统（例如车辆雷达）。

这种分配的重要性在于，它允许超宽频频带与同一频谱中其他已获发或未获发牌的频带共存。这是首次允许这样的共存，特别是与如此广泛的频谱。

通向 FCC 批准共存的道路并不是没有争议的。然而，到最后，FCC 制定了一套准则，以避免对现有的或未授权的频段技术的过度干扰。这些准则的根本体现在以下决定：

1）UWB 的定义。UWB 信号的定义是以下两者之一。

① 至少占用 500MHz 的频谱；

② 其 10dB 带宽至少是其中心频率大小的 20%，这也被称为"分频"要求。

2）UWB 的频谱分配。图 2.2 所示的阴影部分显示了美国 UWB 系统所分配的频带。其频率范围为 3.1~10.6GHz。

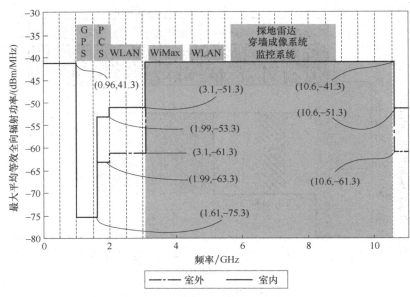

图 2.2 美国 UWB 功率限制

3）排放限制。图 2.2 所示的功率谱掩码用于超宽带发射机。阴影部分是带内操作的排放限制。图 2.2 的其余部分表示带外发射限制。平均带内功率发射限制在 -41.3dBm/MHz，以等效各向同性辐射功率（EIRP）计算。当使用 1ms 的集成时间进行测量时，必须满足这个平均传输功率限制。

对于带外排放，如图 2.2 所示，其排放限制甚至比 FCC 规定的允许在这些频段内运行的设备的排放限制还要低。在 GPS 频段尤其如此，它的频率降至 -75dBm/MHz。根据 UWB 设备是打算在室内还是室外工作，带外发射限制是不同的。任何电池驱动/手持设备都被认为是户外设备。

对于峰值功率，FCC 规定了 50MHz 带宽上 0dBm 的限制。该 UWB 频谱已获发牌给私人及政府机构。尽管反对这种 UWB 传输掩码的呼声很高，但 FCC 批准了这一裁决，并由此推动了多种 UWB 技术的标准化和发展。虽然世界其他地方还没有开始他们的 UWB 监管活动，但当时人们普遍认为他们会遵循 FCC 的方法。

最初，FCC 的裁决是基于这样的假设：在测量期间，发射机将持续通电。因此，处于跳频运行模式的 WiMedia 设备必须关闭其跳频（即频带测序），以便进行 FCC 认证测试。当然，这使得多频段技术（包括 UWB）与单载波竞争对手相比处于极大的劣势。在原跳变模式下，WiMedia 的多频带信号按预先定义的模式在一个频带组的三个频带上依次跳转。结果，它在频带组上的平均输出功率是在任何单个频带上输出功率的三分之一。

应某些行业参与者的请求，在 2005 年 3 月，FCC 批准了一项豁免，允许使用频率跳频、步进或定序（但不包括扫频）的 UWB 发射机在其"正常"运行模式下进行测试。该豁免只适用于在 3.1 ~ 5.03GHz 或 5.65 ~ 10.6GHz 频段下运行的室内和手持设备。微波着陆系统（MLS）和终端多普勒天气雷达的频带落在 5.03 ~ 5.65GHz 频带内。由于担心与这两个非常重要的机场导航/着陆系统发生冲突，FCC 决定将这一波段排除在豁免裁决之外[70]。

2.3.3　日本频谱分配

在美国之后，日本是第一个对超宽频条例做出规定的国家。日本在 2005 年 9 月就对超宽带波段分配做出了第一次裁决，并在此后的几年里对其进行了一定程度的修订。日本目前的频谱分配和排放限制[70]如图 2.3 所示，图中显示频内频率范围为阴影部分（3.4 ~ 4.8GHz 和 7.25 ~ 10.25GHz）。FCC 的 UWB 频谱也显示在图中（虚线）以供比较。带内发射的上限与美国相同（ -41.3dBm/MHz）。然而，在 MIC 的裁决中有一些新元素是 FCC 所没有的。

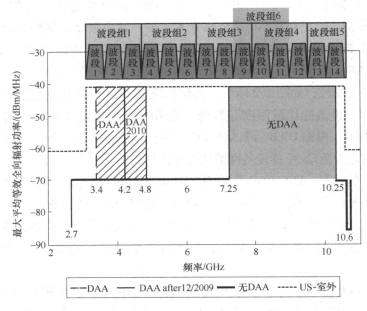

图 2.3　日本的频谱分配和排放限制

　　首先，规定只允许室内操作。室内使用是通过要求"主机"设备的电源供电来调节的。"客户端"设备允许使用电池供电。当然，在 WiMedia 的超宽带网络中，可能存在主机-客户端（主从）关系。WiMedia MAC 子层被设计成完全对等。没有"主机"或"主"的概念适用于任何设备。然而，当涉及 MAC 客户端（MAC 子层之上的层）时，网络拓扑可能从点对点到主从点。例如，CW- USB 协议调用一个主机（主），它控制与它的设备（从设备）的所有通信。另一方面，WLP（无线多媒体对互联网协议的适应层）保持了网络的对等性。然而，来自日本 MIC 的主要思想是明确的，将所有 UWB 通信保持在室内；其次，运行频带从 3.4GHz 扩展到 4.8GHz，然后从 7.25GHz 扩展到 10.25GHz。因此，分配给 UWB 的总频谱比美国要小得多。同样地，如图 2.3 所示，所分配的频段并不覆盖所有 WiMedia 定义的频段。事实上，波段组 1、2 和 5 在日本并不多见，并且，日本增加了 DAA 要求。在哈希标记底纹中，频谱的某些部分需要使用 DAA。具体来说，对于 3.4 ~ 4.2GHz 的频率范围，日本的工业集团需要 DAA。也就是说，为了让超宽频设备能够在 − 41.3dBm/MHz 的发射限制范围内运行，它必须能够检测到任何现有的许可服务（主要是 4G 移动技术）的存在，如果有任何存在，要能够避免其波段的操作，防止任何潜在的干扰。如果 DAA 没有在超宽带设备中实现，那么它必须遵守更严格的发射限制，为 − 70dBm/MHz。

图 2.3 还指出了在日本的另一部分超宽带频谱中采用 DAA 的分阶段方法。在 4.2 ~ 4.8GHz 频段内使用 DAA 直到 2010 年 4 月才有必要，如果没有 DAA，唯一可用于 UWB 操作的频段可能是 7.25 ~ 10.25GHz。日本 DAA 的要求为其他监管机构（美国以外的机构）仿效做好了准备。日本 UWB 监管与 FCC 监管的另一个显著区别在于认证方法。特别是在日本，传导（而非辐射）辐射水平是根据图 2.3 的频谱掩码水平来检查的。也就是说，在日本，一个 UWB 发射机在测试中被期望在其 RF 输出和测试设备之间具有有线连接。这一结果导致了主要的差异，例如，在美国认证和日本认证的虚假排放水平上。

UWB 行业仍在努力游说日本的 MIC 减少一些严格的限制，以更好地适应 UWB 市场的要求。事实上，他们希望能够影响日本的 MIC，以便在超宽带频谱中增加足够的分配，从而使第三组频段能够在日本使用 DAA 进行操作。然而，据预测这种情况可能不会发生，WiMedia 已经开发出了更适合在日本和世界其他地区使用的频带。

图 2.3 中无线媒体频带组在超宽带频谱上的叠加清楚地表明，唯一不受 DAA 阻碍的可用频带组为 4 和 6。我们将在后面看到，频带组 6 是全球运营中最有用的无线频带组。正如所预料的，与较低的频带组相比，这个频带组的传播范围不是很理想。因此，制造商有动机使用 DAA 来开发设备。然而，DAA 的额外复杂性势必会提高此类设备的价格和功耗。

日本的超宽频条例是第一个使 WiMedia 联盟在使用第一波段方面陷入困境的条例。如图 2.3 所示，根据日本的规定，第一波段不能完全用于 UWB。即使使用 DAA，部分波段 1 也不在分配的频谱范围内。因此，尽管第一个版本的无线多媒体规范使第一波段成为每个制造的无线多媒体设备的一个强制特性，但在日本却不允许使用这个波段。这个频段组作为通用频段组的不可用性，迫使蓝牙 SIG（当时正在考虑使用无线多媒体 UWB 作为它的备用物理技术）特别要求第一频段组不是强制性的。最终，WiMedia 联盟决定取消第一波段的强制性要求[70]。

2.4　本章小结

本章详细地介绍了 UWB 定位技术的发展现状、标准与规范、各国监管机构及频谱分配。可以预见，随着无线多媒体应用越来越普及，UWB 将在消费电子领域、通信领域和无线定位领域获得大规模的应用。

第**3**章
UWB 无线定位原理及方法

在 UWB 无线定位系统中，根据定位时是否需要进行测量距离，可以把常见的定位方法分为基于距离测量值（Range Based）的定位与无需距离测量值（Range Free）的定位。其中，基于距离测量值的定位方法主要分为两大类，一类是坐标位置的测量方法，分为三边测量技术、三角测量技术和极大似然估计法；另一类是与位置有关参数的定位方法，分为基于信号到达时间（TOA）、基于信号到达时间差（TDOA）、基于信号到达角度（AOA）和基于接收信号强度（RSSI）。而无需距离测量值的定位方法不依靠参考节点和移动节点之间的位置关系，可通过网络的连通性等信息来实现定位。本章将阐述 UWB 无线定位原理及方法。

3.1 常见的测量方法

常见的测量方法主要有三种：三边测量法、三角测量法和极大似然估计法，这些方法是无线室内定位技术的数学理论基础[71]。

3.1.1 三边测量法

三边测量法是指通过得到三个以上的参考节点与被定位节点之间的估计距离后，再通过相关方法来确定得到被定位节点的位置坐标。三边测量法的原理图[72]（Trilateration）如图 3.1 所示，三个参考节点 A、B、C 的坐标分别为 (x_a, y_a)、(x_b, y_b)、(x_c, y_c)，它们与被定位节点 O 的估计距离分别为 d_a、d_b、d_c。

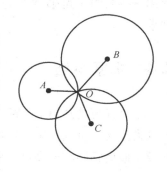

图 3.1　三边测量法的原理图

分别以 A、B、C 三个节点所在的位置作为圆形，d_a、d_b、d_c 作为半径确定三个圆，三个圆的交点 $O(x,y)$ 就是被定位点的位置。则有

$$\begin{cases} \sqrt{(x-x_a)^2+(y-y_a)^2}=d_a \\ \sqrt{(x-x_b)^2+(y-y_b)^2}=d_b \\ \sqrt{(x-x_c)^2+(y-y_c)^2}=d_c \end{cases} \tag{3.1}$$

求解上面等式，可以得到被定位点 O 的坐标为

$$\begin{bmatrix} x \\ y \end{bmatrix}=\begin{bmatrix} 2(x_a-x_c) & 2(y_a-y_c) \\ 2(x_b-x_c) & 2(y_b-y_c) \end{bmatrix}^{-1}\begin{bmatrix} x_a^2-x_c^2+y_a^2-y_c^2+d_c^2-d_a^2 \\ x_b^2-x_c^2+y_b^2-y_c^2+d_c^2-d_b^2 \end{bmatrix} \tag{3.2}$$

3.1.2　三角测量法

三角测量法[73]（Triangle Measuring Method）的原理如图 3.2 所示，已知三个参考节点 A、B、C 的位置坐标分别为 (x_a,y_a)、(x_b,y_b)、(x_c,y_c)，被定位点 $O(x,y)$ 相对于三个参考节点 A、B、C 的角度分别为 $\angle AOB$、$\angle AOC$、$\angle BOC$。

通过 A、O、B 三个点可以确定一个圆心为 O_1 (x_{o1},y_{o1})，半径 $R_1=AO_1=BO_1$，则 $\alpha_1=\angle AO_1B=2(\pi-\angle AOB)$，由数学几何关系可得

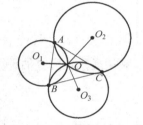

图 3.2　三角测量法的原理图

$$\begin{cases} \sqrt{(x_{o1}-x_a)^2+(y_{o1}-y_a)^2}=R_1 \\ \sqrt{(x_{o1}-x_b)^2+(y_{o1}-y_b)^2}=R_1 \\ \sqrt{(x_b-x_a)^2+(y_b-y_a)^2}=2R_1^2(1-\cos\alpha_1) \end{cases} \tag{3.3}$$

通过解这个方程组就可以得到圆心 O_1 的坐标以及这个圆的半径 R_1，用相同的思路，可以通过 A、O 和 C 确定出圆心 O_2 的坐标以及这个圆的半径 R_2，通过点 B、O 和 C 计算出圆心为 O_3 的坐标以及这个圆的半径 R_3。当确定三个圆以后，就可以通过三边测量法来得到被定位点 O 的坐标。

3.1.3　极大似然估计法

极大似然估计法（Maximum Likelihood Estimate）的原理如图 3.3 所示，已知参考节点 A_1，A_2，A_3，…，A_n 等 n 个的坐标分别为 (x_1,y_1)，(x_2,y_2)，(x_3,y_3)，…，(x_n,y_n)，被定位节点与 n 个参考节点的距离分别为 d_1，d_2，d_3，…，d_n。

则有如下方程：

$$\begin{cases} (x-x_1)^2 + (y-y_1)^2 = d_1^2 \\ (x-x_2)^2 + (y-y_2)^2 = d_2^2 \\ \vdots \\ (x-x_n)^2 + (y-y_n)^2 = d_n^2 \end{cases} \quad (3.4)$$

对式（3.4）从第一个方程开始分别减去最后一个方程得到如下方程组：

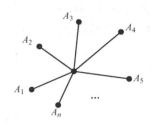

图 3.3　极大似然估计法的原理图

$$\begin{cases} x_1^2 - x_n^2 - 2(x_1 - x_n)x + y_1^2 - y_n^2 - 2(y_1 - y_n)y = d_1^2 - d_n^2 \\ \vdots \\ x_{n-1}^2 - x_n^2 - 2(x_{n-1} - x_n)x + y_{n-1}^2 - y_n^2 - 2(y_{n-1} - y_n)y = d_{n-1}^2 - d_n^2 \end{cases} \quad (3.5)$$

上式方程组用如下形式表示：$AX = b$，其中：

$$A = \begin{bmatrix} 2(x_1 - x_n) & 2(y_1 - y_n) \\ \vdots & \vdots \\ 2(x_{n-1} - x_n) & 2(y_{n-1} - y_n) \end{bmatrix}, \quad b = \begin{bmatrix} x_1^2 - x_n^2 + y_1^2 - y_n^2 + d_n^2 - d_1^2 \\ \vdots \\ x_{n-1}^2 - x_n^2 + y_{n-1}^2 - y_n^2 + d_n^2 - d_{n-1}^2 \end{bmatrix}, \quad X = \begin{bmatrix} x \\ y \end{bmatrix}$$

利用最小均方差估计算法对式（3.5）进行求解，得到被定位点 O 的坐标：

$$X = (A^T A)^{-1} A^T b \quad (3.6)$$

3.2　UWB 室内定位系统原理

UWB 室内定位系统是一个庞大而复杂的系统，只有对基本原理有了清晰的认识，才能更好地理解定位方法在其中所承担的职责和发挥的作用，并且根据实际应用进行不断地修正和改进[74]。

3.2.1　UWB 室内定位系统结构

UWB 无线室内定位系统抽象看来是由三部分组成的：UWB 控制中心、定位基站和待测节点[75]，如图 3.4 所示。下面对每一部分的工作原理作简单介绍。

UWB 控制中心：视作整个 UWB 室内定位系统的大脑，是数据处理和整合的中心，它上面布设了各种室内定位算法和处理机制，接收定位基站转发的从待测节点收集的角度、时间、时间差、信号强度等信息。根据测量参数的不同，选择不同的定位机制将实测数据转化为未知节点关于给定坐标系的具体定位坐标，实现定位。在实施定位时，UWB 控制中心会指定利于数据采集的定位基站对待测节点实施定位。

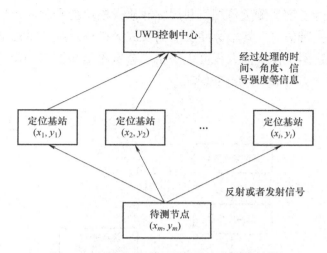

图 3.4　UWB 超宽带无线室内定位系统结构

待测节点：是指需要确定位置信息的节点。根据系统复杂度与定位方法的不同，待测节点的工作方式分为两种：发射信号或反射信号。当处在发射信号模式时，待测节点需要有 UWB 信号发射器，其主动地向已知节点发送信号，已知节点对信号进行简单的处理，将得到的定位相关信息转发给控制中心，最终得到定位坐标，缺点就是因为未知节点需要携带 UWB 信号发射器，所以导致体积庞大、设备复杂；当其处在反射信号模式时，未知节点只需要有源射频标签即可，当已知节点向其发送信号时，其只需要对信号进行扩频处理，再转发给已知节点即可。

定位基站：又称为已知节点，是整个 UWB 无线室内定位系统的主要实践者。定位基站上面集成了发射与接收信号的两种模块。在实际的室内定位时，当待测节点处于发射信号模式时，定位基站调用接收信号模块，发射信号模块闲置，其接收从未知节点传输的定位相关信息并简单处理后转发给控制中心；当未知节点处于反射信号模式时，已知节点同时启用发射接收模块，发射 UWB 信号，经未知节点扩频反射后接收信号，再转发给控制中心即可。

3.2.2　UWB 室内定位系统发射器原理

如图 3.5 所示，超宽带信号发射器的基本组成模块[76]包括：数据采集模块、伪随机（PN）码产生模块、时基产生模块、可编程时延模块、脉冲发生器和放大模块。随着数据的输入，伪随机调制编码信息产生，经过调制后的时序激励脉冲发生器，为了增加测量范围，利用脉冲放大模块提升脉冲幅度，再经过天线向外发射超宽带信号。其中脉冲发生器及放大模块对超宽带信号发射器起着决定性作用，这两个模块很大程度上决定了超宽带信号覆盖的范围，同时也对超宽带系统的优劣有很大程度的影响。

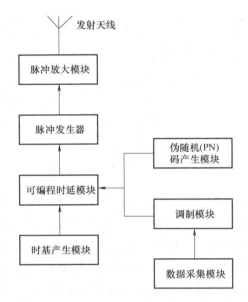

图 3.5　超宽带定位系统信号发射器组成框图

3.2.3　UWB 室内定位系统接收器原理

如图 3.6 所示，超宽带信号接收器[77]主要由 PN 码产生模块、基带信号处理器、可编程时延模块、时基产生模块和相关器模块组成。与发射器不同的是，超宽带室内定位系统的接收器需要根据不同的定位技术来添加不同的模块[78]。在使用 TOA 估计法进行无线室内定位时，需要添加时钟同步模块，在已知节点和未知节点之间要达到完全的时钟同步才能使得室内定位精度达到较高的水平，但是由于 UWB 信号本身时间宽度很短，时钟同步误差需要与脉冲宽度在一个数量级上才能满足要求。这就对时钟同步模块的硬件精度要求很高，在时钟同步精度可以达到纳秒级时，室内定位精度就可以达到厘米级。

在使用 TDOA 估计法进行无线室内定位时，也需要添加时钟同步模块，它是通过测量两个及以上的已知节点到达待测节点的时间差来实现定位的，所以只需要在已知节点上实现时钟同步，就能使硬件成本相对减少，并且定位精度有所提升。

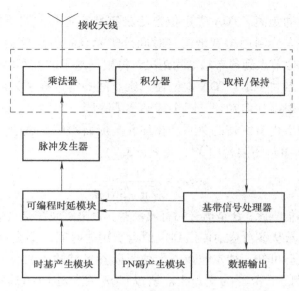

图 3.6　超宽带定位系统信号接收器组成框图

　　在使用 RSSI 估计法进行无线室内定位时，由于需要测量 UWB 信号到达待测节点时的信号强度，因此需要增加信号强度检测模块。目前，信号强度检测模块已经普遍集成于绝大多数无线通信模块中，所以在推广普及时有较大的优势。

　　在使用 AOA 估计法进行无线室内定位时，因为需要测量 UWB 信号到达未知节点的角度值，所以需要额外的天线阵列，但是由于利用天线阵列测量角度时会存在较大的误差，因此定位精度不太理想。

3.3　典型的无线定位方法

　　典型的无线定位方法主要有四种：基于信号到达时间（TOA）、基于信号到达时间差（TDOA）、基于信号到达角度（AOA）和基于接收信号强度（RSSI），各自有着不同的优势和应用范围[79-81]。定位时一般分为两步，第一步：测量时间、角度、信号强度；第二步：结合各个节点的几何位置或者信号强度指纹库，计算或匹配标签节点的相对位置。基于网络连通性的定位方法主要应用于大型无线传感器网络，定位精度稍有欠缺。

3.3.1　基于信号到达时间的定位方法 TOA 估计法

　　TOA 定位的原理是根据待定位节点到参考基站的时延估计，从而获得参考点到定位点之间的距离。TOA 的定位方法具有其他定位方法不能超越的优势，其在接收端能够充分利用超宽带信号时间分辨率高的特点检测出信号的时延，从而估计出待定位节点到参考基站的距离，再根据基本的 UWB 定位算法就可以计算出待定位节点的坐标。TOA 定位在三维空间的定位模型为球形模型，至少需要四个基站，根据几何知识，四个基站不能在同一平面上。定位精度与基站间精确的时钟同步也有密切的关系。在加性高斯白噪声环境中，方差估计的下限可利用 Cramer- Rao 下限得出[82]，见式（3.7）。

$$\sigma_r^2 \geqslant \frac{1}{2\sqrt{2\pi}\sqrt{\mathrm{SNR}\beta}} \tag{3.7}$$

式中，SNR 表示信噪比；β 是信号的有效带宽。设电磁波在空气中传播的速度为 c，t 表示发送信号从参考基站传播到定位点所用的时间，那么 ct 则表示两者的距离。由几何模型可知，待定位点一定位于以参考基站为圆心，基站与待定位点的距离为半径的三个圆的交点上。所以 TOA 定位也叫圆周定位，如图 3.7 所示。

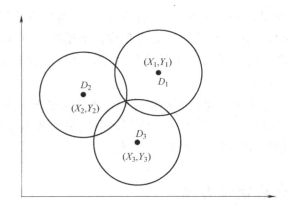

图 3.7　TOA 定位原理图

在三维的定位环境中，可以根据式（3.8）求出定位节点的坐标：

$$\left\{ \begin{array}{c} \sqrt{(X_1-x)^2+(Y_1-y)^2+(Z_1-z)^2} \\ \sqrt{(X_2-x)^2+(Y_2-y)^2+(Z_2-z)^2} \\ \vdots \\ \sqrt{(X_k-x)^2+(Y_k-y)^2+(Z_k-z)^2} \end{array} \right\} = \left\{ \begin{array}{c} D_1 \\ D_2 \\ \vdots \\ D_k \end{array} \right\} \tag{3.8}$$

式中，(X_k, Y_k, Z_k) 是已知的参考基站的坐标点；(x, y, z) 是需要定位的节点坐标；D_k 是待定位节点到第 k 个参考基站的距离值。

按照移动台是否与参考基站有时钟同步关系，**TOA** 的测距方式可以分为两种：单程测距（One Way Ranging，**OWR**）和双程测距（Two Way Ranging，**TWR**）[83]。

（1）单程测距方式

如果待定位节点与参考基站间有着共同的时钟，那么我们采用单程测距来计算两者之间的距离值。如图 3.8 所示，假设节点 A 在时刻 T_0 将包含时间标识的信息包传递给接收节点 B，接收节点在 T_1 时刻收到该信号，则两个节点的距离为 $c(T_1 - T_0)$，其中 c 为电磁波的传播速度。

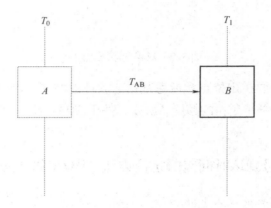

图 3.8　单程测距原理图

（2）双程测距方式

如果参考基站与待定位节点间没有共同的时钟，那么我们使用双程测距来完成，利用收发双方往返的时间差来求解距离。如图 3.9 所示，发射端 A 在 T_0 时刻发射超宽带信号，在 T_1 时刻接收到该信号。由此可以计算出脉冲信号在两个模块之间的飞行时间，从而确定飞行距离 d，见式（3.9）。

$$d = \frac{1}{2}c(T_1 - T_0) \tag{3.9}$$

要获得良好的定位精度，必须实现定位节点与参考基站间完全的时间同步，其作用就是使收发双方的时间步调相同。但在实际中，由于存在多路径环境的影响，信号在传输的过程中存在噪声的干扰，导致它很难实现待定位点与参考基站之间严格的时间同步，往往存在随机时延。所以图 3.9 相交的往往不是一个点，而是一个区域，需要采用辅助的定位算法来进行目标位置的计算。这样就使得我们对高精度时间获取非常昂贵，即使非常微小的时间差值都可能会导致百米的距离误差。虽然双程测距能够避免待定位节点和参考基站之间的时间

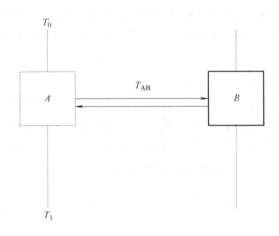

图 3.9　双程测距原理图

差值，但是信号需要在定位点和参考基站之间往返两次，这就累加了信号传播过程中的误差，降低了定位的精度。所以，基于 TOA 的定位方法在实际当中并不经常使用。

3.3.2　基于信号到达时间差的定位方法 TDOA 估计法

基于时间差的定位方法不需要参考基站与定位点的时间同步，仅要求参考基站之间严格的时间同步即可，定位原理如图 3.10 所示。这样很容易做到，因为只要接入到同一个网络中就能保证参考基站间的时钟的同步，相对于 TOA 的定位技术，TDOA 定位技术更容易实现。在实际的应用当中，往往使用三个以上的参考基站来进行超宽带的定位，这样可以利用 TDOA 值得到的冗余信息来提高定位的准确度，降低定位过程中的误差[84]。

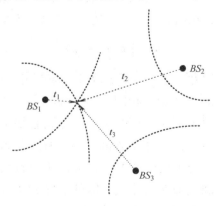

图 3.10　TDOA 定位原理图

TDOA 定位方法也叫双曲线测距法，这种方法的基本原理是：不同的参考基站在不同的时刻收到待定位点发射的信号，根据如上 TOA 测量方式，获得 TOA 值。选取某一个参考基站作为基准，用其他各个参考基站的 TOA 值减去该基准基站的 TOA 值，得到一系列的时间差，即为 TDOA 值。待定位点一定处于以两个参考基站为焦点的双曲线上，联立双曲线方程组即可得到目标节点。

图 3.10 中，BS_1、BS_2、BS_3 为三个参考基站，BS_1 为基准基站，假设电磁波信号到达三个参考基站的时间分别为 t_1、t_2、t_3，R_{i1} 表示待定位节点到第 i 个参考基站与到基准参考基站间的距离差值，r_i 表示待定位节点与第 i 个参考基站的距离，则 $R_{i1} = c(t_i - t_1)$。双曲线方程组见式（3.10），求解方程组即可求得带定位节点坐标 (x, y) 值。

$$\begin{cases} R_{21} = r_2 - r_1 = \sqrt{(x_2 - x)^2 + (y_2 - y)^2} - \sqrt{(x_1 - x)^2 + (y_1 - y)^2} \\ R_{31} = r_3 - r_1 = \sqrt{(x_3 - x)^2 + (y_3 - y)^2} - \sqrt{(x_1 - x)^2 + (y_1 - y)^2} \end{cases} \quad (3.10)$$

3.3.3　基于信号到达角度的定位方法 AOA 估计法

基于信号到达角度定位方法的最大特点就是不需要测量待定位点到参考基站间的距离，而是直接利用发射信号到达基站接收天线时的入射角度进行定位。AOA 定位方法需要在基站上方建立智能天线矩阵，若是待定位点与参考基站间有 LOS 环境时，则利用直达路径信号的到达角度测量得到目标的位置信息，定位原理如图 3.11 所示。在二维空间下，仅仅需要两个参考基站就能完成。具体的实施步骤为：a）智能天线矩阵在接收端对移动站发送信号的方位角信息构造正切函数方程组；b）联立方程组，求得目标的坐标。

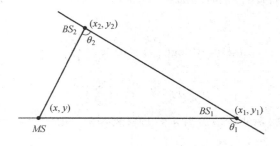

图 3.11　AOA 定位原理图

根据图 3.11 可得式（3.11）所示的方程组。

$$\begin{cases} \tan\theta_1 = \dfrac{y - y_1}{x - x_1} \\[3mm] \tan\theta_2 = \dfrac{y - y_2}{x - x_2} \end{cases} \qquad (3.11)$$

解该方程组得到定位点坐标 (x, y)，但当 MS、BS_1、BS_2 处于同一条直线上时，方程组无解。当信号在实际的环境中传播时由于环境复杂多变，到达角度很难测量。此外，AOA 算法需要基站之间严格的时间同步和严密的协同计算，且在具体的实施中移动台与基站间角度关系的获取存在很大的难度。同时，为了获得精准的定位信息，终端需要同时与两个及两个以上的基站进行通信。

3.3.4 基于接收信号强度的定位方法 RSSI 估计法

由于信号在信道中传输时，接收信号的强弱与信号传播时的距离紧密相关，因此，可以利用接收信号的强度与信道衰减的关系估计出定位点与基站之间的距离，以该距离值为半径画出多个圆，则相互重叠的地方就是待定位点的坐标[85]。因为发射信号在空间传播是按一定的信号强度分布传播的，如果移动源以一定的功率向外辐射电磁波，则根据 Friis 自由空间方程式把接收信号强度的变化转化为发送端-接收端间隔距离的函数，见式（3.12）。

$$P_r(d) = \left(\frac{\lambda}{4\pi d}\right)^2 P_t G_r G_t \qquad (3.12)$$

式中，P_t 是发送器功率；$P_r(d)$ 是接收功率；G_t 是发射源天线的接收增益；G_r 是接收基站的天线增益；d 为移动台和基站之间的距离。仅有距离 d 为未知数，其他均为已知数，则根据解线性方程的知识，可计算出移动台与基站之间的距离 d。

信号在空间中自由传播时的损耗 $L(d)$ 和接收功率 $P_r(d)$ 分别见式（3.13）和式（3.14）。

$$L(d) = 10 \log\left(\frac{P_r}{P_t}\right) = 10 \log\left(\frac{4\pi d}{G_r G\lambda^2}\right)^2 \qquad (3.13)$$

$$P_r(d) = P_r(d_0)\left(\frac{d_0}{d}\right)^2 \qquad (3.14)$$

式中，$P_r(d_0)$ 为距离待定位点为 d_0 时测得的功率，但在实际的环境当中，通常 $P_r(d)$ 的表达式见式（3.15）。

$$P_r(d) = P_r(d_0)\left(\frac{d_0}{d}\right)^n \qquad (3.15)$$

式中，n 为环境的损耗因子，n 的值对环境十分敏感，不同的环境下 n 的值不同，在自由空间中 $n=2$，在不同的环境下需要对 n 值进行修正。

在真实的环境中，由于多路径环境的影响，基于信号强度的接收方法会使定位结果存在一定的误差。基于信号强度的接收方法在实际定位中运用的机会比较少，常常需要借助接收角度、传输时延等因素给以优化。

3.3.5　混合定位方法

以上的几种定位方法都能单独进行未知节点的定位，但还没有任何一项技术可以在复杂多变的环境下表现出优良的性能。我们可以将一种或几种方法混合起来使用，来达到更好的定位效果。混合定位算法有定位精度高、所需资源少的优点[86]。

TOA/AOA 混合定位算法只需要两个基站，就能够取得很好的性能，如图 3.12 所示。

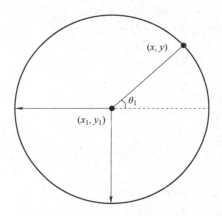

图 3.12　TOA/AOA 混合定位图

根据定位图可得式（3.16）所示的方程组，求解该方程组，即可以获得待定位节点坐标。

$$\begin{cases} \tan\theta_1 = \dfrac{y - y_1}{x - x_1} \\ (x_1 - x)^2 + (y - y_1)^2 = (ct)^2 \end{cases} \tag{3.16}$$

3.3.6　网络连通性

与距离无关的定位方法是指在大型的无线传感器网络中，通过参考节点与被定位节点的网络跳数等相关信息进行定位。这种定位方法无须考虑各个参考节点之间的实际距离和方位角度，因此对各个节点的硬件要求不高，但需要利用网络跳数等数据进行定位，因此这种系统的网络连通性要好，否则定位效果就不好。常用的定位算法主要有：质心算法、DV- Hop 算法、Amorphous 算法、APIT 算法等[87]。

3.4　本章小结

本章首先介绍了 UWB 定位技术相关的三边测量、三角测量和极大似然估计法等常见的坐标测量方法。接着阐述 UWB 系统的定位原理。最后，引入典型的无线定位方法，基于信号到达时间（TOA）、基于信号时间差（TDOA）、基于信号到达角度（AOA）、基于信号强度（RSSI）、混合定位，以及网络连通性，并比较分析了其优缺点，为后续章节的深入分析、研究和论述奠定了理论基础。

第**4**章

UWB 室内定位模型及算法

由于 UWB 定位技术具有高精度定位特性，经常用作室内定位场景，本章将阐述 UWB 室内定位模型及算法。为更好地理解室内定位模型，应首先对系统信号和信道模型有基本的认识。根据上一章的分析，选择 TDOA 定位方法，在获取信号的传输时间等参数后，得到相应的非线性方程组并求解，阐述基于 TDOA 模型的 Fang 算法、Chan 算法、Taylor 级数展开法等，并在此基础上提出改进思路，验证一种协同定位算法的可行性。

4.1 UWB 的系统信号

美国联邦通信委员会 FCC 从相对带宽和绝对带宽来对 UWB 信号进行定义：相对带宽大于 20% 或者绝对带宽大于 500MHz 的信号是超宽带信号，并设定了其频谱范围为 3.1 ~ 10.6GHz[88]。相对带宽的含义为

$$B = \frac{f_H - f_L}{f_C} \tag{4.1}$$

式中，f_H 和 f_L 分别表示信号峰值功率下降 10dB 处的高、低端截止频率；$f_C = (f_H + f_L)/2$ 表示信号的中心频率。图 4.1 所示为其功率谱密度与频率的关系。

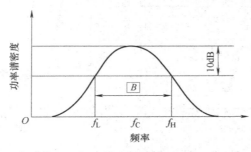

图 4.1　UWB 的功率谱密度和频率对应关系

4.1.1　脉冲波形

超宽带脉冲波形的设计不但需要满足 FCC 对功率谱密度辐射标准的要求，还要在其频率 3.1～10.6GHz 范围内尽可能地占用更大的带宽。一个好的 UWB 脉冲波形不仅可以提高频谱的利用率，还可以降低系统的误码率，因此选择合适的脉冲波形是超宽带通信系统中至关重要的[89]。

高斯脉冲波形由于比较容易实现，因此以前的超宽带系统中经常采用，见式（4.2）[90]。但其缺点是直流分量不为零，不能保证信号在传输的过程中有效的辐射。为了克服高斯脉冲的缺点，经常对高斯函数二阶微分后进行传输，这也是目前在超宽带系统中广为使用的一种脉冲波形。

$$f(t) = \frac{1}{\sqrt{2\pi\sigma^2}} e^{-\frac{t^2}{2\sigma^2}} \qquad (4.2)$$

式中，σ^2 为高斯脉冲信号的方差。令 $\alpha^2 = 4\pi\sigma^2$，简化式（4.2），则高斯脉冲的时域表达式见式（4.3）。

$$f(t) = \frac{\sqrt{2}}{\alpha} e^{-\frac{2\pi t^2}{\alpha^2}} = \pm A_p e^{-\frac{2\pi t^2}{\alpha^2}} \qquad (4.3)$$

式中，α^2 为高斯脉冲的成形因子。对成形因子 α 的控制，可以得到不同脉冲宽度的窄脉冲，α 越大，脉冲宽度越宽，相应的频谱则越窄，减小 α 的值将会使脉冲宽度压缩，从而扩展传输信号的带宽。幅值归一化的高斯脉冲波形如图 4.2 所示。

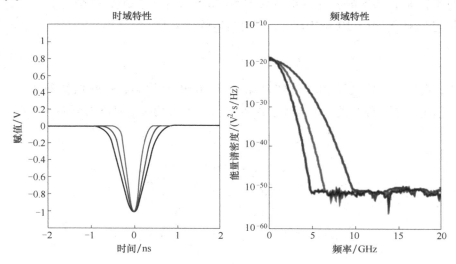

图 4.2　不同 α 下的高斯脉冲信号和能量谱

从图 4.2 中可以清楚地看到脉冲波形的宽度和能量谱密度随 α 的变化情况，对式（4.2）进行 1~4 阶微分，则可得到图 4.3 所示波形。

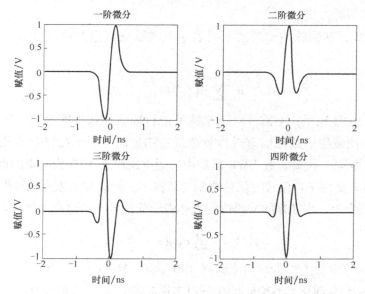

图 4.3　1~4 阶高斯脉冲微分信号的时域波形

从图 4.3 所示的时域波形上来看，高斯脉冲信号的微分阶数越高，脉冲的峰值越多。然而在接收端，如果接收的脉冲峰值较多，则对信号的有效检测和提取将变得更加困难。高斯脉冲因其具有直流分量，因此不能作为 UWB 定位系统的发射信号。高斯脉冲的 k 阶微分信号的直流分量为零，有利于信号的辐射。因此，在 UWB 定位系统中，信号的发射端通常采用高斯脉冲的二阶导数或更高阶的导数，其二阶导数见式（4.4）。

$$\frac{\mathrm{d}^2 p(t)}{\mathrm{d}t^2} = \frac{4\sqrt{2}\pi t}{\alpha^3}\left(1 - \frac{4\pi t^2}{\alpha^2}\right)\exp\left(-\frac{2\pi t^2}{\alpha^2}\right) \tag{4.4}$$

除了高斯脉冲和它的各阶导数脉冲外，特殊脉冲也是 UWB 技术中常用的脉冲波形。特殊脉冲是满足一定频谱要求的脉冲波形，如升余弦脉冲、具有双极性的高斯脉冲等经过特殊设计或滤波得到的波形。脉冲设计的基本原则是在满足 FCC 规定的辐射遮蔽标准前提下，使其传输功率最大化。目前流行的方式主要是将不同 UWB 脉冲的导函数进行组合，通过控制每个脉冲的成形因子来得到最佳的系数组合，从而得到最佳的组合波形。

4.1.2　脉冲的调制方式

UWB 通信一般是在时域上发射时间极短的窄脉冲，利用不同的信息符号对发射信号进行调制。传统的调制方式可以有多种，其中脉冲位置调制（Pulse Position Modulation，PPM）和脉冲幅度调制（Pules Amplitude Modulation，PAM）[91] 是最常用的两种方式。

1）PPM 是利用脉冲位置的不同表示不同数据信息的调制方式，其调制公式为

$$s(t) = \sum_{k=-\infty}^{k=+\infty} p(t - kT_\mathrm{f} - b_\mathrm{K}\sigma_\mathrm{P}) \tag{4.5}$$

PPM 的优点在于：不需要对单个脉冲进行幅值和极性的控制，仅需要根据调制编码对所发射的数据信息进行脉冲位置的控制，便于在复杂度低的条件下实现调制与解调。因此，在 UWB 系统中，通常使用 PPM 作为基本的调制方式。

2）PAM 是将基带信号的信息调制到载波上，使载波的幅度随基带信号变化的一种调制方式，也就是脉冲幅值的大小表示数据传递的信息，其调制公式为

$$s(t) = \sum_{k=-\infty}^{k=+\infty} a_\mathrm{K} p(t - kT_\mathrm{f}) \tag{4.6}$$

PAM 又可以分为二进制相位调制（Bi-phase Modulation，BPM）和开关键控（On-off Keying，OOK）。OOK 通过采用二进制的调制信号来控制载波变化，当调制信号的编码为"1"时，发射超宽带脉冲信号；当调制信号的编码为"0"时，不发射超宽带脉冲信号。一个双向射频开关就可以实现 OOK 的调制过程，物理实现简单。但它也有自身的缺点，当发送信号中连续出现"0"时，不利于在接收端提取位定时信息，将会造成同步丢失。

4.1.3 扩频技术

扩频是增大基带信号的频谱宽度，使其扩展后的带宽远远大于原始信号所占用的带宽。由香农定理可知，在信息传输速率不变的情况下，信号的带宽越宽信噪比就越低。因此，扩频后的信号可以实现低信噪比的传输，从而提高通信的安全性和抗干扰性。常用的扩频技术有跳时（Time-Hopping，TH）扩频、直接序列（Direct Sequence，DS）扩频[92][93]和多频带正交频分复用（Multi-band OFDM）[94]。

（1）跳时扩频

跳时扩频就是在时间轴上把信号分成很多时隙，在一帧内信号是否发射由伪随机码进行控制。在使用跳时扩频技术进行通信时，接收端和发送端须采用相同的跳时码序列，从而尽可能地减小不同用户在通信时相互干扰的概率。目前，使用最多的是相互正交的跳时码序列，它能够避免不同用户在不同的时隙

进行数据传输时发生相互干扰。只要收发双方保证严格的时间同步，就能在接收端解调出正确的原始数据。如果一个时隙用户太多时，可能产生多用户间的相互干扰，因此，跳时扩频一般不单独使用，通常与脉冲位置调制技术相结合。

使用 PPM 调制的跳时超宽带信号如图 4.4 所示，其中参数设置：平均发射功率 $P_{ow} = -30$，信号的抽样频率 $f_c = 50 \times 10^9$，二进制源产生的比特数为 2，脉冲的重复时间 $T_s = 3 \times 10^{-9}$，每个比特映射的脉冲数 $N_s = 5$，码片时间 $T_c = 1 \times 10^{-9}$，码元最大值 $N_h = 3$，周期 $N_p = 5$，冲激响应持续时间 $T_m = 0.5 \times 10^{-9}$，脉冲波形形成因子 tau $= 0.25 \times 10^{-9}$，PPM 时移 $T_{ppm} = 0.5 \times 10^{-9}$。

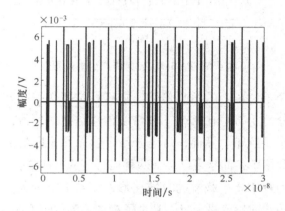

图 4.4　PPM-TH 发射机产生的信号

（2）直接序列扩频

直接序列扩频就是在发射端为每个用户平均分配一个伪随机序列，从而对发射信号进行扩频。然后在接收端，用相同的扩频码序列相乘进行解扩，恢复出原始的发送信号，相同的用户使用的伪随机码是一样的。伪随机码在直接序列扩频系统中起到非常大的作用，是因为这类序列近似于随机信号的性能，不同用户的发射信号即使在传输的过程中发生相互碰撞，在接收端解扩后干扰也会非常得小，进而避免在接收端产生误判。

使用 PAM 调制的直接序列超宽带信号如图 4.5 所示，其中参数设置：$P_{ow} = -30$，$f_c = 50 \times 10^9$，二进制源产生的比特数为 2，$T_s = 2 \times 10^{-9}$，$N_s = 10$，$N_p = 10$，$T_m = 0.5 \times 10^{-9}$，tau $= 0.25 \times 10^{-9}$。

（3）多频带正交频分复用

近年来使用的 UWB 通信系统设计的基础是"多频带正交频分复用"技术，该技术是把 7.5GHz 的频谱划分成许多个子带，它们之间相互正交。同时每个子带都拥有大于 500MHz 的带宽，就可以符合超宽带系统的要求。然后，传统的调

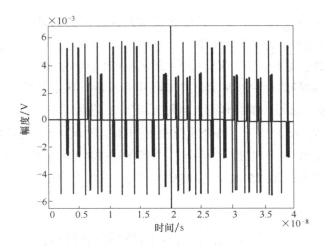

图 4.5　PAM- DS 发射机产生的信号

制技术被用于每个子信道上的信息传输，它将以时间交织的方式通过使用非常窄的时域正交频分复用符号在每个子频带中传输信息，使得传输的信号在任何时候都仅限于单个子频带。然而，每个子带可以采用不同的调制方法，这不仅有利于提高频谱利用率，而且可以与前两种信号生成方法结合使用[95]。

图 4.6 所示为 OFDM 子载波的时域波形，图 4.7 所示为频谱特性。可以观察到，在每一个子载波幅度最大时，其余子载波的频谱幅度等于 0。因为在解调正交频分复用符号时需算出所有子载波频谱的最大值。所以，在相互重叠的子载波频谱中，能够提取每个子载波的符号，同时没有其他子载波的干扰。

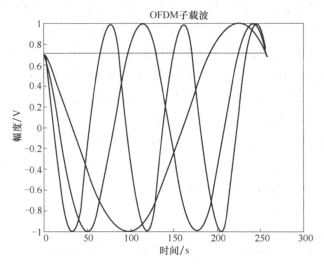

图 4.6　OFDM 子载波的时域波形图

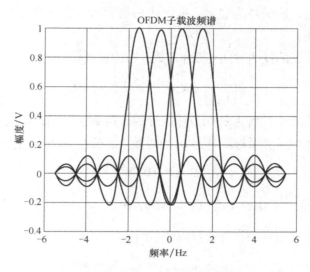

图 4.7　OFDM 子载波的频谱图

4.2　UWB 的信道模型

信道是无线通信系统的重要组成部分，无线通信系统的性能取决于信道的特性。信道是信号发送端和接收端之间的必经之路，而信号在空中传播时由于受到建筑物等遮蔽物的影响，会发生反射、折射、散射，使得在接收端接收到的信号是多种信号的叠加，且各信号在到达接收端时所传播的时间、路径也是不相同的。正是由于多径效应的影响，导致接收信号的相位、幅度会发生变化。因此，建立一个可靠的超宽带信道模型就变得非常重要。经过多年的探索，超宽带系统主要有以下几种信道模型[96]。

4.2.1　双簇模型

泊松（Poisson）模型是第一个用来描述超宽带信道的数学模型[97]。基础的泊松模型通常有三个度量：λ 表示平均到达率；γ 表示衰减指数；σ 表示路径增益的标准差。在包含超宽带脉冲的多路信号中，信号是基于簇的形式进行传播。簇的多路到达时间符合泊松过程，而且簇的数量是随机相等的。然而，泊松模型不能反映多径信号簇的到达模式。

双簇模型是修正的泊松模型。该模型可以解决因为脉冲信号到达时间不同而造成的能量不同的问题。在视距条件下，双簇模型的脉冲响应有两个簇。一个是首先到达的，能量最为显著，振幅比后者更大。另一个是经过一段时间后到达，能量较弱。

双簇模型首簇的抵达时间 t_i 符合指数分布的特征：

$$p\left(\frac{t_i}{t_{i-1}}\right) = \lambda_1 e^{-\lambda_1\left(\frac{t_i}{t_{i-1}}\right)}, 0 < i < L \qquad (4.7)$$

式中，λ_1 为首簇的平均到达率；t_i 为第 i 个路径的到达时间；L 为簇的个数。

首簇的多径增益遵循标准差为 σ_1 的对数正态分布，增益 G_i 为

$$G_i = P_i 10^{\frac{\mu_i + X_{\sigma,i}}{20}} \qquad (4.8)$$

其中，$\mu_i = -\dfrac{\sigma_1^2 \ln 10}{20}$，$0 < i < L$；$X_{\sigma,i} = N(0, \sigma_1^2)$，$0 < i < L$。

第二簇的多径成分同样符合指数分布的特征：

$$p\left(\frac{t_i}{t_{i-1}}\right) = \lambda_2 e^{-\lambda_2\left(\frac{t_i}{t_{i-1}}\right)}, i \geqslant M \qquad (4.9)$$

式中，λ_2 为第二簇平均到达率。

第二簇的多径增益仍然遵循标准差为 σ_2 的对数正态分布。

其中，$\mu_i = -E - \dfrac{10(t_i - t_M)/\gamma}{\ln 10} - \dfrac{\sigma_2^2 \ln 10}{20}, i \geqslant L; X_{\sigma,i} = N(0, \sigma_2^2), i \geqslant L$。

第二簇多径分量的平均能量分布遵循参数为 γ 的指数衰减分布。第二簇多径集合的第一路径的平均能量为 E。

4.2.2 S-V 模型

在 1972 年，S-V 模型第一次由 Turin 等人提出。随后 Saleh 和 Valenzuela 对室内多径传播的统计模型作了标准化。S-V 模型更注重模拟非视距的信道环境，用来描述多径信号按簇分布到达的现象[98]。

S-V 模型的信道冲激响应：

$$h(t) = \sum_{l=0}^{L} \sum_{k=0}^{K} \beta_{k,l} \delta(t - T_l - \tau_{k,l}) \qquad (4.10)$$

式中，L 代表簇的数目；K 代表每簇中的多径数目；$\beta_{k,l}$ 表示首簇中第 k 径的幅度，服从瑞利分布；T_l 代表第 l 簇的到达时间；$\tau_{k,l}$ 代表第 l 簇中第 k 径相对于首径的延迟。

每一簇的到达时间呈现泊松分布，表示为

$$p(T_l \mid T_{l-1}) = \Lambda e^{-\Lambda(T_l - T_{l-1})}, l > 0 \qquad (4.11)$$

多径到达时间表示为

$$p(\tau_{k,l} \mid \tau_{(k-1),l}) = \lambda e^{-\lambda(\tau_{k,l}-\tau_{(k-1),l})}, k > 0 \tag{4.12}$$

式中，Λ 代表簇平均到达速率；λ 代表多径到达速率。

多径的平均功率服从双指数分布，表示为

$$\overline{\beta_{k,l}^2} = \overline{\beta^2(0,0)} e^{-\frac{T_l}{\Gamma}} e^{-\frac{\tau_{k,l}}{\lambda}} \tag{4.13}$$

式中，$\overline{\beta^2(0,0)}$ 代表首簇首径的平均功率；Γ 代表簇的功率衰减因子。

4.2.3　IEEE 802.15.3a UWB 信道模型

IEEE 802.15.3a 是一种短距离（10m 以内）、高速率数据传输（110 ~ 480Mbit/s）的信道模型[99]，该模型是由 S-V 模型演变而来。该模型保留了在 S-V 模型中多径成簇到达和能量服从双指数分布的特点，同时根据实际的测量结果作了一定修正，将多径衰减的统计特性从原来的瑞利分布改为了现有的对数正态分布，并且将信道系数改为用实数表示。

该模型可以表示为

$$h(t) = X \sum_{l=0}^{L} \sum_{k=0}^{K} a_{k,l} \delta(t - T_l - \tau_{k,l}) \tag{4.14}$$

式中，X 表示对数正态阴影衰减；$a_{k,l}$ 表示多径衰减系数。

信道系数 $a_{k,l}$ 可以定义为

$$a_{k,j} = p_{k,l} \beta_{k,l} \tag{4.15}$$

式中，$p_{k,l}$ 代表等概率取 $+1$ 和 -1 的离散随机变量；$\beta_{k,l}$ 代表第 l 簇中第 k 条路径服从对数正态分布的信道系数。$\beta_{k,l}$ 可以表示为

$$\beta_{k,l} = 10^{\frac{x_{k,l}}{20}} \tag{4.16}$$

式中，$x_{k,l}$ 表示均值为 $\mu_{k,l}$、标准差为 $\sigma_{k,l}$ 的高斯随机变量。

IEEE 802.15.3a 给出了不同环境下的参考值。根据收发节点之间的平均距离和是否视距，给出四种不同标准的测量信道，具体见表 4.1。

表 4.1　IEEE 802.15.3a 对应的四种信道模型

模型类型	是否视距	距离/m
CM1	LOS	0 ~ 4
CM2	NLOS	0 ~ 4
CM3	NLOS	4 ~ 10
CM4	极端 NLOS	

4.2.4　IEEE 802.15.4a UWB 信道模型

IEEE 802.15.4a 是一种较长距离、低数据率、低功耗且具有高精度定位的

信道模型[100]。该信道模型在总体上划分为四种信道模型，分别为：2~10GHz 的 UWB 信道模型、2~6GHz 的身体环境信道模型、100~900MHz 的室内办公环境下的信道模型以及 1MHz 载频的窄带信道模型。着重分析 2~10GHz 的 UWB 信道模型，该模型又按照具体应用细化为四类不同的环境模型：室内居住环境、室内办公环境、室外环境以及工业环境。这些环境模型中体现了路径损耗、多径时延扩展以及小尺度衰减的特征[101]。以上四种模型又根据视距情形细分为八种，具体见表4.2。

表 4.2　IEEE 802.15.4a 中 CM1-CM8 信道模型

信 道 模 型	具 体 环 境	距离/m
CM1	室内环境 LOS	7~20
CM2	室内环境 NLOS	
CM3	室内办公环境 LOS	3~28
CM4	室内办公环境 NLOS	
CM5	室外环境 LOS	5~17
CM6	室外环境 NLOS	
CM7	工业环境 LOS	2~8
CM8	工业环境 NLOS	

（1）路径损耗模型

路径损耗模型所研究的是信号的传输距离对系统产生的影响。在传统的窄带系统中，信号的带宽比较小，载频对路径损耗的影响不大，因此路径损耗只是基于距离的函数。而在 UWB 系统中，信号的带宽很大，所以此时要考虑系统的频率对路径损耗的影响。UWB 系统的路径损耗既是基于距离的函数又是基于频率的函数[102]。

路径损耗描述如下：

$$PL(d) = \frac{E[P_{RX}(d, f_c)]}{P_{TX}} \tag{4.17}$$

式中，P_{RX} 表示接收功率；P_{TX} 表示发射功率；d 表示信号传输距离；f_c 表示载波中心频率。

UWB 信号的路径损耗与传输距离和频率的关系可以由关于频率和距离函数的乘积表示，即

$$PL(f, d) = PL(f) PL(d) \tag{4.18}$$

式中，路径损耗关于频率的函数与频率满足如下关系：

$$\sqrt{PL(f)} \propto f^{-K} \tag{4.19}$$

式中，K 表示发射信号的频率对路径损耗的影响因子。

路径损耗关于信号传播距离的函数可表达如下：

$$PL(d) = PL_0 + 10n \log_{10}\left(\frac{d}{d_0}\right) + S \qquad (4.20)$$

式中，n 表示损耗指数，损耗指数由环境决定；参考距离 d_0 通常为 1m；PL_0 表示参考距离处的路径损耗；S 表示由于阴影效应导致的均值为 0、方差为 σ_S 的随机变量，用以对路径损耗进行修正。

（2）多径时延扩展模型

IEEE 802.15.4a 工作组在借鉴 S-V 信道模型的基础上提出了多径信道模型，并在实际环境中测试了大量的不同信道，该多径信道模型的冲击响应的表达式如下：

$$h_{\mathrm{discr}}(t) = \sum_{l=0}^{L} \sum_{k=0}^{K} \alpha_{k,l} \exp(\mathrm{j}\varphi_{k,l}) \delta(t - T_l - \tau_{k,l}) \qquad (4.21)$$

式中，相位 $\varphi_{k,l}$ 在 $[0, 2\pi)$ 上服从均匀分布；$\alpha_{k,l}$ 是多径时延系数；T_l 表示第 l 簇的时延；$\tau_{k,l}$ 表示第 l 簇中的第 k 径相对于簇到达时间 T_l 的时延。例如，$T_0 = 0$ 表示第一个到达簇的到达时间，$\tau_{0,l} = 0$ 表示第 l 簇中的第一条径的到达时间。

式（4.21）中的 L 是表示簇的数量，其服从泊松分布，$\bar{L}$ 是簇数量的均值，分布密度函数如下：

$$pdf_L(L) = \frac{(\bar{L})^L \exp(-\bar{L})}{L!} \qquad (4.22)$$

簇到达时间服从速率为 Λ_l 的泊松过程，分布密度函数为

$$p(T_l / T_{l-1}) = \Lambda_l \exp[-\Lambda_l(T_l - T_{l-1})], l > 0 \qquad (4.23)$$

根据 IEEE 802.15.4a 工作组划分的四种环境，径的到达时间的分布函数可分为以下两种：

1）户外环境和工业环境

$$p(\tau_{k,l} \mid \tau_{(k-1),l}) = \lambda \exp[-\lambda(\tau_{k,l} - \tau_{(k-1),l})], k > 0 \qquad (4.24)$$

2）居住环境和室内办公环境

$$p(\tau_{k,l} \mid \tau_{(k-1),l}) = \beta\lambda_1 \exp[-\lambda_1(\tau_{k,l} - \tau_{(k-1),l})] +$$
$$(\beta - 1)\lambda_2 \exp[-\lambda_2(\tau_{k,l} - \tau_{(k-1),l})], k > 0 \qquad (4.25)$$

式（4.25）中，β 表示混合概率；λ_1、λ_2 表示每一簇中各径的到达率。

下面根据式（4.24）和式（4.25）中描述的两类环境下径的到达时间分布函数，讨论多径时延系数。式（4.26）和式（4.27）中，Ω_l 表示第 l 簇的总能量，γ_l 表示簇内时延常数。

在室外环境和工业环境下，若是径的到达时间分布函数为泊松分布，多径

系数满足如下关系：

$$E[|\alpha_{k,l}|^2] = \Omega \frac{\exp(-\tau_{k,l}/\gamma_l)}{\gamma_l(\lambda+1)} \tag{4.26}$$

在居住环境和室内办公环境下，若是径的到达时间分布函数为混合泊松分布，多径时延系数满足如下关系：

$$E[|\alpha_{k,l}|^2] = \Omega_l \frac{\exp(-\tau_{k,l}/\gamma_l)}{\gamma_l[(1-\beta)\lambda_1+\beta\lambda_2+1]} \tag{4.27}$$

其中，对于 γ_l 和 Ω_l 分别有如下关系式

$$\gamma_l \propto K_\gamma T_l + \gamma_0 \tag{4.28}$$

$$10\log(\Omega_l) = 10\log(\exp(-T_l/\Gamma)) + M_{cluster} \tag{4.29}$$

式（4.28）中，K_γ 表示簇内时延常数 γ_l 随时间的变化。式（4.29）中，$M_{cluster}$ 服从标准差为 $\sigma_{cluster}$ 的正态分布；Γ 表示簇的能量损耗因子。

信号在非视距（NLOS）的室内办公和工业环境中传播时，多径时延模型会所有差异，其表达式如下：

$$E[|\alpha_{k,l}|^2] = \frac{\Omega_l(\gamma_l+\gamma_{rise})}{\gamma_l[\gamma_l+\gamma_{rise}(1-\chi)]}[1-\chi\exp(-\tau_{k,l}/\gamma_{rise})]\exp(-\tau_{k,l}/\gamma_l)$$

$$\tag{4.30}$$

式中，χ 表示最先到达的多径分量的衰减情况；γ_{rise} 表示功率延迟谱的增长速度；γ_l 表示随时间增长的衰减。

（3）小尺度衰减模型

小尺度衰减的振幅满足 Nakagami 分布[103]，其表达式如下：

$$pdf(x) = \frac{2}{\Gamma(m)}\left(\frac{m}{\Omega}\right)^m x^{2m-1}\exp\left(-\frac{m}{\Omega}x^2\right) \tag{4.31}$$

式中，$\Gamma(m)$ 表示伽马函数；$m \geqslant 0.5$ 表示 Nakagami 的 m 因子，其服从均值为 μ_m、标准差为 σ_m 的对数正态分布，μ_m、σ_m 是时间函数，表达式如下：

$$\mu_m(\tau) = m_0 - k_m\tau \tag{4.32}$$

$$\sigma_m(\tau) = \hat{m}_0 - \hat{k}_m\tau \tag{4.33}$$

对于每簇的第一径的 m 因子建模都固定，是与时间无关的量，$m = m_0$。

4.3　UWB 的定位算法

UWB 技术具有传输速率高、功耗低、抗多径效果好、安全性高等优势，在无线定位领域，UWB 技术可以提供厘米级的定位精度且系统的成本较低。在第

3 章给出的定位方法中，基于信号强度（RSSI）的定位方法是在建立路径损耗模型的基础上，通过测量节点的接收信号的强度进行测距定位，对信道参数的估计十分敏感，根据 CRLB（Cramer- Rao Lower Bound）不等式，方差下限只依赖于信道参数和两个节点间的距离，使用 UWB 技术无法改善定位精度，且该方法难以提供高精度定位，无法发挥 UWB 定位技术的优势。基于信号到达角度（AOA）的定位方法，在室内存在多径效应的情况下，很难得到角度的精确估计，且需要在基站建立智能天线阵列，系统的成本较高。基于到达时间的定位方法，可以通过提高信噪比，有效利用带宽，提高定位精度，实现非常精确的定位。理论上，1.5GHz 的 UWB 脉冲在 SNR = 0 的条件下，其定位误差小于 1 英寸，在基于时间的定位方法中又分为 TOA、TDOA 两种方案，其中 TOA 定位方法要求所有移动台与基站严格使用共同的时钟，在实际应用中难以实现，而 TDOA 降低了该要求，仅需要所有基站使用一个共同参考时钟，易于实现和维护，得到了广泛的应用。综上所述，本节采用 TDOA 定位[104-105]方案研究 UWB 定位算法。

4.3.1　最小二乘法

在介绍 TDOA 基本定位算法之前，本章首先就这些算法的理论基础——最小二乘法（Least- Square Method，LS）进行简要的阐述[106]。最小二乘法又称最小平方法，是一种数学优化技术，通过最小误差的二次方和寻找数据的最佳函数匹配，通常用于求未知数据且使得求出的数据与实际数据之间的误差二次方和最小，也用于解决曲线拟合问题。在无线定位系统中，该算法广泛用于位置估计，以减小测距过程误差对定位精度的影响，它不需要任何先验信息，在 TDOA 系统中，只要利用测量的 TDOA 值建立特征方程，求解即可得出目标结点的位置。首先，本章建立根据测量值得出的特征方程。

$$Ax = b \tag{4.34}$$

式中，A 为 $n \times k$ 的矩阵；x 为 $k \times 1$ 的列向量；b 为 $n \times 1$ 的列向量，如果 $n > m$，即方程的个数大于未知数的个数，则这个方程称为矛盾方程组（Over Determined System），该方程组可能无解，但利用最小二乘法可以找到一个解，使得这个解对方程组的误差二次方和最小。

记方程解得误差向量如下

$$r = Ax - b \tag{4.35}$$

最小二乘法即找到列向量 x 使得误差二次方和达到最小。记得到的方程解误差二次方和为

$$E^2 = \sum_{i=1}^{n} \left[\sum_{j=1}^{k} a_{i,j} x_j - b_i \right]^2 \tag{4.36}$$

设函数 $Q(x_1, x_2, \cdots, x_k) = \sum_{i=1}^{n} \left[\sum_{j=1}^{k} a_{i,j} x_j - b_i \right]^2$，则最小误差二次方和问题转化为求函数最小值问题，对 k 个自变量求偏导并令其等于零，将其表示为矩阵形式：

$$2A^{\mathrm{T}}(Ax - b) = 0 \tag{4.37}$$

解得 x 为

$$x_{\mathrm{LS}} = (A^{\mathrm{T}}A)^{-1} A^{\mathrm{T}} b \tag{4.38}$$

式（4.38）即为方程组的最小二乘解，如果 $n = k$ 则方程组有唯一解：

$$X = A^{-1} b \tag{4.39}$$

高斯—马尔科夫定理表明，在给定的经典线性回归的假定下，最小二乘估计量是具有最小方差的线性无偏估计量。但是普通最小二乘估计适用于各误差项相等的情况。更为一般的情况，各项的方差不同，则每一项在二次方和中的地位也不同，误差大的项，在二次方和中的作用就大，利用普通最小二乘估计，方差大的项拟合度就好，而小的项拟合度则较差。此时需要在求平方和时在每一项上加上一个适当的权数，以调整各项在二次方和中的作用，这就是加权最小二乘法。求 x 使得 $f(x) = r^{\mathrm{T}} W r$ 最小，同样利用上面的理论解得：

$$x_{\mathrm{WLS}} = (A^{\mathrm{T}} W A)^{-1} A^{\mathrm{T}} W b \tag{4.40}$$

其中，加权矩阵 W 应使所得估计 x_{WLS} 在方差最小的意义上是最佳的，也就是说其他的估计不可能比 x_{WLS} 具有更小的方差。

4.3.2　Fang 算法

Fang 算法用于求解双曲线方程组，无法利用冗余信息来改善算法的性能，因此只能使用有限个已知节点[107]。二维空间定位原理如图 4.8 所示，其中，R_i（$i = 1, 2, 3$）为已知节点；T 为待测节点；r_i（$i = 1, 2, 3$）为已知节点 R_i 到待测节点 T 的距离。

根据两点间距离公式，可以得到

$$r_i = \sqrt{(x_i - x)^2 + (y_i - y)^2} \tag{4.41}$$

将式（4.41）两边二次方可得

$$r_i^2 = (x_i - x)^2 + (y_i - y)^2 \tag{4.42}$$

其中，$K_i = x_i^2 + y_i^2$。

将式（4.42）表示成如下形式：

$$r_i^2 = (x_i - x)^2 + (y_i - y)^2 = K_i - 2x_i x - 2y_i y + x^2 + y^2 \quad (i = 1,2,3) \quad (4.43)$$

又 $r_{i,1} = r_i - r_1$，可得

$$r_i^2 = (r_{i,1} + r_1)^2 \tag{4.44}$$

联立式（4.43）和式（4.44），得

$$r_{i,1}^2 + 2r_{i,1}r_1 + r_1^2 = K_i - 2x_i x - 2y_i y + x^2 + y^2 \tag{4.45}$$

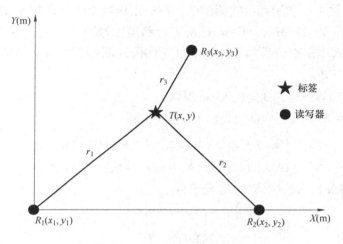

图 4.8　Fang 算法定位原理图

令 $i = 1$，可得

$$r_1^2 = K_1 - 2x_1 x - 2y_1 y + x^2 + y^2 \tag{4.46}$$

式（4.45）减去式（4.46），可得

$$r_{i,1}^2 + 2r_{i,1}r_1 = K_i - K_1 - 2x_{i,1}x - 2y_{i,1}y \tag{4.47}$$

将式（4.47）中的 r_1，x，y 看作未知数，则得到一个线性方程。

分别令 $i = 2$ 和 $i = 3$，式（4.46）可整理为

$$\begin{cases} -2r_{2,1}r_1 = r_{2,1}^2 - x_2^2 + 2x_2 x \\ -2r_{3,1}r_1 = r_{3,1}^2 - x_3^2 - y_3^2 + 2x_3 x + 2y_3 y \end{cases} \tag{4.48}$$

将式（4.48）中两式相减，得

$$y = \frac{x_3}{y_2 - y_3}x + \frac{-2r_{2,1}r_1 + 2r_{3,1}r_1 + r_{3,1}^2 - x_3^2 - y_3^2 - r_{2,1}^2 + y_2^2}{2y_2 - 2y_3} \tag{4.49}$$

令 $g = \dfrac{x_3}{y_2 - y_3}$，$h = \dfrac{-2r_{2,1}r_1 + 2r_{3,1}r_1 + r_{3,1}^2 - x_3^2 - y_3^2 - r_{2,1}^2 + y_2^2}{2y_2 - 2y_3}$

则式（4.49）可写为

$$y = gx + h \tag{4.50}$$

假定 R_1 位于坐标原点，则 $r_1^2 = x^2 + y^2$，代入式（4.48）中的第一个方程，可得到关于 x 的一元二次等式，求解该等式得到待测节点的 x 轴坐标，将 x 轴坐标代入式（4.50）得到 y 轴坐标，从而得到待测节点的位置估计。

4.3.3　Chan 算法

Chan 算法可以利用冗余的测距值，在一定程度上改善定位精度，另外，在测距误差服从正态分布时，Chan 算法定位精度比较高[108]。在实际应用中，由于系统会受到非视距信号的影响，所以无法保证测距误差服从高斯分布，算法性能会大幅下降。

（1）读写器数目为 3 时的 Chan 算法

令式（4.47）中 i 分别取 2 和 3，可以得到

$$\begin{cases} r_{2,1}^2 + 2r_{2,1}r_1 = (K_2 - K_1) - 2x_{2,1}x - 2y_{2,1}y \\ r_{3,1}^2 + 2r_{3,1}r_1 = (K_3 - K_1) - 2x_{3,1}x - 2y_{3,1}y \end{cases} \tag{4.51}$$

在 r_1 已知时，式（4.51）可表示为

$$\begin{cases} x = p_1 + q_1 r_1 \\ y = p_2 + q_2 r_1 \end{cases} \tag{4.52}$$

式中，

$$p_1 = \frac{y_{2,1}r_{3,1}^2 - y_{3,1}r_{2,1}^2 + y_{3,1}(K_2 - K_1) - y_{2,1}(K_2 - K_1)}{2(x_{2,1}y_{3,1} - x_{3,1}y_{2,1})}$$

$$q_1 = \frac{y_{2,1}r_{3,1} - y_{3,1}r_{2,1}}{x_{2,1}y_{3,1} - x_{3,1}y_{2,1}}$$

$$p_2 = \frac{x_{2,1}r_{3,1}^2 - x_{3,1}r_{2,1}^2 + x_{3,1}(K_2 - K_1) - x_{2,1}(K_2 - K_1)}{2(x_{3,1}y_{2,1} - x_{2,1}y_{3,1})}$$

$$q_2 = \frac{x_{2,1}r_{3,1} - x_{3,1}r_{2,1}}{x_{3,1}y_{2,1} - x_{2,1}y_{3,1}}$$

将（4.52）代入式（4.42），并令 $i = 1$，可得

$$ar_1^2 + br_1 + c = 0 \tag{4.53}$$

式中，

$$a = q_1^2 + q_2^2 - 1$$

$$b = -2[q_1(x_1 - p_1) + q_2(y_1 - p_2)]$$

$$c = (x_1 - p_1)^2 - (y_1 - p_2)^2$$

求解式（4.53）可以得到关于 r_1 的两个解，根据先验信息丢弃无用解，再将 r_1 代入式（4.52）即可求得标签坐标的估计值。

（2）读写器数目大于 3 时的 Chan 算法

通过增加读写器的数目，可以使得非线性方程数目多于未知数个数，在二维平面中，如果参与定位的读写器数目多于 3 个，那么得到的非线性方程个数将超过 2 个，即得到冗余信息。首先使用加权最小二乘法得到坐标初始估计值，然后利用第一次得到的初始值和已知约束条件再次进行加权最小二乘估计，得到标签坐标的最终估计值[109]。

定义向量 $z = [x,\ y,\ r_1]^T$，假设 x，y，r_1 线性无关，有 M 个读写器参与定位，式（4.47）可转换为如下形式

$$h - G_a z = 0 \tag{4.54}$$

式中，

$$h = \frac{1}{2}\begin{bmatrix} r_{2,1}^2 & -K_2 & +K_1 \\ \vdots & \vdots & \vdots \\ r_{M,1}^2 & -K_M & +K_1 \end{bmatrix}, \quad G_a = \begin{bmatrix} x_{2,1} & y_{2,1} & r_{2,1} \\ \vdots & \vdots & \vdots \\ x_{M,1} & y_{M,1} & r_{M,1} \end{bmatrix}$$

假定矩阵可逆，可得到 z 的近似最大似然估计

$$z_a = \arg\min[(h - G_a z_a)^T \psi^{-1}(h - G_a z_a)] = (h - G_a z_a)^{-1} G_a^T \psi^{-1} h \tag{4.55}$$

式中，$\psi = c^2 BQB$，$B = \mathrm{diag}(r_2,\ r_3,\ \cdots,\ r_M)$，$Q$ 为不同读写器测距误差的协方差矩阵。

用 Q 近似代替 ψ，根据式（4.55），可以得到 z_a 的估计值

$$z_a = (G_a^T Q^{-1} G_a)^{-1} G_a^T Q^{-1} h \tag{4.56}$$

将式（4.56）中的坐标信息带入矩阵 B 和式（4.55），可以得到 z 的估计值 z_a。由于 z_a 表达式中包含取值随机的矩阵 G_a，因此，Z_a 取值也是随机的。令 $z_a = z_a^0 + \Delta z_a$，式中，z_a^0 表示 z_a 中的准确值；$\Delta z_a = [\Delta x,\ \Delta y,\ \Delta r_1]$ 表示 z_a 中的误差分量。由式（4.55）可以得到 z_a 的协方差矩阵

$$\mathrm{cov}(\Delta z_a) = E(\Delta z_a \Delta z_a^T) = (G_a^{0T} Q^{-1} G_a^0)^{-1} \tag{4.57}$$

式中，G_a^0 表示 G_a 中的准确值。

上述推导都是建立在 x、y、r_1 相互独立的情况，而在应用中，它们之间是彼此相关的，当 $i = 1$ 时满足

$$r_1^2 = (x - x_1)^2 + (y - y_1)^2 \tag{4.58}$$

将 z_a 中的分量分别表示成如下形式：

$$z_{a1} = x^0 + e_1, z_{a2} = y^0 + e_2, z_{a3} = r_1^0 + e_3 \tag{4.59}$$

式中，x^0、y^0、r_1^0 表示准确值；e_1、e_2、e_3 表示误差。将 z_{a1}、z_{a2} 分别减去 x_1、y_1，求导可得

$$\Psi' = h' - G'_a z'_a \tag{4.60}$$

式中，

$$h' = \begin{bmatrix} (z_{a1} - x_1)^2 \\ (z_{a2} - y_1)^2 \\ z_{a3}^2 \end{bmatrix}, G'_a = \begin{bmatrix} 1 & 0 \\ 0 & 1 \\ 1 & 1 \end{bmatrix}, z'_a = \begin{bmatrix} (x - x_1)^2 \\ (y - y_1)^2 \end{bmatrix}$$

对式（4.60）做加权最小二乘估计，整理化简可得

$$z'_a = (G'^T_a Y'^{-1})^{-1} G'^T_a Y'^{-1} h' \tag{4.61}$$

式中，

$$\Psi' = 4B' \text{cov}(z_a) B'$$

$$B' = \text{diag}(x - x_1, y - y_1, r_1)$$

$$\text{cov}(z_a) = (G'^T_a \Psi'^{-1} G'_a)^{-1}$$

在实际计算中，可以用 z_a 中的 x、y 代替 B' 中的 x^0 和 y^0，用 G_a 代替 G_a^0，得到 B 的近似值后代入式（4.61）得到

$$z'_a = (G'^T_a B'^{-1} G_a Q^{-1} G_a B'^{-1} G'_a)^{-1} (G'^T_a B'^{-1} G_a Q^{-1} G_a B'^{-1} G'_a) h' \tag{4.62}$$

求解可得

$$\begin{bmatrix} x \\ y \end{bmatrix} = \begin{bmatrix} \sqrt{z'_{a1}} \\ \sqrt{z'_{a2}} \end{bmatrix} + \begin{bmatrix} x_1 \\ y_1 \end{bmatrix} \text{ 或 } \begin{bmatrix} x \\ y \end{bmatrix} = \begin{bmatrix} -\sqrt{z'_{a1}} \\ -\sqrt{z'_{a2}} \end{bmatrix} + \begin{bmatrix} x_1 \\ y_1 \end{bmatrix} \tag{4.63}$$

以上推导过程针对 TDOA 法，但也同样适用于 TOA 法，假定 Reader1 的坐标为 (0, 0)，则有

$$h = \frac{1}{2} \begin{bmatrix} r_1^2 - K_1 \\ r_2^2 - K_2 \\ \cdots \\ r_M^2 - K_M \end{bmatrix}, G_a = - \begin{bmatrix} x_1 & y_1 & 1 \\ x_2 & y_2 & 1 \\ & \cdots & \\ x_M & y_M & 1 \end{bmatrix} \tag{4.64}$$

$$h' = \begin{bmatrix} Z_{a1}^2 \\ Z_{a2}^2 \\ Z_{a3}^2 \end{bmatrix}, \qquad G'_a = \begin{bmatrix} 1 & 0 \\ 0 & 1 \\ 1 & 1 \end{bmatrix}, Z'_a = \begin{bmatrix} x^2 \\ y^2 \end{bmatrix} \tag{4.65}$$

根据式（4.62）和式（4.65），可以得到坐标估计值为

$$\begin{bmatrix} x \\ y \end{bmatrix} = \begin{bmatrix} \pm \sqrt{z'_{a1}} \\ \pm \sqrt{z'_{a2}} \end{bmatrix} \tag{4.66}$$

4.3.4　Taylor 算法

Fang 算法和 Chan 算法是具有解析表达式的算法，在考虑非视距传播、多径效应等外部因素时，单独使用会使得性能明显下降，而递归类算法对非视距和多径等因素导致的误差具有一定程度的抑制作用[110]，以下将展开讨论。

Taylor 算法是一种基于 Taylor 级数展开的加权最小二乘估计算法，其主要思想是将得到的非线性方程组在初始值处进行泰勒级数展开，忽略二次项后得到线性方程组，再通过迭代的形式求解[111]。由于 Taylor 算法是一种迭代算法，首先需要对待测节点的坐标有一个相对准确的初始估计值，然后在最小二次方误差准则的前提下，连续迭代多次，直到达到预设的门限精度或迭代次数。

设待测节点 T 的坐标为 (x, y)，Taylor 算法首先定义函数：

$$f_i(x,y) = \sqrt{(x_{i+1} - x)^2 + (y_{i+1} - y)^2} - \sqrt{(x_1 - x)^2 + (y_1 - y)^2} \quad (4.67)$$

将式（4.67）表示为

$$f_i(x,y) = \hat{r}_{i+1,1} + \varepsilon_{i+1,1} \quad (4.68)$$

式中，$\hat{r}_{i+1,1}$ 表示距离差的估计值；$\varepsilon_{i+1,1}$ 表示 $\hat{r}_{i+1}$ 误差的协方差矩阵。用 (x_0, y_0) 表示待测节点坐标的初始估计值，则有

$$\begin{cases} x = x_0 - \delta_x \\ y = y_0 - \delta_y \end{cases} \quad (4.69)$$

式中，δ_x、δ_y 是待测节点坐标的误差。

对式（4.68）进行泰勒展开并取前两项得

$$f_{i,v} = \alpha_{i,1}\delta_x + \alpha_{i,2}\delta_y \approx \hat{R}_{i+1,1} + \varepsilon_{i+1,1} \quad (4.70)$$

式中，

$$f_{i,v} = f_i(x_v, y_v)$$

$$\hat{R}_i = \sqrt{(x_v - x_i)^2 + (y_v - y_i)^2}$$

$$\alpha_{i,1} = \frac{\partial f_i}{\partial x}\bigg|_{x_v,y_v} = \frac{x_1 - x_v}{\hat{R}_1} - \frac{x_{i+1} - x_v}{\hat{R}_{i+1}}$$

$$\alpha_{i,2} = \frac{\partial f_i}{\partial y}\bigg|_{x_v,y_v} = \frac{y_1 - y_v}{\hat{R}_1} - \frac{y_{i+1} - y_v}{\hat{R}_{i+1}}$$

将式（4.70）表示为矩阵形式为

$$A\delta = D + e \quad (4.71)$$

式中，

$$A = \begin{bmatrix} \alpha_{1,1} & \alpha_{1,2} \\ \alpha_{2,1} & \alpha_{2,2} \\ \vdots & \vdots \\ \alpha_{N-1,1} & \alpha_{N-1,2} \end{bmatrix}, \delta = \begin{bmatrix} \delta_x \\ \delta_y \end{bmatrix}, D = \begin{bmatrix} \hat{R}_{2,1} - f_{1,v} \\ \hat{R}_{3,1} - f_{2,v} \\ \vdots \\ \hat{R}_{N,1} - f_{N-1,v} \end{bmatrix}, e = \begin{bmatrix} \varepsilon_{2,1} \\ \varepsilon_{3,1} \\ \vdots \\ \varepsilon_{N,1} \end{bmatrix}, i = 1, 2, \cdots, N-1$$

对式（4.71）作加权最小二乘估计可以得到

$$\delta = [A^\mathrm{T} R^{-1} A]^{-1} A^\mathrm{T} R^{-1} D \tag{4.72}$$

Taylor 算法执行过程如下：

1）使用 Fang 算法或 Chan 算法得到坐标初始估计值，然后根据式（4.72）得到坐标初始估计值的误差 δ。

2）根据式（4.69）更新坐标估计值 (x_v, y_v)。

3）根据需要设定门限 Δ 和迭代次数 n。当 $|\delta_x| + |\delta_y| > \Delta$ 并且更新次数不超过 n 时，重复步骤1）和2），否则停止迭代。

4）坐标估计值 (x_v, y_v) 即为最终结果。

4.3.5　高斯-牛顿算法

高斯-牛顿算法的基本思想是设待测节点的位置坐标向量为 p，当待测节点到各个已知节点距离差的误差二次方和最小时得到最终的坐标估计值，目标函数为

$$p = \operatorname*{argmin} \sum_{i=2}^{M} (r_{i,1} - p - p_i + p - p_1)^2 \tag{4.73}$$

式中，M 是已知节点的数目；$r_{i,1}$ 是待测节点到已知节点 i 与到已知节点 1 的距离之差；p_i 是已知节点的坐标向量。

设待测节点坐标为 (x, y)，已知节点的坐标为 (x_i, y_i) $(i = 1, 2, 3)$，则最小二乘估计问题的目标函数为

$$\begin{aligned} f(x,y) &= \sum_{i=2}^{M} g_i(x,y)^2 \\ &= \sum_{i=2}^{M} \left[r_{i,1} - \sqrt{(x-x_i)^2 + (y-y_i)^2} + \sqrt{(x-x_1)^2 + (y-y_1)^2} \right]^2 \end{aligned}$$
$$\tag{4.74}$$

高斯-牛顿算法执行过程如下：

1）使用具有解析表达式的算法得到待测节点的初始坐标估计。

2）求 $g_i(x, y)$ 及其梯度 $\nabla g_i(x, y)$，$i = 1, 2, \cdots, M$。

3）使用前一次的 (x, y) 估计值计算下列表达式。

$$g = \begin{bmatrix} g_2(x,y) \\ g_3(x,y) \\ \cdots \\ g_M(x,y) \end{bmatrix}, A = \begin{bmatrix} \nabla g_2(x,y)^{\mathrm{T}} \\ \nabla g_3(x,y)^{\mathrm{T}} \\ \cdots \\ \nabla g_M(x,y)^{\mathrm{T}} \end{bmatrix}, b = A\begin{bmatrix} x \\ y \end{bmatrix} - g$$

4）如果 $\| 2A^{\mathrm{T}}r \| < \varepsilon$，则算法结束，此时得到的 (x, y) 值即为最优解，如果 $\| 2A^{\mathrm{T}}r \| > \varepsilon$，则进行第 5）步。

5）更新待测节点坐标估计 $\lceil x, y \rceil^{\mathrm{T}} = (A^{\mathrm{T}}A)^{-1}A^{\mathrm{T}}b$，返回执行第 3）步。

4.4　基于 UWB 的室内定位实现

4.4.1　TDOA 模型

在 TDOA 定位方法中，如果获得移动台到两个基站的 TDOA 值，就可以建立一个关于移动台坐标的双曲线方程[112]。多个基站间的 TDOA 值就可建立双曲线方程组。解方程组就可得到移动台的位置，设移动台 MS 的位置为 (x, y)，(X_i, Y_i) 为第 i 个基站的位置，则移动台 MS 到基站 i 的距离为

$$R_i = \sqrt{(X_i - x)^2 + (Y_i - y)^2}$$

记 $K_i = X_i^2 + Y_i^2$

$$R_i^2 = (X_i - x)^2 + (Y_i - y)^2 = K_i - 2X_i x - 2Y_i y + x^2 + y^2 \tag{4.75}$$

记 $R_{i,j}$ 为 MS 的基站 i 到基站 j 的距离差，$t_{i,j}$ 为信号到达基站 i 到基站 j 的时间差，则

$$R_{i,1} = \sqrt{(X_i - x)^2 + (Y_i - y)^2} - \sqrt{(X_1 - x)^2 + (Y_1 - y)^2} = ct_{i,1} \tag{4.76}$$

式中，c 为电磁波传播速度，也为光速。由

$$R_i = R_{i,1} + R_1 \tag{4.77}$$

将式（4.75）i 取 1 代入，并在式（4.77）两边取二次方得

$$R_{i,1}^2 + 2R_{i,1}R_1 + R_1^2 = K_i - 2X_i x - 2Y_i y + x^2 + y^2 \tag{4.78}$$

取 $i = 1$，则由式（4.75）得

$$R_1^2 = K_1 - 2X_1 x - 2Y_1 y + x^2 + y^2 \tag{4.79}$$

记 $X_{i,1} = X_i - X_1$，$Y_{i,1} = Y_i - Y_1$。由式（4.77）和式（4.78）可得

$$R_{i,1}^2 + 2R_{i,1}R_1 = K_i - 2X_{i,1}x - 2Y_{i,1}y - K_1 \tag{4.80}$$

4.4.2　算法介绍

经典 Chan 算法不仅有其优点还存在一定的缺点，它的优点就是能够将测得的所有数据，即 TDOA 值，全都运用起来，并且可以根据函数来形成一个明确的表达式解；它的缺点是在菲涅尔区被阻挡的范围大于 50% 时，其定位精度就会受到影响。Taylor 级数展开法是一种需要未知节点初始估计位置的递归算法，在每一次递归中通过求解 TDOA 测量误差的局部最小二乘解来改进对未知节点的估计位置，但是，若初始值选取不合适，很可能会导致算法的不收敛。因此，解决本问题的方法就是先运用其他算法求解某个较为准确的初始估计位置，然后再把该数据带入 Taylor 级数展开法中，由此得出的位置坐标会更加的精准[113]。图 4.9 所示为改进 Chan-Taylor 混合加权算法过程框图。

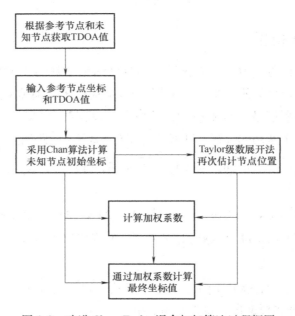

图 4.9　改进 Chan-Taylor 混合加权算法过程框图

定义 $[x(k), y(k)]$ 为使用第 k 种方法计算得到的未知节点的坐标。在采用 Chan 算法的 TDOA 定位中，直接可以获取的值是距离的差值，所以使用距离之差更加方便。因此，定义 $\tilde{r}_{i,1}(k)$ 为使用第 k 种方法未知节点测量坐标到锚节点 i 的距离与到锚节点 1 的距离差。即

$$\tilde{r}_{i,1}(k) = \sqrt{[x(k)-x_i]^2 + [y(k)-y_i]^2} - \sqrt{[x(k)-x_1]^2 + [y(k)-y_1]^2}$$

$$(4.81)$$

定义 Δr 为真实值和测量值之差的二次方：

$$\Delta r = [\, r_{i,1} - \tilde{r}_{i,1}(k)\,]^2 \tag{4.82}$$

定义加权系数为 $\eta(k)$：

$$\eta(k) = \frac{\sum\limits_{i=2}^{n} \Delta r}{n} \tag{4.83}$$

式中，n 为参考基站的个数。

从该算法中可以看出，Δr 越小，说明估计值越精确；所以，加权系数 $\eta(k)$ 越小，计算得到的位置坐标越准确，即该定位方法得到的测量值应占比重较大，应该乘以加权系数 $\eta(k)$ 的倒数。则最终的未知节点估计坐标可以计算为

$$x = \frac{\sum\limits_{k=1}^{k} \dfrac{x(k)}{\eta(k)}}{\sum\limits_{k=1}^{k} \dfrac{1}{\eta(k)}} \tag{4.84}$$

$$y = \frac{\sum\limits_{k=1}^{k} \dfrac{y(k)}{\eta(k)}}{\sum\limits_{k=1}^{k} \dfrac{1}{\eta(k)}} \tag{4.85}$$

4.4.3　仿真与分析

采用 Matlab 分别对 Fang 算法、Chan 算法、Taylor 级数展开法和改进 Chan-Taylor 混合加权算法进行仿真，并分析比较其区别。从前文可知，对于 Fang 算法来说，增加基站数目并不能提高定位精度；Chan 算法可以使用基站的冗余度来提高定位精度，即增加基站数目来提高精度；Taylor 级数展开法对于初始值的准确性比较依赖，因此定位环境也很重要。所以本章从不同的信号标准差和不同的基站数量两个角度进行仿真。对于室内环境来说，本章假设其服从 $N(0, \sigma^2)$ 理想高斯分布，并且令标准差分别为 0.15、0.25、0.55。同时将累积分布函数（CDF）作为评价算法性能的指标，横坐标表示定位误差，纵坐标表示累积分布函数，其含义是计算结果在特定的定位精度下的次数占总次数的百分比。

首先是同在四个基站环境下的仿真对比图，图 4.10 所示为标准差为 0.15 的定位精度比较，图 4.11 所示为标准差为 0.25 的定位精度比较，图 4.12 所示为标准差为 0.55 的定位精度比较。

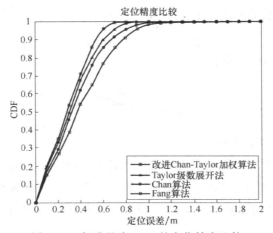

图 4.10 标准差为 0.15 的定位精度比较

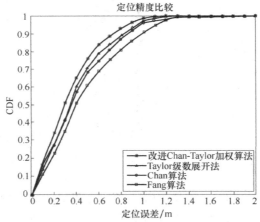

图 4.11 标准差为 0.25 的定位精度比较

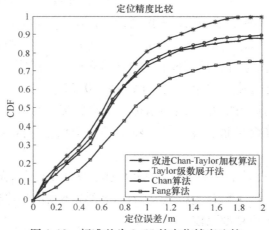

图 4.12 标准差为 0.55 的定位精度比较

比较图 4.10、图 4.11 和图 4.12，可以看出四种算法的定位精度都随标准差的增大而减小，也就是说，信道质量越好，定位精度越高。单独从三张比较图中的任意一张可以看出，在相同的信道环境下，改进 Chan-Taylor 混合加权算法的定位精度比其他三种定位算法高。

接下来是不同基站数量的比较图，都选择标准差为 0.15 时，定位精度较高的情况，图 4.13 和图 4.14 分别为 5 个基站和 6 个基站的仿真比较图。

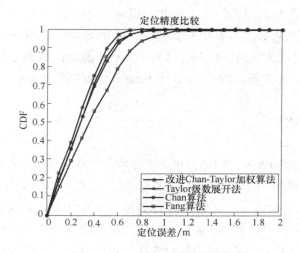

图 4.13　基站数量为 5 的定位精度比较

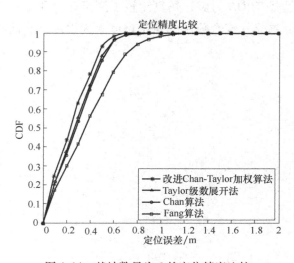

图 4.14　基站数量为 6 的定位精度比较

由图 4.10、图 4.13 和图 4.14 可以看出，在相同的标准差条件下，基站数目增加，Chan 算法、Taylor 级数展开法和改进 Chan-Taylor 混合加权算法的定位精度都相应地提高，并且改进 Chan-Taylor 混合加权算法定位精度最高。由于 Fang 算法的定位精度不随基站数量的增多而提高，所以比较图 4.10、图 4.13 和图 4.14，Fang 算法的定位精度无明显的变化。通过上述比较可说明，改进 Chan-Taylor 混合加权算法既利用了 Chan 算法的优点又利用了 Taylor 级数展开法的特点，定位精度最高。

通过整个仿真实验和结果分析可以得出以下结论：在相同的基站数量条件下，或者在相同的标准差条件下，改进的 Chan-Taylor 混合加权算法相较于传统的定位算法定位精度较高。在仿真实验中，外部环境最好的条件下，即标准差为 0.15，基站数目为 6 时，改进的 Chan-Taylor 混合加权算法比 Chan 算法和 Taylor 级数展开法精度提高约 0.1m，比 Fang 算法提高约 0.4m。

4.5　本章小结

本章首先从脉冲波形、调制方式和扩频技术三个方面对 UWB 系统信号进行简述，其次介绍了几种主要的信道模型，再现信号的传递过程，并以 IEEE 802.15.4a 为例进一步分析。接着列举典型的 UWB 定位算法：LS 算法、Fang 算法、Chan 算法和 Taylor 级数展开法，利用后两种算法的特点进行加权计算，提出了改进 Chan-Taylor 混合加权算法，并用公式详细地推导了其原理。最后在视距环境下选择 TDOA 方案，仿真比较了测距误差和基站数目对各定位算法的性能影响。结果显示混合算法的定位精度大大提高，从而实现较好的定位效果。

第5章

UWB 定位误差分析及消除方法

定位精度是衡量 UWB 超宽带定位系统性能的最关键指标。本章将分析影响 UWB 定位精度的主要因素，并从定位误差角度，研究和阐述消除定位误差的方法与技术，以保障 UWB 定位的高精度特性。

5.1 UWB 系统的定位精度影响因素

影响 UWB 定位精度的因素较多，主要包括：多径效应、非视距传播、多址干扰、参考基站数量、参考基站位置和时钟同步误差等因素。

（1）多径效应

超宽带信号在室内传播过程中受到复杂的室内环境（如墙体、窗体及室内障碍物等）的影响，会发生反射、折射等情况从而产生多径效应。多径效应会导致信号经过不同的路径到达定位基站天线的情况各异，使得第一个到达的信号分量不是直线传输到达的信号分量，显示出不同的时间和空间方位。此时，信号到达定位基站的各分量之间的相位关系会发生改变，不同的路径也会使各分量具有不同的时延，微小的时延导致信号各分量相互干涉，从而引起信号的快衰减与能量衰减，信噪比下降，最终导致测量误差，定位精度也随之降低。

多径效应对 RSSI 和 AOA 等非时间测距的定位算法会产生很大的影响，而对于基于时间测量的定位算法 TOA/TDOA，也会引起测量值的偏差，可见多径效应是影响定位精度的主要原因之一。因此，尽可能地抑制多径效应将能有效地提高定位精度，目前抑制多径效应的方法主要是关于时延估计的算法，如基于边缘检测的时间延迟估计[114]与基于遗传粒子滤波的多径时延估计算法[115]。

（2）非视距传播

如图 5.1 所示，当目标节点与参考基站之间的直射路径被障碍物遮挡后，发射点和接收点之间就不存在直达路径了，无线电信号只能经过反射或折射后才能抵达接收端，这种现象被称为非视距传播（NLOS）。传统的 TOA 算法是检测最强脉冲来得到传输时间的，但是当非视距信号到达接收端时，此时第一个到达脉冲并不是最强的脉冲，使得 TOA 算法存在误差。基于角度测量的 AOA 算法因为 NLOS 误差的影响，得到的角度测量值与真实值之间也无法避免地存在着较大误差。在实际室内定位过程中，经实验证明，由 TOA 算法得到的测量值的方差在 NLOS 环境下比在 LOS 环境下的值大[116]，因此我们可以利用这种差别来甄别是否为 NLOS 环境，然后利用简单的 LOS 重建算法就可以减少定位误差的产生。另一种减小误差的方法是使用有偏或无偏卡尔曼滤波的方式对实际测量值进行筛选，从而使得待测节点取得较高的定位精度[117]。

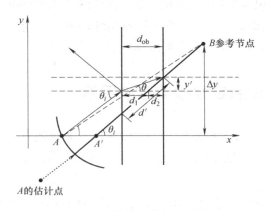

图 5.1　NLOS 情况下穿越障碍物误差

（3）多址干扰

由于参考基站需要协同定位，因此某个参考基站不光要接收待定位节点发射过来的信号，还要接收临近基站的发射信号。不同的信号叠加在一起就造成了信号的干扰，降低了信号的信噪比，使测得的 TOA 值与真实值相差较大。解决的办法是：a）采用相互正交的跳时序列，使得用户在不同的时隙进行信号的传输，从而避免用户间干扰；b）在接收端使用一个匹配滤波器，对多址信道内的扩频信号进行输出，然后根据有效的信号处理方法最终判断恢复出原始的发送信号数据，这种方法也能够在一定程度上消除远近效应的影响。

（4）参考基站数量

增加参考基站的数目可以增加 TOA 测量值的信息冗余度，降低定位的误差，提高定位的精确度。但定位基站的数量不是越多越好，当定位参考基站的数目增加到一定程度时，无法充分利用其他基站提供的距离信息。在实际的应用当中，考虑到计算速度和成本，按照经验一般参考基站的数量为 4 ~ 6 个。

（5）参考基站位置

合理地设置参考基站的位置可以在一定程度上抑制多址干扰，提高定位的精度。参考基站与待定位节点的相对位置的关系对定位系统影响的程度可以用几何精度因子（Geometric Dilution of Precision，GDOP）来表示。在实际的应用当中，在从大量的参考基站选择基站时，可以用 GDOP 作为选择指标。阅读有关的文献可知，均匀分布的基站比无序分布的参考基站有着更好的定位效果。

（6）时钟同步误差

基于 TOA 和 TDOA 的超宽带定位算法所使用的时钟同步是不相同的，基于 TOA 的定位不仅要求待定位节点和各个参考基站间有严格的时钟同步，而且也要求参考基站间保持时钟同步。而基于 TDOA 定位时仅仅需要各参考基站间时钟同步即可，这样就减少了定位系统的复杂度和成本。因此，时钟同步误差与定位精度有着密切关系。时钟同步过程中会受到多方面因素的影响。

1）时钟设备质量的可靠性，例如信号收发设备的精度过低，在测量过程中可能会产生较大的测量误差，另外，晶体振荡器自身存在的温漂、老化等问题也会使时钟发生偏移。

2）时钟同步算法，主要分为有线时钟同步和无线时钟同步，不同的时钟同步算法的精度是不同的，相比于有线时钟同步算法，无线时钟同步算法在应用上更为方便，但是相对而言同步的难度更大[118]。

3）同步范围，由信号传输的路径损耗规律可知，信号的传输距离并不是无限远的，一定的发射功率也限定了一定的信号可用范围，因此时钟的同步范围大致可以分为单区域同步和跨区域同步。单区域时钟同步，顾名思义，在特定的区域内进行时钟同步，单区域时钟同步会受到所要同步的区域形状的影响；跨区域时钟同步则会受到相邻同步区域的时钟同步误差累积影响，即与原始时钟越远的区域时钟同步误差越大。

4）时钟同步的环境，例如信号的收发过程是否受到干扰，信号传输环境是否为 NLOS 等。因此，受这些因素的影响，容易造成不理想的时钟同步情况，不理想的时钟同步会带来一定的时钟误差，从而影响到定位精度和定位稳定性。

引起 UWB 测距误差的原因有多个，室内定位节点之间的本地时钟不同源导致时间同步上的误差，该误差可以通过 TDOA 测距方式消除；影响测距误差的还有系统误差，系统误差一般包括天线延迟误差、经纬度、环境湿度以及海拔等因素的影响，可以通过线性拟合的方式来消除部分系统误差，为了使最后的定位更加准确，在正式实验定位之前，需要进行测距预处理工作，以此来提高后期的定位精度；影响测距精度的原因还有另外一个，测距方式的不同，也可能导致最后的定位精度有差异，可以使用的测距方式为双向对称测距，而非双向测距，这可以提高定位精度[119]。

UWB 定位精度影响关系的鱼骨图模型，如图 5.2 所示。进一步，本章分析 TDOA 测量误差、时钟偏差、基站数量与位置、随机遮挡、设备误差和气象条件等典型误差特征。

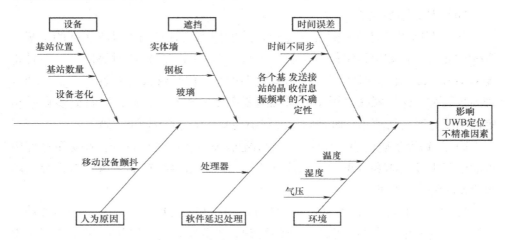

图 5.2　UWB 定位精度影响关系的鱼骨图模型

（1）TDOA 测量误差

现有技术方案中，为了解决对 TDOA 测量误差的校正需要引入测量参考设备，典型的校正系统由一个参考发射设备和两个参考接收设备构成，参考发射设备和参考接收设备的位置已知。由参考发射设备发送特殊的测量信号，参考接收设备在收到测量信号后，可以获得 TDOA 的测量结果。然后利用已知的参考设备的位置信息，计算出 TDOA 的理论值。对比 TDOA 的测量结果和计算结果，可获得 TDOA 的测量误差信息。利用多个参考发射设备可以得到多个测量误差估计结果，对所有测量误差估计结果进行加权平均处理后，在后续的 TDOA 测量过程中，采用加权平均处理获得的误差信息对测量结果进行校正。根据对 TDOA 测量误差来源的分析，参考设备校正过程获得的误差信息做加权平均处理后，不具备普遍代表性，校正获得的精度提高有限[121]。

（2）时钟偏差

时钟偏差可以通过校准源校正，且存在与否对定位性能界有影响，噪声水平多大对于稳健的算法而言是无影响的。

（3）基站数量与位置

1）数量：基站位置误差噪声水平是影响定位性能的重要因素，基于 TDOA 最小二乘算法，在不考虑其他误差的情况下，分析了基站几何布局对定位终端的误差影响，可以看出较好的基站几何布局能够大大提高移动台的定位精度。在可得到多基站信号特征值的情况下，可以根据多基站选择算法来选择具有较好几何布局的基站来进行定位，有助于利用较少的系统资源得到较好的定位精度。此外还可以根据不同的定位需求，指导基站的架设。对于 Chan 定位算法，在高斯噪声环境下，随着参与定位的基站数的增加，能够利用的 TDOA 测量值的数目增加，可以得到更高的定位精度。当参与定位的基站数达到 5 个及以上后，定位精度改变不大，也就是说，利用 TDOA 测量值的定位算法，需要参与定位的基站至少为 3 个，当参与定位的基站达到 5 个以上时，定位性能达到最优。

2）位置：根据仿真模拟，当基站数量较多时，其集合分布按照蜂窝型布置时，定位误差最小，如图 5.3 所示。

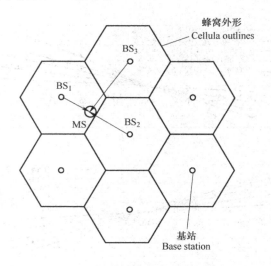

图 5.3　蜂窝型基站分布图

（4）随机遮挡（无线电波的衍射与反射）

在室内定位中，室内的遮挡物对 UWB 技术产生多大的影响呢？

1）实体墙；一堵实体墙的这种遮挡将使得 UWB 信号衰减 60% ~ 70%，定位精度误差上升 30cm 左右，两堵或者两堵以上的实体墙遮挡，将使得 UWB 无法定位。

2）钢板；钢铁对 UWB 脉冲信号吸收很严重，将使得 UWB 无法定位。

3）玻璃；玻璃遮挡对 UWB 定位精度没太大的影响。

4）木板或纸板，一般厚度 10cm 左右的木板或纸板对 UWB 定位精度没太大的影响。

5）电线杆或树木，电线杆或者书面遮挡时需要看他们之间距离基站或者标签的距离，与基站和标签的相对距离比较是否很小，比如，基站和定位标签的距离为 50m，电线杆或者树木正好在两者中间 25m 处，这种遮挡就没有大的影响，如离基站或者标签距离很近小于 1m，影响就很大。

（5）设备误差

卫星发射设备及用户接收设备的电路延时（这些电路延时随环境因素、电路工作条件、元件老化、信号和干扰噪声的强弱而变化），将产生固定的及随机的测距误差，此外，计算机进行定位计算也会有计算误差，从而导致定位误差。

（6）气象条件

1）温度和气压等因素对测距精度的影响呈线性变化，气压的影响最为显著，其次是温度（见图 5.4）。

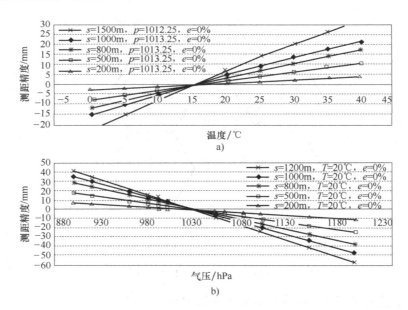

图 5.4 温度、气压对全站仪测距精度的影响

2）从温度对测距精度的影响曲线可以看出，距离一定时，随着温度的增加，对测距精度呈正梯度；随着作用距离的增加，温度的影响进一步增大。

3）从压力对测距精度的影响曲线可以看出，距离一定时，随着压力的增加，对测距精度呈负梯度；随着作用距离的增大，其影响程度进一步加剧。

4）固定温度、压力和湿度，距离对测距精度的影响呈负梯度变化。

（7）大气

现有技术中，在视距情况下，基于 UWB 实时高精度室内定位之所以会导致精度下降，主要是由于当基站和标签距离较远时，受大气误差延迟的干扰严重，增加了 UWB 信号到达时间。因此，没有办法准确地计算出基站与标签的距离[120]。

通过 UWB 设备得到标签与基站之间的测量距离，通过基站和标签之间的测量距离建立观测方程；在所述观测方程中引入与测量距离成正比例的大气误差参数；通过三角定位的方法将位置参数与大气误差参数一起进行补偿解算，从而消除大气中信号传播的大气干扰造成的误差；解算得出消除大气误差后的标签位置以及实时的大气误差参数并输出解算结果。

5.2　定位性能评价指标

为了比较分析各种定位算法的精度，判断定位方法的优劣，需要用某种指标来判断定位性能。目前常用的定位性能评价指标有：几何精度因子（GDOP）、均方误差（MSE）和方均根误差（RMSE）、克拉美罗下界（CRLB）、累积概率分布函数（CDF）等。

（1）几何精度因子（GDOP）

几何精度因子[122]表示 UWB 测距误差造成的定位标签与基站的距离矢量放大因子。GDOP 的数值越大，基站到定位标签的角度相似度越高，定位精度越低；GDOP 的数值越小，标签能够全方位地发射出信号，基站均匀分布在四周边缘，并采用全向天线接收信号，定位效果较好。几何精度因子表示为

$$\text{GDOP} = \sqrt{tr\left[G^{\mathrm{T}} G^{-1} \right]} \tag{5.1}$$

式中，G 表示基站到标签的距离建立的线性方程组的系数矩阵；$tr(\ )$ 为矩阵的迹。

GDOP 可以作为基站布局指标，参与定位的基站应该是使 GDOP 尽可能小的基站。

（2）均方误差（MSE）和方均根误差（RMSE）

均方误差是指估计值与真实值之间差值二次方的期望值，MSE 值的大小与模型测出的实验数据误差成正比，MSE 值越小则精确度越高。

$$\text{MSE} = \frac{1}{N} \sum_{i=1}^{N} \left(\hat{H}_i - H_i \right)^2 \tag{5.2}$$

式中，N 为样本空间维数；$\hat{H}_i$ 为 N 维样本空间中待测目标的估计位置坐标；H_i 为 N 维样本空间中待测目标的真实位置坐标。

方均根误差可以用于评价 UWB 室内定位标签的位置估计精度[123]，假设有 N 个标签用于定位，定位标签 i 的真实位置为 $MS(x_i, y_i, z_i)$，由定位算法得出定位标签估计位置为 $MS(\hat{x}_i, \hat{y}_i, \hat{z}_i)$，则定位标签估计位置的方均根误差为

$$\text{RMSE} = \sqrt{\frac{1}{3N}\sum_{i=1}^{N}\left[(\hat{x}_i - x_i)^2 + (\hat{y}_i - y_i)^2 + (\hat{z}_i - z_i)^2\right]} \tag{5.3}$$

如果标签的估计位置坐标中存在误差较大的异常数据，必须剔除异常数据，再使用方均根进行定位算法性能评价，否则方均根误差数值会很大，对定位算法性能的评价不准确。

（3）克拉美罗下界（CRLB）

克拉美罗下界[124]根据是否接近 CRLB 下界来评估参数估计方法的性能。未知参数 $\theta = [\theta_1, \theta_2, \cdots, \theta_k]^T$ 的任何无偏估计的 CRLB 由 Fisher 信息矩阵的逆给出，则：

$$\text{CRLB}(\theta_k) = \left[F^{-1}(\theta)\right]_{kk}$$

FIM 为

$$\left[F(\theta)\right]_{kk} = -E\left[\frac{\partial^2 \ln p(x;\theta)}{\partial\theta_k\partial\theta_i}\right] \tag{5.4}$$

式中，k 取值是 1，2，$\cdots$，m，m 是参考向量的长度；$p(x;)$ 是观测量 $x[n]$ 与估计参数的联合概率密度函数，均方误差和方均根误差与 CRLB 的比较值只能用于性能参考。

（4）累积概率分布函数（CDF）

累积概率分布函数[125]描述了实数随机变量的概率分布情况，用于 UWB 定位系统，可以得到定位误差的概率分布图，从而分析定位精度及测量数据受环境影响程度，CDF 常作为评价指标用于工程中，另外工程应用还将定位误差的概率密度函数（PDF）、相对定位误差（RPE）作为评价指标。

假设算法 A 在规定精度门限下的 CDF 值为 A_{CDF}，N 为定位总次数，n 为定位误差低于选定门限值的次数，则：

$$A_{\text{CDF}} = \frac{n}{N} \tag{5.5}$$

定位误差高于选定的门限值的定位被认为是不成功定位，累积概率分布函数能直观地体现算法定位性能。

5.3 UWB 室内定位系统的误差分析

TDOA 是一种无线定位技术，是一种利用时间差进行定位的方法。不同于 TOA，TDOA（到达时间差）是通过检测信号到达两个基站的时间差，而不是到达的绝对时间来确定移动台的位置，降低了时间同步要求。TDOA 至少需要三个已知坐标位置的基站，通过获取不同基站之间的信号传送时间差来定位。

假设三个基站的坐标分别为 (x_1, y_1)、(x_2, y_2)、(x_3, y_3)，以第一个基站为标准，分别得到第二个基站与第一个基站的时间差 t_1，第三个基站与第一个基站的时间差 t_2，信号时间差乘以电磁波传播速度，得到距离差 $r_{2,1}$ 和 $r_{3,1}$，距离差是 n 常量。当我们忽略实际情况中存在的信号误差，固定三个 Anchor 的位置和一个 Tag 的位置，分别计算 A 与 T 的距离 R，再将 R_2，R_3 与 R_1 作差，利用下式子计算 (x, y) 的值，是利用 TDOA 且根据三个 Anchor 估计得到的 Tag 位置坐标。常见的随机噪声有高斯测量噪声、零漂不稳定性噪声、有色噪声等，如图 5.5 所示。

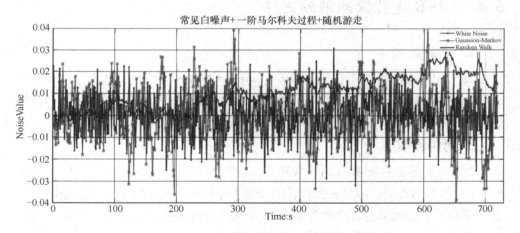

图 5.5 常见的噪声[126]

由于定位中存在噪声干扰，仅考虑高斯白噪声时，$y = \mathrm{awgn}(x, \mathrm{snr}, \mathrm{'measured'})$。

$y = \mathrm{awgn}(x, \mathrm{snr})$ 表示将高斯白噪声添加到向量信号 x 中。标量 snr 指定了每一个采样点信号与噪声的比率，单位为 dB。如果 x 是复数，函数 awgn 将会添加复数噪声。这个语法假设 x 的能量是 0dBW。$y = \mathrm{awgn}(x, \mathrm{snr}, \mathrm{'measured'})$ 和 $y = \mathrm{awgn}(x, \mathrm{snr})$ 是相同的，除了 agwn 在添加噪声之前测量了 x 的能量，仅考虑 TDOA 测量误差，即考虑实际情况中存在的信号误差，添加高斯白噪声后的定位仿真如图 5.6 所示。此时，x 轴和 y 轴都会产生一定的偏差。

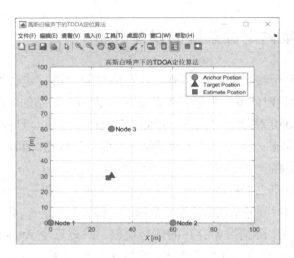

图 5.6　考虑噪声误差的 TDOA 定位

5.4　UWB 定位误差消除方法

1. 图建模

将定位问题建模成贝叶斯概率网络（Bayesian Network），利用最优化手段估计代价误差函数最小时的最佳轨迹。实质上，贝叶斯网络是一种概率图模型，使用图结构将一系列随机变量和其相关的条件依赖（Conditional Dependency）联系起来[126]。

2. 时钟模型

每个定位设备内部都有晶体振荡器，它的作用是产生时钟频率，定位设备的 UWB 信号的收发，都是在该时钟的节拍下进行的，测量收发时间也是以该时钟为基础。这也就是说每个硬件设备都有自己的内部时钟，基站按照各自的时间体系运行，这就导致各个基站存在初始时间差。并且，存在着一个时钟漂移现象，这就使得多个时钟即使在同一个标准时间启动，它们也不可能长期保持同步。就像是我们每个人的手表，走一段时间后就会不准了，主要原因是我们时钟的精度，也就是我们手表所走的 1s，并不是标准的 1s，而是接近 1s，长时间不对表的话，我们的时间体系就会发生偏移。因此对于无线网络定位来说，时间同步技术是实现准确定位的必要前提，现有的无线网络必须克服新的挑战，例如精确同步和定位，才能进行下一步的研究。

时间同步使不同地理空间在同一时刻具有相同的时间计量值，也就是把不同地理空间的时间对齐，使其同步。时钟同步一般通过高稳定精度的原子钟产生的时间和频率基准，校正其他时钟的频率，使处于各个位置的时钟保持频率和时间的同步。要进行时钟同步，如果选择有线的方式进行时间同步，不仅布线麻烦，工作烦琐，而且不易扩展，适用范围比较小。而如果采用无线的方式进行时钟同步，不仅可以减少人力、物力，节省资源，而且易于扩展和大规模推广。现有的时钟同步方法按照原理不同可以分为以下三种[119]。

（1）搬时钟同步技术

要想把一个网络中的各个节点的时钟同步起来，最简单且最基本的方法就是选择一个标准的时钟源作为搬钟，将该搬钟进行比对校正各个节点的时钟。如图 5.7 所示，如果没有标准的时钟作为搬钟，则可以利用一个普通的时钟作为搬钟，首先让这个普通的时钟去和标准的时钟进行比对，依次来校正该普通时钟。搬钟的同步时间精度一般为 $0.1\mu s$ 或者更高一点，频率对比精度为 10^{-13} 量级。

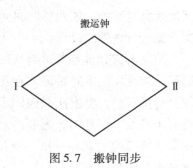

图 5.7　搬钟同步

按照上述方法，将该普通时钟依次和网络中的各个节点进行比对校正，以达到时钟同步的目的。上述所说的时钟同步，并不要求各个时钟在任何时刻都与标准时钟对齐，只需要知道各个时钟和标准的时钟的时钟差以及相对于标准时钟的漂移修正参数即可，不需要去拨动时钟进行时间校正，只有某个时钟差积累到很大值时才会去做跳步或者闰秒处理。该方法相对来说比较简单，但是为了保证同步结果的准确性，要求在搬运过程中受到周围环境的影响越小越好，因此作为标准时钟的搬钟一般都在恒温恒湿的条件下进行。鉴于上述原因，搬钟同步法易受周围条件的限制，大多数情况下不能搬到一致，导致搬运标准时钟的变化，故现在很少使用。

（2）单向时间同步技术

单向时间同步，就是把主站的标准同步时间基准单向地传送到被校正的各个从站。主站的时间基准通过某种方式传送到从基站，从基站根据主站的信息去校正自己的频率和时间。主站的同步信息包括该站的精确坐标、系统频率以及时间等信息，从站利用自己的坐标与主站坐标计算信号传播时延，并通过传播时延、主站系统时间、距离时延和接收机的时延进行校正。时延会受多径的影响，从而使传播时延因环境的不同而出现较大的差异。总体来说，单向时间同步技术相对于双向时间同步来说误差较大，所以单向同步法的同步精度不高，校频精度比主站小一两个数量级，设备布置比较简单。

（3）双向时间同步技术

UWB 时钟同步原理，主模块和子模块发送和接收计数的过程，主模块的射频接收模块，接收室外的同步信号同步到室内，并触发 FPGA 的计数器，该计数器的值会传给 UWB 的控制芯片，通过 UWB 发射到子模块；子模块的 UWB 模块接收到此计数器的值以后，会与本地的 FPGA 传来的计数器的值做差，FPGA 利用此差值去校正压控温补晶振的频率，使子模块的频率和主模块无限逼近，从而反映到时间上，使两者的时钟同步。基本方案流程确定以后，接下来需要根据方案进行硬件的设计。

主站再将此钟差发送给从站进行校正，接着从站根据主站的时间校正本站时间，根据主站的时钟频率校正自己的频率。由于是双向校正，因此可以消除部分传播误差，精度比单向同步精度高，可以达到纳秒级。由于主站需要高精度原子基准，而且两者需要向对方发送伪码信号，故设备复杂、成本高、工作量大。我国的"北斗一号"就是利用此方法进行定时和校频的。三种同步技术优缺点对比见表 5.1。

表 5.1　三种同步技术优缺点对比

同步方法	同步精度	复杂程度	精度高低	成本高低
搬时钟同步	$1 \sim 10\mu s$	简单	极低	低
单向时间同步	$10 \sim 40ns$	简单	低	低
双向时间同步	$1 \sim 10ns$	复杂	高	高

上述方法中，不同的方法有不同的优点和缺点，使用时应参考其优缺点与使用场景针对性地选择。精度最高的双向时间同步技术，虽然精度最高为 $1 \sim 10ns$，但实现高精度时钟同步比较复杂且成本较高。高精度室内无线定位希望安装简单、设备简单、便于扩展，而本章提出利用 UWB 进行时钟同步，利用 SDS 对称双向时间比对技术来实现时钟同步[119]。

5.5　本章小结

定位精度是衡量超宽带定位系统性能的关键指标，影响因素有多方面。本章分析了 UWB 定位中存在的误差。首先分析误差来源，给出了误差鱼骨图模型。为了比较分析各种定位算法的精度、判断定位方法的优劣，还用指标来判断定位性能。最后针对几类误差，利用滤波以及时间同步等方式进行误差消除处理。由此，明确阐述了 UWB 定位精度与影响因素的关系、误差影响程度以及消除误差的方法。

第**6**章
UWB 系统中的惯性导航辅助定位

UWB 信号的抗遮挡能力有限，当目标与参考基站之间的直射路径被障碍物遮挡后，无线电信号只能经过反射或折射后才能抵达接收端，产生了不可避免的定位误差。惯性导航系统的出现，可以有效地感知遮挡区域的目标姿态、速度、加速度和位移等信息。由此，形成互补式定位技术，可有效地减小遮挡误差，弥补了 UWB 的技术弱点。本章将阐述 UWB 系统中的惯性导航辅助定位原理、算法和技术。

6.1 惯性导航原理介绍

6.1.1 惯性导航的作用

惯性技术是涉及数学、力学、计算机、控制、先进制造工艺等技术的一门综合性技术，是衡量一个国家尖端技术水平的重要标志之一[127]。惯性敏感器、惯性导航、惯性制导、惯性测量及惯性稳定等技术统称为惯性技术，惯性技术具有自主、连续、隐蔽特性，无环境限制的载体运动信息感知技术，是现代精确导航、制导与控制系统的核心信息源。惯性技术在构建陆海空天电（磁）五维一体信息化体系以及实现军事装备机械化与信息化复合式发展的进程中具有不可替代的关键支撑作用。惯性导航技术是惯性技术的核心。惯性导航系统（Inertia Navigation System，INS）利用陀螺仪和加速度计（统称为惯性仪表）同时测量载体运动的角速度和线加速度，通过计算机算出载体的三维姿态、速度、位置等导航信息。惯性导航系统有平台式和捷联式两类实现方案：平台式有跟踪导航坐标系的物理平台，惯性仪表安装在平台上，对加速度计信号进行积分可得到速度及位置信息，姿态信息由平台环架上的姿态角传感器提供；惯导平台可隔离载体角运动，因而能降低动态误差，但存在体积大、可靠性低、成本高、维护不便等不足[128]。后者没有物理平台，惯性仪表与载体直接固连，惯性平台功能由计算机软件实现，姿态角通过计算得到，也称为"数学平台"。惯导系统的基本方程（比力方程）见式（6.1）。

$$\dot{\bar{V}}_{ep} = \bar{f} - (2\bar{w}_{ie} + \bar{w}_{ip}) \times \bar{V}_{ep} + \bar{g} \tag{6.1}$$

式中，$\bar{V}_{ep}$ 为载体的地速矢量；$\bar{f}$ 为加速度计测量值（比利）；$\bar{w}_{ie}$ 为地球转速；$\bar{w}_{ip}$ 为平台相对地球的转速；$\bar{g}$ 为重力加速度；$2\bar{w}_{ie} \times \bar{V}_{ep}$ 为哥式加速度项；$\bar{w}_{ip} \times \bar{V}_{ep}$ 为离心加速度项。

由于捷联式导航系统中的惯性仪表会受到载体角运动的影响，因此要求其动态范围大、频带宽、环境适应性好等，并且对导航计算机的速度与容量有较高的要求。捷联系统具有结构紧凑、可靠性高、质量轻、体积小、功耗低、成本低等优点，也便于与其他导航系统或设备进行集成化、一体化设计，已成为现代惯性系统技术发展的主流方案[129-130]。

随着应用需求的日益发展，需要更高要求的惯性技术。比如：高精度长航时应用对惯性系统可靠性、精度及其保持时间的更高要求；大动态低精度应用对量程、恶劣环境条件适应性的严苛要求；宇航应用领域对惯性系统精度、寿命、轻质小型化、低功耗的新要求；武器装备应用领域对带宽、测量范围、起动时间、环境适应性、长期免标定方面的高要求等。与其他导航系统相比，惯导系统同时具有信息全面、完全自主、高度隐蔽、信息实时与连续，且不受时间、地域的限制和人为因素干扰等重要特性（见表6.1），可在空中、水中、地下等各种环境中正常工作。在导弹、火箭、飞机等需要机动、高速运行的运载体的导航、制导与控制（Guidance Navigation and Control，GNC）系统中，惯性系统因其测量频带宽且数据频率高（可达数百赫兹以上）、测量延时短（可小于1ms），易于实现数字化，成为 GNC 系统实现快速、精确制导与控制的核心信息源，其性能对制导精度有着关键作用，例如，纯惯性制导的地导弹命中精度的70% 以上取决于惯性系统的精度。同时，惯性技术还促进了最优滤波技术等先进控制理论在工程中的实际应用。作为某些国家至关重要的一项关键技术，惯性技术是现代各类运载体 GNC 系统功能实现的基础，是制导武器或武器平台的支撑性关键技术[131-132]。除军用以外，惯性技术在民用领域也有大量的应用，如机器人、智能交通、医疗设备、照相机、手机、玩具等。因此，凡是需要实时敏感或测量物体运动信息的场合，惯性技术均可发挥重要作用[133-134]。惯性导航系统的主要不足是导航误差会随时间积累，且成本相对较高。随着其他导航技术尤其是卫星导航技术的成熟和广泛应用，研究人员担心惯导技术的未来前景。但是在几次高技术局部战争中，电子战、导航战、体系化作战模式的出现证明了几乎所有惯性导航系统都能在强电磁干扰的极端恶劣环境下持续、稳定地工作，这进一步地强化了惯性系统在武器装备中不可替代的地位[135-136]。

惯性技术经历较长时间的发展历程。陀螺仪和加速度计是惯性系统的核心仪表，其技术指标直接影响 GNC 系统整体性能，由于陀螺仪的研制难度相对更大，所以陀螺仪表技术一直是惯性技术的重要标志并受到格外重视。从国内外的发展来看，干涉型光纤陀螺等新型陀螺仪表已逐步成为当今惯性技术领域的主导陀螺仪表之一，并得到越来越普遍的应用。在惯性系统开发中，基于平台的系统解决方案可以降低陀螺仪和计算机的性能要求，这在早期实用惯性导航系统的开发中起着重要作用。到 20 世纪中后期，随着微型计算机和先进惯性仪表尤其是高精度光学陀螺仪技术的进步，捷联惯性系统得到了飞快的发展。目前，惯性仪表及系统产品正朝着"高性能、小体积、低成本"的方向不断进步[137]。主要导航系统的特点对比见表 6.1。

表 6.1　主要导航系统的特点对比

技术属性	惯性导航	无线电导航	天文导航	卫星导航系统
自主性	完全自主	非自主	完全自主	非自主
信息全国性	全面	不全面	不全面	不全面
抗干扰能力	强	弱	强	弱
实时导航能力	强	弱	弱	强
成本	较高	较低	高	低
导航误差	随时间积累	随作用范围增加	受气候影响	不随时间累积

6.1.2　IMU 部件介绍

惯性测量单元（Inertial Measurement Unit，IMU）是测量物体的加速度、角速度以及姿态角的设备单元。IMU 内包含有三个方向的加速度计、磁力计以及三轴陀螺仪。在将 IMU 测得的运动状态信息用于修正待定位目标 MS 位置信息之前，需要对上述运动状态信息进行坐标融合，下面首先定义如下两个坐标系。

（1）定位坐标系——*OXYZ*

定位坐标系是在待定位区域中建立的坐标系，定位基站以及测得的待定位目标 MS 位置信息的坐标值就是在定位坐标系中的坐标值。

（2）载体坐标系——$O_m\ X_m\ Y_m\ Z_m$

载体坐标系是以载体的重心为坐标原点，以空间某一自然方向，例如正北方向为 X_m 轴，与其水平垂直的方向为 Y_m 轴。置于载体上的 IMU 给出的加速度方向，就是基于载体坐标系的。定位坐标系和载体坐标系的示意图如 6.1 所示。

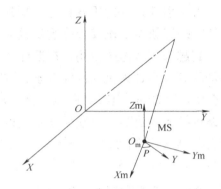

图 6.1　定位坐标系和载体坐标系的示意图

1. 陀螺仪

（1）转子陀螺技术

国外的单轴液浮陀螺精度已达 0.001°/h（1σ），采用铍材料浮子后可优于 0.0005°/h（1σ），高精度液浮陀螺主要用于远程导弹、舰船和潜艇等导航系统中，中精度液浮陀螺则在平台罗经、导弹、飞船及卫星中得到应用；国外还发展了三浮陀螺并应用于战略武器和航天领域，如美国远程导弹制导用浮球平台系统中三浮陀螺的精度优于 1.5×10^{-5}°/h（1σ），因工艺及成本等因素的影响，国外浮子陀螺应用领域正在逐步被新型陀螺替代。动调陀螺具有体积小、精度高、成本低等优点，是转子陀螺技术上的重大革新且已得到广泛应用，国外产品精度可达 0.001°/h（1σ）。静电陀螺是目前精度最高的转子陀螺，典型精度一般在 $10^{-4} \sim 10^{-5}$°/h（1σ）的水平，目前主要用于潜艇等高精度军用领域[138]。

（2）光学陀螺技术

1975 年，美国 Honeywell 公司开发了机械抖动的频率-频率激光陀螺仪。激光捷联惯性导航系统从此进入了实用阶段，此后，美国开发了一种无机械抖动的四频差分激光陀螺仪。激光陀螺良好的标度因数精度及综合环境适应性能，使其在飞机、火箭等许多领域得到普遍应用，开始了对转子式陀螺的替代。

1996 年后，全固态结构、全数字、低功耗的光纤陀螺在国外进入工程应用阶段，至今已趋于成熟，覆盖了高、中、低精度范围，并在海陆空天各领域获得应用，高精度产品的精度可达到 $0.001°/h(1\sigma)$ 的水平[139-140]，尤其在空间飞行器、舰船等领域有独特的应用优势，在新研制的惯性系统中日益得到广泛采用。随着光子晶体光纤和聚合物材料等新材料、新技术的应用，光纤陀螺的不断发展正朝着高精度和小型化的方向发展。光纤陀螺已成为更新换代的新一代主流陀螺仪表[141-142]。

（3）振动陀螺技术

20 世纪 80 年代，美国 Delco 公司研发出了半球谐振陀螺，它具有质量轻、紧凑、寿命长等优点，但对材料及精密加工方面的要求较高，目前在国外航天领域有少量应用[143-144]。基于 MEMS 工艺的振动陀螺一般可分为石英音叉陀螺和硅微机械陀螺。国外自 1990 年开始生产石英音叉微陀螺，目前可批量生产。硅微机械面振动式 MEMS 陀螺经补偿后性能已达到 $1 \sim 10°/h(1\sigma)$，允许的环境温度可达到 $-40 \sim 85℃$，而且可承受强的冲击[145]。BAE 公司研制的谐振环式 MEMS 陀螺性能已达到 $2°/h(1\sigma)$[146]。2010 年 4 月，由 3 个硅 MEMS 陀螺构成的速率传感器组合 SiREUS（重量 750g，功耗 6W），首次在欧空局极地冰层探测卫星（CryoSat-2）上作为姿态测量装置得到成功应用，精度达到 $10 \sim 20°/h(3\sigma)$[147]，国外硅 MEMS 陀螺在战术武器等中、低精度领域已有批量应用[148-149]。

（4）新型陀螺技术

近年来，国外加大了对光子晶体光纤陀螺、MOEMS 陀螺、原子陀螺等新型陀螺的研究力度，并获得了新的进展。美国将基于冷原子干涉技术的原子惯性仪表技术视为下一代主导型惯性仪表，斯坦福大学开发的原子陀螺和原子加速度计精度（1σ）分别达到 $6 \times 10^{-5}°/h(1\sigma)$ 和 $10^{-10}g(1\sigma)$ 水平，并希望能研制出 5m/h 的超高精度惯性导航系统[150-151]。美国还对 MEMS 原子器件进行了研究，为实现高灵敏度的微小型原子自旋陀螺创造了条件，目前原理样机的零漂已经达 $0.01°/h(1\sigma)$ 的水平[152]。光子晶体光纤陀螺使用光子晶体光纤绕制光纤环，可显著提升陀螺性能，尤其是环境适应能力。谐振式光纤陀螺也可采用空心光子晶体光纤消除寄生的误差信号，提高精度。MOEMS 陀螺的技术关键是实现高质量的微型激光谐振腔，这些新型陀螺目前基本处于原理探索或样机研制阶段。

2. 加速度计

石英挠性加速度计是机械摆式加速度计的主流产品，精度可达 $10^{-6}g$ 水平，技术已成熟且应用最广。摆式积分陀螺加速度计（Pendulous Integrated Gyro Accelerometer，PIGA）则利用陀螺力矩平衡惯性力矩的原理来测量加速度，精度可达 10^{-8}g，在现有加速度计中精度最高，但结构复杂、体积大、成本高，主要用于远程导弹等领域。体积小巧的中低精度石英振梁加速度计利用谐振器的力—频率特性来测量加速度，在国外已有大量应用；高性能谐振式陀螺加速度计样机的偏置达 1μg 量级，标度因数精度达 1ppm 水平，是今后高精度加速度计的有力竞争者[153-154]。目前，微型加速度计有多种技术方案，如 MEMS、MOEMS、原子加速度计等，都要利用集成电路、微机械加工、微弱信号检测等关键工艺和技术。国外中低精度硅 MEMS 加速度计日益成熟，并大量用于战术武器及民用领域，目前正在研究更高性能的产品，其他新型微加速度计也处在研发阶段[155-157]。

6.1.3 惯性器件确定性误差

（1）静态零偏

加速度静态零偏为 IMU 处于静止状态且加速度计测量方向垂直于重力方向时加速度计的输出；陀螺仪的静态零偏等于 IMU 处于静止状态时陀螺仪的输出值。三轴惯性器件的静态零偏可用一组向量表示：

$$\boldsymbol{b}_a = \begin{bmatrix} b_a^x \\ b_a^y \\ b_a^z \end{bmatrix} \quad \boldsymbol{b}_\omega = \begin{bmatrix} b_\omega^x \\ b_\omega^y \\ b_\omega^z \end{bmatrix} \tag{6.2}$$

式中，$\boldsymbol{b}_a$ 表示三轴加速度计零偏；$\boldsymbol{b}_\omega$ 表示三轴陀螺仪零偏。

（2）比例因子与未对齐偏差

比例因子可以看作是实际数值和传感器测量得到数值之间的比值。IMU 传感器制作时，由于制作工艺问题，会使传感器实际的 *xyz* 轴与实际定义的 *xyz* 轴不垂直，从而造成未对齐偏差。如图 6.2 所示。

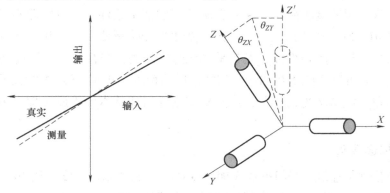

图 6.2　比例因子和未对齐误差示意图

比例因子误差一般用大小为 3×3 的对角矩阵进行修正，如下式：

$$\boldsymbol{S}_a = \begin{bmatrix} S_a^x & 0 & 0 \\ 0 & S_a^y & 0 \\ 0 & 0 & S_a^z \end{bmatrix} \quad \boldsymbol{S}_\omega = \begin{bmatrix} S_\omega^x & 0 & 0 \\ 0 & S_\omega^y & 0 \\ 0 & 0 & S_\omega^z \end{bmatrix} \quad (6.3)$$

未对齐误差一般用大小为 3×3 的对角矩阵进行修正，如下式：

$$\boldsymbol{M}_a = \begin{bmatrix} m_a^{xx} & m_a^{xy} & m_a^{xz} \\ m_a^{yx} & m_a^{yy} & m_a^{yz} \\ m_a^{zx} & m_a^{zy} & m_a^{zz} \end{bmatrix} \quad \boldsymbol{M}_\omega = \begin{bmatrix} m_\omega^{xx} & m_\omega^{xy} & m_\omega^{xz} \\ m_\omega^{yx} & m_\omega^{yy} & m_\omega^{yz} \\ m_\omega^{zx} & m_\omega^{zy} & m_\omega^{zz} \end{bmatrix} \quad (6.4)$$

基于实际情况，现实中比例因子与未对齐误差很难分离，互相影响。故将两个模型合并为一个模型，用一组 3×3 的矩阵进行建模。

$$\boldsymbol{C}_a = \boldsymbol{M}_a \boldsymbol{S}_a = \begin{bmatrix} C_a^{xx} & C_a^{xy} & C_a^{xz} \\ C_a^{yx} & C_a^{yy} & C_a^{yz} \\ C_a^{zx} & C_a^{zy} & C_a^{zz} \end{bmatrix} \quad \boldsymbol{C}_\omega = \boldsymbol{M}_\omega \boldsymbol{S}_\omega = \begin{bmatrix} C_\omega^{xx} & C_\omega^{xy} & C_\omega^{xz} \\ C_\omega^{yx} & C_\omega^{yy} & C_\omega^{yz} \\ C_\omega^{zx} & C_\omega^{zy} & C_\omega^{zz} \end{bmatrix} \quad (6.5)$$

（3）确定性误差校正

在（1）和（2）中，主要分析了静态误差的主要成分静态零偏、比例因子与未对齐偏差。下面将确定性误差表达成统一的公式。

$$\hat{m} = Cm + b + \omega \quad (6.6)$$

式中，$\hat{m}$ 表示未校正的 3×1 惯性测量值向量；m 表示惯性向量的真值；C 表示比例因子与未对齐偏差校正矩阵；b 表示陀螺仪和加速度计静态零偏；ω 表示陀螺仪和加速度计测量噪声，具体方程为

$$\begin{bmatrix} \hat{m}_x \\ \hat{m}_y \\ \hat{m}_z \end{bmatrix} = \begin{bmatrix} C^{xx} & C^{xy} & C^{xz} \\ C^{yx} & C^{yy} & C^{yz} \\ C^{zx} & C^{zy} & C^{zz} \end{bmatrix} \begin{bmatrix} m_x \\ m_y \\ m_z \end{bmatrix} + \begin{bmatrix} b_x \\ b_y \\ b_z \end{bmatrix} + \begin{bmatrix} \omega_x \\ \omega_y \\ \omega_z \end{bmatrix} \quad (6.7)$$

加速度校正中使用六面法标定加速度计，水平静止放置六面时，加速度的理论测量值分别为：$a_1 = [g, 0, 0]^T$，$a_2 = [-g, 0, 0]^T$，$a_3 = [0, g, 0]^T$，$a_4 = [0, -g, 0]^T$，$a_5 = [0, 0, g]^T$，$a_6 = [0, 0, -g]^T$。对应测量值矩阵 $\boldsymbol{L} : \boldsymbol{L} = [L_1 \ L_2 \ L_3 \ L_4 \ L_5 \ L_6]$，利用最小二乘法求解 C_ω、b_ω。

与加速度计六面法校正不同的是，陀螺仪的真实值测量需要高精度转台提供，使陀螺仪沿各个轴进行顺时针和逆时针旋转，得到角速度的测量结果和真实值，最后同样用最小二乘法求解 C_ω、b_ω。

6.1.4 惯性器件随机误差

惯性器件随机误差，也叫动态误差，随机误差在时域上不稳定、不可复现，误差的大小取决于噪声的随机过程。由于低成本惯性器件测量信号包含大量的有色噪声，有一定的复杂性，本章仅讨论 IMU 高斯白噪声和零偏的随机游走。

（1）高斯白噪声

高斯白噪声是指噪声瞬时值服从高斯分布，功率密度服从均匀分布的噪声。IMU 高斯白噪声是指 IMU 数据连续时间上受到一个均值为 0，标准差为 σ，各时刻之间互相独立的高斯过程，各时刻之间互相独立的高斯过程 $n(t)$ 为

$$E[n(t)] = 0 \tag{6.8}$$

$$E[n(t_1)n(t_2)] = \sigma^2 \delta(t_1 - t_2) \tag{6.9}$$

式中，δ 表示狄克拉函数。

（2）零偏随机游走

MEMS 惯性器件在不同的上电周期零值偏差都会发生轻微的变化。此外，在上电后惯性器件零偏也会随着时间的变化而变化，通常使用维纳过程来建模传感器零偏随时间连续变化的过程，离散时间下称之为随机游走，满足：

$$\dot{b}(t) = n_b(t) = \sigma_b \omega(t) \tag{6.10}$$

式中，σ_b 为零偏的标准差；ω 为方差为 1 的噪声。

（3）随机误差离散化

实际中，处理器获取的数据为惯性器件的离散采样值，故需要对离散和连续随机误差的关系进行求解。

假设一个单轴惯性器件信号受到高斯白噪声和零偏的影响，模型如下

$$\tilde{m}(t) = m(t) + b(t) + n(t) \tag{6.11}$$

$$\dot{b}(t) = n_b(t) \tag{6.12}$$

式中，$m(t)$ 为惯性数据实际值；$b(t)$ 为传感器零偏。

传感器采集信号时，假设在采集时间段内采样值为常数，有：

$$\frac{1}{\Delta t}\int_{t_0}^{t_0+\Delta t} \tilde{m}(t)\,\mathrm{d}t = \frac{1}{\Delta t}\int_{t_0}^{t_0+\Delta t}[m(t)+b(t)+n(t)]\,\mathrm{d}t \tag{6.13}$$

即：

$$\tilde{m}(t_0+\Delta t) = m(t_0+\Delta t)\frac{1}{\Delta t}\int_{t_0}^{t_0+\Delta t}[b(t)+n(t)]\,\mathrm{d}t \tag{6.14}$$

考虑高斯白噪声：

$$n_d[k] \triangleq n(t_0 + \Delta t) \simeq \frac{1}{\Delta t} \int_{t_0}^{t_0 + \Delta t} n(\tau) \, dt \tag{6.15}$$

协方差为

$$E(n_d^2[k]) = E\Big[\frac{1}{\Delta t^2} \int_{t_0}^{t_0 + \Delta t} \int_{t_0}^{t_0 + \Delta t} n(\tau) n(t) \, d\tau dt \Big] \tag{6.16}$$

$$= \frac{\sigma^2}{\Delta t}$$

即：
$$n_d[k] = \sigma_d \omega[k] \tag{6.17}$$

其中，$\omega[k] \sim N(0, 1)$，$\sigma_d = \sigma \dfrac{1}{\sqrt{\Delta t}}$。不难得出高斯白噪声的连续时间标准差

到离散时间标准差之间相差一个系数 $\dfrac{1}{\sqrt{\Delta t}}$，$\Delta t$ 为传感器采样时间。

将式（6.7）代入式（6.14），提取零偏积分部分：

$$b(t_0 + \Delta t) = b(t_0) + \int_{t_0}^{t_0 + \Delta t} n_b(t) \, dt \tag{6.18}$$

由此可得离散化下的零偏协方差：

$$E[b^2(t_0 + \Delta t)] = E\Big\{ \Big[b(t_0) + \int_{t_0}^{t_0 + \Delta t} n_b(t) \, dt \Big] \Big[b(t_0) + \int_{t_0}^{t_0 + \Delta t} n_b(t) \, dt \Big] \Big\}$$
$$\tag{6.19}$$

根据 $E\{n_b(t) n_b(\tau)\} = \sigma_b^2 \delta(t - T)$，有：

$$E[b^2(t_0 + \Delta t)] = E[b^2(t_0)] + \sigma_b^2 \Delta t \tag{6.20}$$

即：

$$b_d[k] = b_d[k-1] + \sigma_{bd} \omega[k] \tag{6.21}$$

其中，$\omega[k] \sim N(0, 1)$，$\sigma_{bd} = \sigma_b \sqrt{\Delta t}$。零偏随机游走噪声方差从连续时间到离散时间需要乘以 $\sqrt{\Delta t}$。

（4）随机误差标定

同确定性误差一样，在使用 MEMS 惯性测量单元前也必须对噪声进行标定。Allan 方差法于 20 世纪 60 年代由美国国家标准局的 David Allan 提出，是一种基于时域的分析方法。Allan 方差法被广泛运用于各种惯性传感器的随机误差标定中。Allan 首先保持传感器绝对静止以获取测量数据，然后将采集的数据系列分为 k 段，每段包含样本个数为 n，每段数据时间长度为 $\tau = n\Delta t$，每段传感器数据平均值为 $m_i(\tau)$，形成新的序列 $\{m_1(\tau), \cdots, m_i(\tau)\}$，求解序列的 Allan 方差：

$$\sigma^2(\tau) = \frac{1}{2(k-1)} \sum_{i=1}^{k} \left[m_{i+1}(\tau) - m_i(\tau) \right]^2 \tag{6.22}$$

绘制 τ 与 $\sigma(\tau)$ 的 log – log 曲线，通过图中曲线的斜率，辨别噪声大小。图 6.3 所示为典型噪声的 Allan 方差分布。

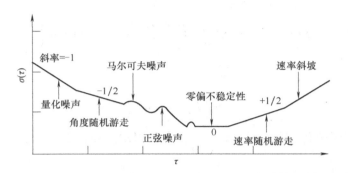

图 6.3　典型噪声的 Allan 方差分布

6.1.5　惯性导航系统

惯性导航是一种技术，它使用安装在托架上的陀螺仪和加速度计来测量托架的姿态、速度、位置和其他信息。实现惯性导航的软件和硬件设备称为惯性导航系统（简称 INS），是不依赖外部信息或向外部辐射能量的自主导航系统。它的工作环境不仅包括空气和地面，还包括水下。INS 是一个以陀螺仪和加速度计为敏感设备的导航参数解决方案系统。该系统基于陀螺仪的输出建立导航坐标系，并基于加速度计的输出来计算载体在导航坐标系中的速度和位置。在各国政府的支持下，现代惯性技术已从最初的军事应用渗透到民用领域。惯性技术在国防装备技术中占有非常重要的地位。一般来说，对于具有惯性制导的中程和远程导弹，命中精度达到 70% 取决于制导系统的精度。对于导弹核潜艇来说，由于潜艇时间长，位置和速度变化大，这些数据是导弹发射的初始参数，直接影响导弹的命中精度，因此需要提供高精度的位置和速度，垂直对准信号。当前适用于潜艇的唯一导航设备是惯性导航系统。惯性导航完全独立于承运人自身的导航设备，不依赖外部信息，具有隐蔽性好、工作不受天气和人为干扰、精度高的优点。对于远程巡航导弹，惯性制导系统加上地图匹配技术或其他制导技术可以确保它在飞行数千公里后仍能高精度地瞄准目标。惯性技术已逐渐扩展到航空航天、导航、石油开发、大地测量学、海洋测量、地质钻探控制、机器人技术和铁路。随着新的惯性敏感设备的出现，惯性技术已在汽车工业中使用，医疗电子设备也已得到应用。因此，惯性技术不仅在国防现代化中占有非常重要的地位，而且在国民经济的各个领域也日益显示出其巨大的作用。

　　惯性导航系统有以下几个优点：a）由于它不依赖外部信息，也不向外部辐射能量的自主式系统，故隐蔽性好，也不受外界电磁干扰的影响；b）可全天流全球、全时间地工作于空中、地球表面乃至水下；c）能提供位置、速度、航向、姿态角数据，所产生的导航信息具有连续性且噪声低；d）数据更新率高、短期精度和稳定性好。其缺点是：a）由于导航信息经过积分而产生，定位误差随时间而增大，长期精度差；b）每次使用之前需要较长的初始对准时间；c）设备的价格较昂贵；d）不能给出时间信息。但是惯导因固定的漂移率，会造成物体运动的误差，因此射程远的物体通常会采用指令、GPS 等对惯导进行定时修正，从而可以获得持续且准确的位置参数。

　　中国惯性技术的发展从无到有，取得了长足的进步。它提供了关键的技术支持，为中国航天、航空、海洋工业和武器装备的发展做出了重要贡献。它已成为控制工程领域中最重要的动态工程技术学科之一。因受材料、微电子器件、精密及微结构加工工艺等基础工业水平的制约，我国转子式陀螺及 MEMS 惯性仪表与国际先进水平之间还有一定的差距，体现在仪表的精度、环境适应性、产品成品率及应用水平等方面。在光学陀螺技术方面，国内激光陀螺研制从 20 世纪 70 年代起步，经过多年的发展也已经达到国际先进水平，在飞机、火箭等多个领域得到成功的应用。在国内光纤通信和光电子器件发展的基础上，我国光纤陀螺发展较早，进步较快，目前光纤陀螺性能和应用均已达到国际先进水平[157-159]。国内在 MOEMS 陀螺研究方面开展了硅基和石英基样机的研制，在光子晶体光纤陀螺、微加速度计等新型惯性仪表方面正加紧原理探索和试验研究，目前均取得了新的进展。

　　在惯性系统和组合导航系统方面，通过对相关理论和误差机制的深入研究，近年来中国相关产品的综合技术取得了显著进步，并在许多领域得到推广和应用。今后还需在产品的环境适应性、产品一致性、参数长期稳定性等方面不断改进。同时，着力提高惯性仪器的水平，加大对系统误差机理和建模，误差系数的准确校准，快速对准，先进的导航算法和最优滤波等技术的研究力度。特别是在导航技术中，如惯性导航/卫星导航的深度组合，地磁场和重力场的匹配定位。我国对惯性导航系统的旋转调制、监视陀螺调制等技术的研究相对深入。近年来，虽然取得了较大的进步，但是还需要加强对陀螺多位置漂移测量的监视等技术的研究。国产惯性执行器的研究起步较晚，现有的航天器主要使用滚珠飞轮，磁悬浮轴承技术取得了突破，但目前处于应用程序开发和部署测试阶段[160-161]。

6.2　三维空间刚体运动

6.2.1　坐标系

空间 *XYZ* 三轴坐标中，当选定 *XY* 轴方向时，*Z* 轴方向有两种可能性：即垂直于 *XY* 平面的两个方向。为规范坐标系建立的准确性，本章使用笛卡尔坐标系（右手坐标系）。

右手定则如图 6.4 所示：伸出右手，大拇指指向 *X* 轴正方向，食指指向 *Y* 轴正方向，中指指向 *Z* 轴正方向。右手坐标系中，物体旋转正方向符合右手螺旋法则，即从每轴的正半轴向原点看，旋转正方向为逆时针方向。

文中选择载体坐标系，以载体中心为原点，载体的前进方向为 *X* 轴正方向，右侧方向为 *Y* 轴正方向，下方为 *Z* 轴正方向。地理坐标系是指位于载体所在地球表面，其中一轴与重力加速度方向平行的坐标系，地理坐标系有常见的 ENU 坐标系（Earth、North、Up）、NED 坐标系（North、Earth、Down）等。但在室内定位场景中，需要求解的是载体场景中的相对位置，定位系统对航向角不敏感，故使用右手定则根据 UWB 基站的布置方式定义地理坐标系。

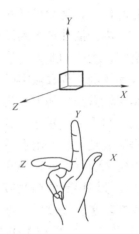

图 6.4　右手定则

6.2.2　坐标系间的欧氏变换

刚体作用中，载体坐标系与地理坐标系之间的关系可由一个旋转和平移表示，即一个欧氏变换（Euclidean Transform）。

欧氏变换由旋转和平移组成。首先考虑旋转，设正交基 $[e_1, e_2, e_3]$ 经旋转后变成了 $[e_1', e_2', e_3']$，假设同一向量 $\boldsymbol{a}$ 在两个坐标系下的坐标分别为 $[a_1, a_2, a_3]^T$ 和 $[a_1', a_2', a_3']^T$，根据坐标的定义，有：

$$[e_1, e_2, e_3][a_1, a_2, a_3]^T = [e_1', e_2', e_3'][a_1', a_2', a_3']^T \tag{6.23}$$

将上式左右同时左乘 $[e_1, e_2, e_3]$，得：

$$[a_1, a_2, a_3]^T = \begin{bmatrix} e_1^T e_1' & e_1^T e_2' & e_1^T e_3' \\ e_2^T e_1' & e_2^T e_2' & e_2^T e_3' \\ e_3^T e_1' & e_3^T e_2' & e_3^T e_3' \end{bmatrix} [a_1', a_2', a_3']^T \triangleq \boldsymbol{R a'} \tag{6.24}$$

将中间的矩阵定义为 R，矩阵为两组基的内积，称为旋转矩阵（Rotation Matrix）。旋转为行列式为 1 的正交矩阵，n 为旋转矩阵集合定义如下：

$$SO(n) = \{R \in \mathbf{R}^{n \times n} \mid RR^T = I, \det(R) = 1\} \tag{6.25}$$

式中，$SO(n)$ 为特殊正交群。

欧氏变换除了旋转还有平移，在地理坐标系中有向量 a，经过旋转 R 和平移 t 后得到 a'，有：

$$a' = Ra + t \tag{6.26}$$

$SO(n)$ 旋转矩阵有 9 个变量，但是，事实上，任何旋转都可以用一个旋转向量和一个旋转角来表示。假设旋转轴为单位长度向量 n，旋转角为 θ。由罗德里格斯公式得：

$$R = \cos\theta I + (1 - \cos\theta) nn^T + \sin\theta \hat{n} \tag{6.27}$$

符号^是向量转换为反对称矩阵的转换符，取式（6.27）两边的迹，有：

$$tr(R) = 1 + 2\cos\theta \tag{6.28}$$

$$\theta = \arccos \frac{tr(R) - 1}{2} \tag{6.29}$$

6.2.3　欧拉角

使用旋转矩阵和旋转向量描述旋转对人类并不直观，而欧拉角是一种直观的描述旋转的方式。欧拉角使用三个分离的旋转角，将一次旋转分解为 3 次绕不同轴的旋转。分解的方式有许多种，如先绕 X 轴旋转，再绕 Y 轴旋转，最后绕 Z 轴旋转。为了统一分解方式，本章使用"偏航-俯仰-横滚"（Yaw-Pitch-Roll）来描述一个旋转，等价于 ZYX 轴旋转，即将任意旋转分解为 3 个轴上的转角：

1）绕载体坐标系 Z 轴旋转，得到偏航角 ψ。

2）绕旋转之后的载体坐标系 Y 轴旋转，得到俯仰角 θ。

3）绕旋转之后的载体坐标系 X 轴旋转，得到横滚角 ϕ。

使用欧拉角表示旋转往往会遇到万向节锁问题：俯仰角为 ±90°时，第一次和第三次旋转的旋转轴将会相同，使系统丢失了一个自由度。理论上证明，使用三个实数表示旋转时，将不可避免地产生奇异性问题，故欧拉角往往只用于人机交互中。

6.2.4　四元数

四元数（Quaternion）由 19 世纪爱尔兰数学家 William Rowan Hamilton 提出，

是一种复杂的扩散复数，四元数紧凑而且没有奇异性。

四元数 $\boldsymbol{q}$ 由一个实部和三个虚部组成，即：

$$\boldsymbol{q} = q_0 + q_1 i + q_2 j + q_3 k \tag{6.30}$$

四元数同时也可以用一个标量和向量表示：

$$\boldsymbol{q} = [s, \boldsymbol{v}]^{\mathrm{T}}, s = q_0 \in \mathbf{R}, \boldsymbol{v} = [q^1, q^2, q^3]^{\mathrm{T}} \in \mathbf{R}^3 \tag{6.31}$$

四元数基本性质为

共轭四元数：

$$\boldsymbol{q}^* = \begin{bmatrix} s \\ -\boldsymbol{v} \end{bmatrix} \tag{6.32}$$

四元数模长：

$$\| \boldsymbol{q} \| = \sqrt{q_0^2 + q_1^2 + q_2^2 + q_3^2} \tag{6.33}$$

四元数加减法

$$\boldsymbol{q}_{\mathrm{a}} \pm \boldsymbol{q}_{\mathrm{b}} = [s_{\mathrm{a}} \pm s_{\mathrm{b}}, \boldsymbol{v}_{\mathrm{a}} \pm \boldsymbol{v}_{\mathrm{b}}]^{\mathrm{T}} \tag{6.34}$$

四元数的逆：

$$\boldsymbol{q}^{-1} = \boldsymbol{q}^* / \| \boldsymbol{q} \|^2 \tag{6.35}$$

四元数乘法

$$\boldsymbol{q}_{\mathrm{a}} \boldsymbol{q}_{\mathrm{b}} = [s_{\mathrm{a}} s_{\mathrm{b}} - \boldsymbol{v}_{\mathrm{a}}^{\mathrm{T}} \boldsymbol{v}_{\mathrm{b}}, s_{\mathrm{a}} \boldsymbol{v}_{\mathrm{b}} + s_{\mathrm{b}} \boldsymbol{v}_{\mathrm{a}} + \boldsymbol{v}_{\mathrm{a}} \times \boldsymbol{v}_{\mathrm{b}}] \tag{6.36}$$

定义 $\boldsymbol{q}^+$ 和 $\boldsymbol{q}^{\oplus}$ 为

$$\boldsymbol{q}^+ = \begin{bmatrix} s & -\boldsymbol{v}T \\ \boldsymbol{v} & s\boldsymbol{I} + \hat{\boldsymbol{v}} \end{bmatrix} \boldsymbol{q}^{\oplus} = \begin{bmatrix} s & -\boldsymbol{v}T \\ \boldsymbol{v} & s\boldsymbol{I} - \hat{\boldsymbol{v}} \end{bmatrix} \tag{6.37}$$

于是四元数乘法可以写成如下形式：

$$\boldsymbol{q}_1 \boldsymbol{q}_2 = \boldsymbol{q}_1^+ \boldsymbol{q}_2 = \boldsymbol{q}_2^{\oplus} \boldsymbol{q}_1 \tag{6.38}$$

设 $_B^E\boldsymbol{q}$ 表示由载体坐标系 B 向地理坐标系 E 旋转的四元数，若陀螺仪测得的角速度为 $^s\boldsymbol{\omega} = [0 \quad \omega_x \quad \omega_y \quad \omega_z]$，对应四元数微分方程如下：

$$_E^S\boldsymbol{q}' = \frac{1}{2} {}_E^S\boldsymbol{q} \otimes {}^S\boldsymbol{\omega} \tag{6.39}$$

四元数姿态更新方程为

$$_E^S\boldsymbol{q}_{t+1} = {}_E^S\boldsymbol{q}_t + {}_E^S\boldsymbol{q}_t' \Delta t \tag{6.40}$$

式中，Δt 为采样周期。

6.3　卡尔曼滤波技术

6.3.1　经典卡尔曼滤波技术

卡尔曼滤波（Kalman Filtering）是一种使用线性系统状态方程，通过系统输入和输出观测数据，对系统状态进行最优估计的算法。由于观测数据包括系统中噪声和干扰的影响，因此最优估计也可以视为滤波过程。

数据过滤是一种数据处理技术，可以消除噪声并恢复实际数据。当已知测量方差时，卡尔曼滤波可以从带有测量噪声的一系列数据中估计动态系统的状态。由于卡尔曼滤波方便计算机编程，并可以实时地更新和处理收集到的数据，因此，卡尔曼滤波是当前使用最广泛的滤波方法，已在通信、导航、制导和控制等许多领域得到了很好的应用。

卡尔曼滤波算法有时称为离散或线性卡尔曼滤波。目前，考虑到必须估计当前系统的状态，并且存在两个已知量，即前一状态的估计值和当前状态的测量值，它们均具有一定量的噪声，所有需要做的是将两个结合起来，简单的思路就是添加适当的比例以获得当前状态的估计值：

$$\hat{X}_k = K_k Z_k + (1 - K_k)\hat{X}_{k-1} \tag{6.41}$$

式中，k 是离散的状态量，可将其简单地理解为离散的时间间隔。$k = 1$ 表示 $1\mathrm{ms}$，$k = 2$ 表示 $2\mathrm{ms}$；$\hat{X}_k$ 是对当前状态的估计值，希望利用上面的公式对每一个 k 都能得到一个较为准确的 X 的值；Z_k 是对当前状态的测量值，这个值并不是绝对准确的，会有一定的误差噪声；$\hat{X}_{k-1}$ 是对上一状态的估计值，利用这个估计值以及测量值对当前状态进行估计卡尔曼增益（Kalman Gain）K_k。最好的方式就是根据每一时刻的状态求一个当前状态最好的增益值，更好地利用以前状态的估计值以及当前测量值来估计一个最优的当前值。

卡尔曼滤波的状态方程，根据线性随机差分方程（Linear Stochastic Difference Equation）利用上一个系统状态估计当前系统状态（这里假设上一状态与下一状态有某种线性关系，例如恒温环境的温度、匀速运动的速度等，但是因为现实环境的复杂，这种线性关系不是完全平滑的，也就是会有一些扰动）：

$$x_k = A x_{k-1} + B u_{k-1} + w \tag{6.42}$$

使用时一般忽略 u 控制输入，得到：

$$x_k = A x_{k-1} + w \tag{6.43}$$

加上对于当前状态的测量方程（简单来说就是测量值和状态值的线性

函数）：

$$z_k = Hx_k + v \tag{6.44}$$

式中，$k-1$ 和 k 分别表示上一状态和当前状态；$x \in \mathbf{R}^n$ 表示要估计的状态；$A \in \mathbf{R}^{n \times n}$ 表示上一状态到当前状态的转换矩阵；$u \in Rl$ 表示可选的控制输入，一般在实际使用中忽略；$B \in \mathbf{R}^{n \times l}$ 表示控制输入到当前状态的转换矩阵；$z \in \mathbf{R}^m$ 表示测量值；$H \in \mathbf{R}^{m \times n}$ 表示当前状态到测量的转换矩阵；$w \in \mathbf{R}^n$ 表示过程噪声，主要是从上一状态进入到当前状态时，会有许多外界因素的干扰；$v \in \mathbf{R}^m$ 表示测量噪声，主要是任何测量仪器都会有一定的误差。

上面提到的过程噪声 w 和测量噪声 v，假设是相互独立的（之间没有关系，不会互相影响），且是高斯白噪声，即这些噪声在离散的状态上是没有关系的（互相独立的，每个时刻的噪声都是独立的）且服从高斯分布：

$$\bar{\hat{x}}_k = A\hat{x}_{k-1} + Bu_{k-1} \tag{6.45}$$

Q、R 分别是噪声 w 与 v 的协方差矩阵，表示向量元素之间的相互关系。

$$p(w) \sim N(0, Q) \tag{6.46}$$

$$p(v) \sim N(0, R) \tag{6.47}$$

$$Q = ww^{\mathrm{T}} \tag{6.48}$$

$$R = vv^{\mathrm{T}} \tag{6.49}$$

$$E(e) = 0 \tag{6.50}$$

$$E(v) = 0 \tag{6.51}$$

6.3.2 扩展卡尔曼滤波技术

卡尔曼滤波器用于对线性系统的状态量进行滤波估算，当系统为非线性时，需要在每个采样间隔内通过一定的线性化方法用线性时变系统逼近非线性系统，然后该线性时变系统仍然可以使用卡尔曼滤波器。这种用于非线性系统估算的方法称为扩展卡尔曼滤波（Extended Kalman Filter，EKF）。虽然在实际使用中，EKF 并不是最佳方法，但是它易实现，效果很好。

非线性系统可用以下公式表示：

$$x_{k+1} = f(x_k, u_k) + w_k \tag{6.52}$$

$$y_k = g(x_k, u_k) + v_k \tag{6.53}$$

与线性系统状态方程一样，w_k 和 v_k 是均值为零的高斯白噪声，$f(x_k, u_k)$ 是非线性状态传递函数，$g(x_k, u_k)$ 是非线性测量函数。在每个采样间隔内，通过泰勒级数展开将 $f(x_k, u_k)$ 和 $g(x_k, u_k)$ 进行线性化，假设 $f(x_k, u_k)$ 和 $g(x_k, u_k)$ 在所有采样时刻都可微分，则有：

$$f(x_k, u_k) \approx f(x_k, u_k) + \frac{\partial f(x_k, u_k)}{\partial x_k}\bigg|_{x_k = \hat{x}_k} (x_k - \hat{x}_k) \tag{6.54}$$

$$g(x_k, u_k) \approx g(x_k, u_k) + \frac{\partial g(x_k, u_k)}{\partial x_k}\bigg|_{x_k = \hat{x}_k} (x_k - \hat{x}_k) \tag{6.55}$$

结合式（6.54）和式（6.55），可以得到用于卡尔曼滤波器的线性化方程，式（6.52）和式（6.53）可改写成：

$$x_{k+1} \approx \hat{A}_k x_k + f(x_k, u_k) - \hat{A}_k x_k + w_k \tag{6.56}$$

$$y_k \approx \hat{C}_k x_k + g(x_k, u_k) - \hat{C}_k x_k + w_k \tag{6.57}$$

其中，$\hat{A}_k = \dfrac{\partial f(x_k, u_k)}{\partial x_k}\bigg|_{x_k, \hat{x}_k}$，$\hat{C}_k = \dfrac{\partial f(x_k, u_k)}{\partial x_k}\bigg|_{x_k, \hat{x}_k}$，并用 $f(x_k, u_k) - \hat{A}_k x_k$ 和 $g(x_k, u_k)$ $- \hat{C}_k x_k$ 分别代替线性卡尔曼滤波器中的 Bu_k 和 Du_k。

事实上，扩展卡尔曼滤波与标准卡尔曼滤波具有相似性，二者初始化相同，且在每一次迭代过程中都包含预测和修正过程。在扩展卡尔曼滤波中，使用非线性模型对状态量进行预测、误差协方差预测和卡尔曼增益的计算，这与标准卡尔曼滤波基本相同，唯一的差别在于扩展卡尔曼滤波用线性化后的 $\hat{A}_k$ 和 $\hat{C}_k$ 分别替代了 $\hat{A}_k$ 和 $\hat{C}_k$。扩展卡尔曼滤波算法步骤如下：

（1）初始化

$k = 0$ 时刻：

$$\hat{x}_0^+ = E[x_0], P_0^+ = E[(x_0 - \hat{x}_0^+)(x_0 - \hat{x}_0^+)^{\mathrm{T}}] \tag{6.58}$$

（2）状态预测

$$\hat{x}_k^- = f(\hat{x}_{k-1}^+, u_{k-1}) \tag{6.59}$$

（3）误差协方差预测

$$P_k^- = \hat{A}_{k-1} P_{k-1}^+ \hat{A}_{k-1}^{\mathrm{T}} + Q \tag{6.60}$$

（4）计算卡尔曼增益

$$L_k = P_k^- \hat{C}_k^{\mathrm{T}} [\hat{C}_k P_k^- \hat{C}_k^{\mathrm{T}} + R]^{-1} \tag{6.61}$$

（5）状态估计

$$\hat{x}_k^+ = \hat{x}_k^- L_k [y_k - g(\hat{x}_k^-, u_k)] \tag{6.62}$$

（6）误差协方差估计

$$P_k^+ = (I - L_k \hat{C}_k) P_k^- \tag{6.63}$$

6.3.3　无迹卡尔曼滤波技术

S. J. Julie 和 J. K. Uhlmann 两位研究人员于 1995 年提出无迹卡尔曼滤波

121

（Unscented Kalman filter，UKF），与通过非线性方程的泰勒展开线性化的扩展卡尔曼滤波不同，无迹卡尔曼滤波根据系统先验概率密度分布的均值和协方差，使用 UT 变换根据某种采样策略获得 Sigma 点集，然后非线性传递每个采样点，将非线性方程的线性化转换为系统状态量的概率密度分布的近似值，再根据标准卡尔曼滤波器来更新和测量状态变量。不存在线性化误差，可以使无迹卡尔曼滤波器的滤波效果更好[162]。

1. UT 变换

UT 变换的原理是对非线性系统状态量先验概率分布的均值和协方差按照一定的采样规则进行计算，从而获得符合系统状态量统计特性的点集，即 Sigma 点集，然后对 Sigma 点集中的每个采样点进行非线性传播，获得新点集以及点集均值和协方差。UT 变换计算见式（6.64）。

$$\begin{cases} \overline{X}_0 = \hat{x}_0 \\ X_i = \hat{x}_0 + [\sqrt{(n+\lambda)P}]_i, (i=1,2,\cdots,n) \\ X_i = \hat{x}_0 - [\sqrt{(n+\lambda)P}]_i, (i=n+1,n+2,\cdots,2n) \end{cases} \tag{6.64}$$

式中，X_i 是 Sigma 点集；$\hat{x}_0$ 和 P 分别是系统状态变量的均值和协方差；λ 是决定 Sigma 点集缩放比例的参数，定义为：$\lambda = \alpha^2(n+x) - n$，其中，$\alpha$ 表示 Sigma 点集到均值之间的距离，一般设置为很小的数，n 为系统状态变量的维度，x 用来控制 Sigma 点集到均值之间的距离，一般设置为 0，或者 $3-n$。

计算获得 Sigma 点集之后，需要对 Sigma 点集中的每个采样点均值和协方差的权值进行计算，计算方法见式（6.65）~式（6.68）。

$$W_m^0 = \frac{\lambda}{n+\lambda} \tag{6.65}$$

$$W_c^0 = \frac{\lambda}{n+\lambda} + (1-\alpha^2+\beta) \tag{6.66}$$

$$W_m^i = \frac{1}{2(n+\lambda)} \quad i=1,2,\cdots,2n \tag{6.67}$$

$$W_c^i = \frac{1}{2(n+\lambda)} \quad i=1,2,\cdots,2n \tag{6.68}$$

式中，W_m 为每个采样点均值的权值；W_c 为每个采样点协方差的权值；β 在高斯分布下通常设置为 2。

2. 无迹卡尔曼滤波

UFK 以 UT 变换为基础，借助卡尔曼滤波理论，将一系列状态先验概率密度分布的均值和协方差相等的采样点以及相应的均值和协方差权重进行迭代计算，从而获得对状态变量的最优估计，同样对于式（6.52）~式（6.53）所示的非线性系统，UKF 的计算步骤如下。

（1）初始化

初始化状态量 $\hat{x}_k$、协方差、过程噪声和测量噪声 Q，R，根据式（6.64），计算 Sigma 点集 X_k^i，根据公式计算每个采样点的权值。

（2）时间更新

$$X_{k+1|k}^i = f(X_k^i, u_k) \tag{6.69}$$

$$\hat{X}_{k+1|k}^i = \sum_{i=0}^{2n} W_m^i X_{k+1|k}^i \tag{6.70}$$

$$P_{k+1|k} = \sum_{i=0}^{2n} W_c^i (X_{k+1|k}^i - \hat{X}_{k+1|k})(X_{k+1|k}^i - \hat{X}_{k+1|k})^{\mathrm{T}} + Q \tag{6.71}$$

式（6.71）中，Q 为过程噪声协方差矩阵。

（3）测量更新

$$y_{k+1}^i = g(X_{k+1}^i, u_{k+1}) \tag{6.72}$$

$$\hat{y}_{k+1} = \sum_{i=0}^{2n} W_m^i y_{k+1}^i \tag{6.73}$$

$$P_{k+1}^{yy} = \sum_{i=0}^{2n} W_c^i (y_{k+1}^i - \hat{y}_{k+1})(y_{k+1}^i - \hat{y}_{k+1})^{\mathrm{T}} + R \tag{6.74}$$

$$P_{k+1}^{xy} = \sum_{i=0}^{2n} W_c^i (X_{k+1|k}^i - \hat{X}_{k+1|k})(y_{k+1}^i - \hat{y}_{k+1})^{\mathrm{T}} \tag{6.75}$$

（4）计算卡尔曼增益，更新状态量以及对应的误差协方差

$$K_{k+1} = P_{k+1}^{xy}(P_{k+1}^{yy})^{-1} \tag{6.76}$$

$$\hat{x}_{k+1} = \hat{X}_{k+1|k} + K_{k+1}(y_{k+1} - \hat{y}_{k+1}) \tag{6.77}$$

$$P_{k+1} = P_{k+1|k} K_{k+1} P_{k+1}^{yy} K_{k+1}^{\mathrm{T}} \tag{6.78}$$

6.3.4　容积卡尔曼滤波技术

容积卡尔曼滤波（Cubature Kalman Filter，CKF）由加拿大学者 Arasaratnam 和 Haykin 在 2009 年首次提出，CKF 在三阶球面径向容积准则的基础上，使用一组容积点来逼近具有附加高斯噪声的非线性系统的状态均值和协方差，是目前最接近贝叶斯滤波的近似算法，也是解决非线性系统状态估计的强有力工具。将 EKF、PF（ParticleFilter）和 CKF 这三种算法的效率以及计算复杂度进行了比较分析，分析结果显示 CKF 算法的效果最好，尽管 PF 算法精度比 CKF 算法略高，但是 PF 算法的计算非常复杂，很难在实际中使用。在使用 CKF 算法进行电

池荷电状态（State of Charge，SOC）估算仿真之前，首先介绍球面径向容积准则和 CKF 原理[164]。

1. 球面径向容积准则

在高斯域的非线性滤波解决了如何计算积分的问题，其积分以非线性函数高斯密度的形式存在，具体来说，在笛卡尔坐标系下，考虑以下积分形式：

$$I(f) = \int_{R^n} f(x) \exp(-x^T x) \, dx \tag{6.79}$$

式中，$I(f)$ 是所求积分；$\mathbf{R}^n$ 是 n 维积分域；$f(x)$ 为非线性函数；x 为状态向量，为了计算上式的积分数值，采取以下两个步骤：a）将上面的公式（6.78）变换成球面—径向积分形式；b）提出三阶球面径向准则。

在球面—径向变换中，关键的步骤是将笛卡尔坐标系下的向量 $x \in \mathbf{R}^n$ 变换成为半径为 r，方向向量为 y 这一过程，令 $x = ry$，$y^T y = 1$，$r \in [0, +\infty)$ 因此，$x^T x = r^2$，$r \in [0, +\infty)$，式（6.79）在球面—径向坐标系可表示为

$$I(f) = \int_0^\infty \int_{U_n} f(ry) \, r^{n-1} \exp(-r^2) \, d\sigma(y) \, dr \tag{6.80}$$

式中，$U_n = \{y \in \mathbf{R}^n \mid y^T y = 1\}$ 为球体表面；$\sigma(\cdot)$ 为积分域 U_n 的微元，式（6.80）可以被写成如下的径向积分形式：

$$I = \int_0^\infty S(r) \, r^{n-1} \exp(-r^2) \, dr \tag{6.81}$$

式中，$S(r)$ 由单位权重函数 $w(y) = 1$ 的球面积分定义，其表达式定义如式（6.82）所示：

$$S(r) = \int_{U_n} f(ry) \, d\sigma(y) \tag{6.82}$$

对于三阶球面径向准则，$m_r = 1$，$m_s = 2n$，总共包含 $2n$ 个容积点，因此，将三阶球面径向准则扩展来计算如式（6.83）所示的标准高斯加权积分：

$$I_N(f) = \int_{R_n} f(x) N(x; 0, I) \, dx \approx \sum_{i=1}^m \omega_i f(\xi_i) \tag{6.83}$$

式中，$\xi_i = \sqrt{\dfrac{m}{2}} \, [1]_i$ 为容积点集；$\omega_i = \dfrac{1}{m}$ 为每个容积点对应的权值；m 为容积点个数，在用于三阶球面径向准则时，容积点个数为状态向量维数 n 的 2 倍，$[1]_i$ 为第 i 个容积点，如下所示：

$$[1]_i = \left\{ \begin{pmatrix} 1 \\ 0 \\ \vdots \\ 0 \end{pmatrix}, \begin{pmatrix} 0 \\ 1 \\ \vdots \\ 0 \end{pmatrix}, \cdots, \begin{pmatrix} 0 \\ 0 \\ \vdots \\ 1 \end{pmatrix}, \begin{pmatrix} -1 \\ 0 \\ \vdots \\ 0 \end{pmatrix}, \begin{pmatrix} 0 \\ -1 \\ \vdots \\ 0 \end{pmatrix}, \cdots, \begin{pmatrix} 0 \\ 0 \\ \vdots \\ -1 \end{pmatrix} \right\} \tag{6.84}$$

2. 容积卡尔曼滤波

对球面径向准则有一定的了解之后，接下来介绍并分析容积卡尔曼滤波的原理及步骤，与经典卡尔曼滤波相似，容积卡尔曼滤波的整个过程也分为预测和修正两个部分，同样对于公式：

$$x_{k+1} = f(x_k, u_k) + w_k \tag{6.85}$$

$$y_k = g(x_k, u_k) + v_k \tag{6.86}$$

非线性系统，容积卡尔曼滤波的步骤如下：

（1）初始化

初始化状态量$\hat{x}_k$、误差协方差P_k、过程噪声和测量噪声$\boldsymbol{Q}$，$\boldsymbol{R}$。

（2）计算容积点

$$P_k = S_k S_k^{\mathrm{T}} \tag{6.87}$$

$$x_k^i = S_k \xi_i + \hat{x}_k \quad i = 1, 2, \cdots, 2n \tag{6.88}$$

式中，n 为状态量的维数；ξ_i 为容积点集，如下所示：

$$\xi_i = \begin{cases} \sqrt{n}\,[1]_i & i = 1, 2, \cdots, n \\ -\sqrt{n}\,[1]_i & i = n+1, n+2, \cdots, 2n \end{cases} \tag{6.89}$$

式中，[1] 代表单位阵。

（3）传播容积点

$$x_{k+1|k}^i = f(x_k^i, u_k) \tag{6.90}$$

（4）计算状态预测值与协方差预测值

$$\hat{x}_{k+1|k}^i = \frac{1}{2n \sum\limits_{i=1}^{2n} x_{k+1|k}^i} \tag{6.91}$$

$$P_{k+1|k} = 1/(2n) \sum_{i=1}^{2n} x_{k+1|k}^i (x_{k+1|k}^i)^{\mathrm{T}} - \hat{x}_{k+1|k}^i (\hat{x}_{k+1|k}^i)^{\mathrm{T}} + \boldsymbol{Q} \tag{6.92}$$

（5）计算容积点

$$P_{k+1|k} = S_{k+1|k} S_{k+1|k}^{\mathrm{T}} \tag{6.93}$$

$$X_{k+1|k}^i = S_{k+1|k} \xi_i + \hat{x}_{k+1|k} \tag{6.94}$$

（6）传播容积点

$$y_{k+1}^i = g(X_{k+1}^i, u_{k+1}) \tag{6.95}$$

（7）计算测量预测值

$$\hat{y}_{k+1} = \frac{1}{2n \sum\limits_{i=1}^{2n} y_{k+1}^i} \tag{6.96}$$

（8）计算测量预测值与互协方差

$$P_{k+1}^y = \frac{1}{2n}\sum_{i=1}^{2n} y_{k+1}^i (y_{k+1}^i)^{\mathrm{T}} - \hat{y}_{k+1} (\hat{y}_{k+1})^{\mathrm{T}} + \boldsymbol{R} \qquad (6.97)$$

$$P_{k+1}^{xy} = \frac{1}{2n}\sum_{i=1}^{2n} X_{k+1/k}^i (y_{k+1}^i)^{\mathrm{T}} - \hat{x}_{k+1/k} (\hat{y}_{k+1})^{\mathrm{T}} \qquad (6.98)$$

（9）计算卡尔曼增益，更新状态量以及对应的误差协方差

$$K_{k+1} = P_{k+1}^{xy} (P_{k+1}^y)^{-1} \qquad (6.99)$$

$$\hat{x}_{k+1} = \hat{X}_{k+1|k} + K_{k+1}(y_{k-1} - \hat{y}_{k+1}) \qquad (6.100)$$

$$P_{k+1} = P_{k+1|k} K_{k+1} P_{k+1}^y K_{k+1}^{\mathrm{T}} \qquad (6.101)$$

与 EKF 相比，UKF 和 CKF 不需要线性化非线性方程，以消除线性化误差，而且精度大大提高。但是，UKF 和 CKF 避免线性化的原理不同。UKF 的线性化方式是对非线性方向进行泰勒展开并舍去高阶项，从而转换为对非线性方程概率统计特征值的近似，不存在严格完整的理论作为基础。CKF 基于数值积分理论，它使用三阶球面径向体积准则近似高斯积分，并具有严格而完整的理论作为基础。从理论上讲，CKF 比 UKF 更加严格和稳定。为了确定采样滤波器算法，UKF 和 CKF 都需要在每次迭代期间通过某种采样方法生成一个点集。UKF 点集的大小为 $2n+1$，而 CKF 的体积点集仅为 $2n$，也就是说，每次迭代都比 UKF 少计算一个采样点，因此从理论上讲 CKF 算法的执行效率更高并且具有更好的实时性能[162]。

6.4　定位耦合算法

6.4.1　松耦合算法

1. 松耦合单行算法原理与结构

通常而言，系统是建立在组合类型和硬件配置上的，基于卡尔曼滤波器的 UWB/IMU 松耦合（或称为松组合）导航系统的结构框图如图 6.5 所示。

松散耦合系统主要由两个独立的测量系统组成，即超宽带测距系统和惯性系统。超宽带测距系统可以测量标签与基站之间的距离，然后使用到达时间算法进行定位计算以获得标签的位置。惯性系统可以实时地输出标签的位置和姿态信息。该设计使用松组合的卡尔曼滤波器进行求解，并将求解结果反馈到惯性系统，以保持惯性系统的测量精度。在设计之前，我们必须首先弄清楚组合导航系统中的一些变量。将东北天空坐标系（ENU）设置为导航坐标系，此时从导航坐标系到载体坐标系的转换矩阵 $\boldsymbol{C}_b^n$ 如下式所示：

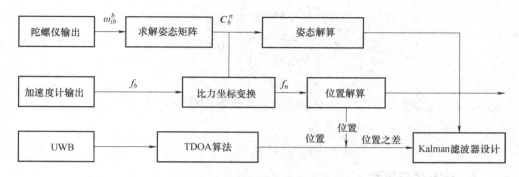

图 6.5　松耦合定位原理图

$$C_b^n = \begin{bmatrix} \cos\varphi\cos\gamma - \sin\varphi\sin\theta\sin\gamma & -\sin\varphi\cos\gamma + \sin\theta\sin\gamma\cos\varphi & -\sin\gamma\cos\theta \\ \sin\varphi\cos\theta & \cos\varphi\cos\theta & \sin\theta \\ \sin\gamma\cos\varphi - \sin\varphi\sin\theta\cos\gamma & -\sin\varphi\sin\gamma - \sin\theta\cos\varphi\cos\gamma & \cos\theta\cos\gamma \end{bmatrix}$$

$$(6.102)$$

式中，俯仰角 $\theta \in [-90°, 90°]$；横滚角 $\gamma \in [-180°, 180°]$，航向角 $\gamma \in (-180°, 180°]$。方便描述，将 C_b^n 以及其中的元素定义为

$$C_b^n = \begin{bmatrix} T_{11} & T_{12} & T_{13} \\ T_{21} & T_{22} & T_{23} \\ T_{31} & T_{32} & T_{33} \end{bmatrix}$$

$$(6.103)$$

2. 系统状态方程和测量方程

（1）系统状态方程

标准的卡尔曼状态方程通常表示为 $\dot{X}(t) = FX(t) + W(t)$ 的形式，经过离散化得到：

$$X_k = \phi_{k,k-1}X_{k-1} + W_{k-1} \qquad (6.104)$$

式中，X_k 为 k 时刻系统的状态矢量；X_{k-1} 为 $k-1$ 时刻系统状态量的确定值；$\phi_{k,k-1}$ 为离散化后的 $k-1$ 时刻到 k 时刻系统的状态转移矩阵；W_{k-1} 为 $k-1$ 时刻系统的噪声驱动矩阵。状态矢量中包括三轴速度 $V^n = [V_x^n \quad V_y^n \quad V_z^n]^T$，陀螺仪三个轴向上的误差 $\varepsilon_g = [\varepsilon_{gx} \quad \varepsilon_{gy} \quad \varepsilon_{gz}]^T$ 和加速度计三个轴向上的误差 $\nabla_a = [\nabla_{ax} \quad \nabla_{ay} \quad \nabla_{az}]^T$。

（2）系统测量方程

松组合导航方式通常采用超宽带系统解算出的位置和速度以及惯性系统解算出的位置和速度之差作为系统的量测量，所以可以将系统的量测方程定义为

$$Z = \begin{bmatrix} \delta v_{X(\text{UWB}-\text{INS})} \\ \delta v_{Y(\text{UWB}-\text{INS})} \\ \delta v_{Z(\text{UWB}-\text{INS})} \\ \delta \varphi \end{bmatrix} = HX + V \tag{6.105}$$

式中，Z 为量测量；H 为量测转移矩阵；V 为量测噪声矢量。

对应的量测协方差矩阵 R 为

$$R = \text{diag}(0.1^2, 0.1^2, 0.2^2, 1^2) \tag{6.106}$$

3. 系统状态更新

所谓系统状态更新是指通过组合系统前一采样时刻的值和这一时刻惯性系统的输出值对此刻目标的各个运动状态所做的一种递推估计。如图 6.5 所示，经过残差补偿的陀螺仪量测值输入到姿态估计矩阵中，得到姿态估计值以及导航坐标系和载体坐标系之间的转移矩阵 C_b^n。利用 C_b^n 将加速度计的输出值分解到导航坐标系的三个轴上，通过误差消除后的加速度可以用于载体速度的更新，然后通过当前的速度对目标的位置进行更新[163]。

（1）姿态更新

此处用四元数法对姿态进行更新。四元数法在 1843 年首次由爱尔兰数学家哈立顿提出，随着捷联式惯性导航技术以及其相关技术的发展，为了更容易地描述刚体的角运动，使用了四元数法。相较之前的欧拉角旋转法，四元数法可以有效地弥补其不足。姿态四元数的基本思想是：从一个坐标系转换到另一个坐标系的过程可以通过围绕一个建立在参考系中的向量进行一次转动来完成。通常四元数用 q 来表示，其中包含的元素表示该矢量的方向和转动角度的函数。

$$q = \cos\frac{\theta}{2} + \sin\frac{\theta}{2}\alpha\vec{i} + \sin\frac{\theta}{2}\cos\beta\vec{j} + \sin\frac{\theta}{2}\cos\gamma\vec{k} \tag{6.107}$$

$$q = q_0 1 + q_1 \vec{i} + q_2 \vec{j} + q_3 \vec{k} \tag{6.108}$$

$$q = \begin{bmatrix} \cos\dfrac{\theta}{2} \\ \sin\dfrac{\theta}{2}\cos\alpha \\ \sin\dfrac{\theta}{2}\cos\beta \\ \sin\dfrac{\theta}{2}\cos\gamma \end{bmatrix} = \begin{bmatrix} \cos\dfrac{\theta}{2} \\ \vec{n}\sin\dfrac{\theta}{2} \end{bmatrix} \tag{6.109}$$

$$R = q \times r \times q^{-1} \tag{6.110}$$

将四元数代入后，依据四元数的运算法则，可以得到：

$$\boldsymbol{R} = \begin{bmatrix} q_0^2 + q_1^2 - q_2^2 - q_3^2 & 2(q_1q_3 - q_0q_3) & 2(q_1q_3 + q_0q_2) \\ 2(q_1q_2 + q_0q_3) & q_0^2 - q_1^2 + q_2^2 - q_3^2 & 2(q_2q_3 - q_0q_1) \\ 2(q_1q_3 - q_0q_2) & 2(q_2q_3 + q_0q_1) & q_0^2 - q_1^2 - q_2^2 + q_3^2 \end{bmatrix} \times r = \boldsymbol{C}_b^n \times r$$

$$(6.111)$$

和方向余弦法类似，能够得出四元数和姿态矩阵的关系，从而得到利用四元数表示的姿态角的表达式：

$$\theta = \arcsin \left[2(q_2q_3 + q_0q_1) \right] \tag{6.112}$$

$$\gamma = \arctan \left[-\frac{2(q_1q_3 - q_0q_2)}{q_0^2 - q_1^2 - q_2^2 + q_3^2} \right] \tag{6.113}$$

$$\phi = \arctan \left[\frac{2(q_1q_2 - q_0q_3)}{q_0^2 - q_1^2 + q_2^2 - q_3^2} \right] \tag{6.114}$$

同样地，也可以通过姿态角计算出四元数：

$$q_0 = \cos\frac{\varphi}{2}\cos\frac{\theta}{2}\cos\frac{\gamma}{2} + \sin\frac{\varphi}{2}\sin\frac{\theta}{2}\sin\frac{\gamma}{2} \tag{6.115}$$

$$q_1 = \cos\frac{\varphi}{2}\cos\frac{\theta}{2}\sin\frac{\gamma}{2} - \sin\frac{\varphi}{2}\sin\frac{\theta}{2}\cos\frac{\gamma}{2} \tag{6.116}$$

$$q_2 = \cos\frac{\varphi}{2}\sin\frac{\theta}{2}\cos\frac{\gamma}{2} + \sin\frac{\varphi}{2}\cos\frac{\theta}{2}\sin\frac{\gamma}{2} \tag{6.117}$$

$$q_3 = \sin\frac{\varphi}{2}\cos\frac{\theta}{2}\cos\frac{\gamma}{2} - \cos\frac{\varphi}{2}\sin\frac{\theta}{2}\sin\frac{\gamma}{2} \tag{6.118}$$

在姿态角的求解中，必须首先确定角 ω，因为捷联惯性导航系统的陀螺仪固定在载体上，所以输出为载体坐标系相对于惯性坐标系的角速度在载体坐标系中的投影。在四元数理论中，角速度 ω 是载体坐标系相对于地理坐标系的角速度在载体坐标系上的投影，因此理论上不能直接使用[164]。由于 MEMS-IMU 的精度较低，地球的旋转被系统本身的测量噪声所淹没，因此可以认为惯性坐标系和地理坐标系是重合的，并且角速度不需要被转换。该偏差被视为陀螺仪的常数。零漂移的值表示陀螺仪输出的角速度是载体系统相对于地理系统的角速度[165]。

由于姿态和四元数之间的相关性，在某个时间点，载体坐标系相对于地理坐标系以角速度 ω 旋转，所以四元数 Q 可以认为是时间的函数，即 $Q(t)$ 表示 t 时刻的四元数，所以在 $t + \Delta t$ 时的四元数 $Q(t + \Delta t)$ 可以表示成为

$$Q(t + \Delta t) = \Delta Q(t) \otimes Q(t) \tag{6.119}$$

$$\Delta Q(t) = \cos\frac{\Delta\alpha}{2} + n\sin\frac{\Delta\alpha}{2} \approx 1 + n\frac{\Delta\alpha}{2} \tag{6.120}$$

因为 Δt 很短，即在 Δt 时刻内载体坐标系旋转的角度可以认为是 $\Delta\alpha$，即：$n\Delta\alpha = \omega\Delta t$，其中 $\omega = w_{bx}i_b + w_{by}j_b + w_{bz}k_b$。所以有：

$$\dot{Q}(t) = \lim_{t\to 0}\frac{Q(t+\Delta t) - Q(t)}{\Delta t} = \frac{1}{2}\omega Q(t) \tag{6.121}$$

$$Q(t+\Delta t) = \left(1 + \frac{\omega\Delta t}{2}\right)Q(t) \tag{6.122}$$

$$\Delta Q(t) = 1 + \frac{\omega\Delta t}{2} \tag{6.123}$$

$$\dot{Q}(t) = \frac{\omega Q}{2} \tag{6.124}$$

矩阵 ω 是一个反对称阵，可以得到：

$$\begin{bmatrix} \dot{q}_0 \\ \dot{q}_1 \\ \dot{q}_2 \\ \dot{q}_3 \end{bmatrix} = \frac{1}{2}\begin{bmatrix} 0 & -\omega_{bx} & -\omega_{by} & -\omega_{bz} \\ \omega_{bx} & 0 & -\omega_{bz} & -\omega_{by} \\ \omega_{by} & -\omega_{bz} & 0 & -\omega_{bx} \\ \omega_{bz} & -\omega_{by} & -\omega_{bx} & 0 \end{bmatrix}\begin{bmatrix} q_0 \\ q_1 \\ q_2 \\ q_3 \end{bmatrix} = \frac{1}{2}M[\omega_b(t)]q(t) \tag{6.125}$$

对于上述方程，通常采用四阶龙格库塔法求解，计算过程如下：

$$q(t+T) = q(t) + \frac{1}{6}(K_1 + 2K_2 + 2K_3 + K_4) \tag{6.126}$$

$$K_1 = \frac{T}{2}M[\omega_b(t)]q(t) \tag{6.127}$$

$$K_2 = \frac{T}{2}M\left[\omega_b\left(t+\frac{T}{2}\right)\right]\left[q(t)+\frac{K_1}{2}\right] \tag{6.128}$$

$$K_3 = \frac{T}{2}M\left[\omega_b\left(t+\frac{T}{2}\right)\right]\left[q(t)+\frac{K_2}{2}\right] \tag{6.129}$$

$$K_4 = \frac{T}{2}M[\omega_b(t+T)]\left[q(t)+\frac{K_3}{2}\right] \tag{6.130}$$

式中，T 为采样间隔，也就是四元数更新的周期；$\omega_b(t)$、$\omega_b\left(t+\frac{T}{2}\right)$、$\omega_b(t+T)$ 为在一个更新周期内陀螺仪输出的数据，在方程中，一个更新周期 $(t+T)$ 需要以 $\frac{T}{2}$ 的速度更新载体的角速度，这样就完成了姿态的更新。

（2）速度更新

获得更新后的姿态后，相应地也会获得更新后的姿态转移矩阵 C_b^n，使用下式能求解出导航坐标系下目标所受到的比力：

$$\dot{V}^n = C_b^n f^b - (2\,\omega_{ie}^n + \omega_{en}^n) \times V^n + g^n \tag{6.131}$$

式中，V^n 为导航坐标系下的速度矢量；$\dot{V}^n$ 为导航坐标系下与速度变化量有关的比例矢量；f^b 为载体坐标系下加速度的输出值；g^n 为导航坐标系下当地的重力加速度，g^n 可以根据实验条件设置为常值。在计算中通常采取以下形式：

$$f(t) = C_b^n f^b(t) - [2\omega_{ie}^n(t-1) + \omega_{en}^n(t-1)] \times V^n(t-1) + g^n(t-1) \tag{6.132}$$

$$V^n = V^n(t-1) + \Delta V^n(t) = V^n(t-1) + f(t)dt \tag{6.133}$$

这样就实现了速度更新。

（3）位置更新

上述方法实现了速度的更新，只需要利用 t 和 $t-1$ 两个时刻速度的平均值 $\dfrac{[V^n(t-1) + V^n(t)]}{2}$，就可以得到位置的更新。

$$X(t) = A(t-1) + \frac{[v_X^n(t-1) + v_X^n(t)]}{2[R_M(t-1) + H(t-1)]}dt \tag{6.134}$$

$$Y(t) = Y(t-1) + \frac{[v_Y^n(t-1) + v_Y^n(t)]}{2[R_N(t-1) + H(t-1)]}dt \tag{6.135}$$

$$H(t) = H(t-1) + \frac{[v_H^n(t-1) + v_H^n(t)]}{2}dt \tag{6.136}$$

式中，X 为载体的横坐标；Y 为载体的纵坐标；H 为载体的高度；$V^n = [V_X^n \quad V_Y^n \quad V_H^n]^T$。

4. 松耦合导航结果误差修正

在滤波过程中，每一次量测量更新所获得的系统误差估计值将会被用来校正系统递推更新所得到的运算值。对于位置和速度，只需要按照下式将估计出来的误差值补偿到递推更新的结果中即可：

$$r_{\text{est}} = r - \delta r \tag{6.137}$$

$$v_{\text{est}}^n = v^n - \delta v^n \tag{6.138}$$

式中，r_{est} 和 v_{est}^n 分别表示位置和速度的估计值。

对于姿态矩阵，因为无法直接相加或者相减，所以在对其运算建立在误差角为二阶小量的假设前提下，按照下式的方法进行姿态角补偿。

$$C_{b-\text{est}}^n = C_{n'}^n C_b^{n'} \tag{6.139}$$

式中，$C_{b-\text{est}}^{n}$ 为新的姿态矩阵的估计值；$C_{n'}^{n} = \begin{bmatrix} 1 & -\phi_H & \phi_X \\ \phi_H & 1 & -\phi_Y \\ -\phi_X & \phi_Y & 1 \end{bmatrix}$ 为由姿态误

差估计值表示的误差补偿矩阵；$C_{b}^{n'}$ 为更新后得到的新的姿态矩阵。

在完成对上述参数的修正后，还需要以下几个步骤：

1）把系统状态量中的元素全部置零，在之后的滤波过程中使用该形式。

2）根据估计所得到的加速度计和陀螺仪的残差计算到加速度计和陀螺仪的误差补偿计算中。

3）在完成修正后，目标实际的运动状态都已经（位置、速度）发生了变化，因此需要对组合系统中的相关变量重新进行计算，如重力加速度 g、状态转移矩阵等。

6.4.2　紧耦合算法

UWB/IMU 松耦合导航算法包括 UWB 解决方案部分和惯性导航解决方案部分。定位精度取决于 UWB 定位精度。相应地，该算法是高度冗余的，在使用 NLOS 的情况下，定位效果不好。相反，UWB/IMU 紧凑型耦合导航算法使用 UWB 的原始测距信息和惯性导航得出的距离信息来融合 UWB 系统的 NLOS 误差并减少 NLOS 误差的影响，提高定位精度，该方法的总体流程如图 6.6 所示。

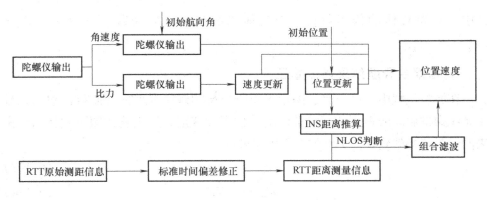

图 6.6　UWB/INS 紧耦合流程图

（1）RTT 距离测量模型

基于往返时间 RTT 的方法能够间接地获得基站和目标之间的距离估计值，并且无须像 TOA 方法一样对基站的时钟提出很高的要求。RTT 测距方法是利用

超宽带脉冲信号从超宽带标签到基站的往返时间来确定两者之间的距离的，可以消除 TOA 方法中时间不同步带来的误差。如图 6.7 所示，超宽带标签向基站发送带有标识的脉冲信号，超宽带基站接收到该信号后向标签发送应答脉冲，标签接收到发出的应答脉冲信号后，建立到达时间的模型：

$$t_{\text{round}} = t_{\text{trip}} + \frac{2}{c} \| p_{\text{r}} - p_{\text{b}} \|_2 + t_{\text{D}} + e_{\text{NLOS}} \tag{6.140}$$

式中，t_{round} 为超宽带标签脉冲信号的发出时间；t_{trip} 为基站发出响应脉冲信道的到达时间；p_{r} 为超宽带标签在发出脉冲信号时所处的位置；p_{b} 为超宽带基站收到脉冲信号时刻的位置；t_{D} 为超宽带标签和基站之间相对时间的偏差值；$\| \cdot \|_2$ 为欧几里得范数；e_{NLOS} 为非视距误差对到达时间造成的延误；c 表示电磁波的传播速度。

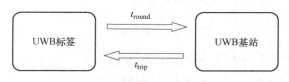

图 6.7　RTT 测距方法

所以，可得到超宽带标签和基站之间的距离为

$$d = \| p_{\text{r}} - p_{\text{b}} \|_2 = r_{\text{RTT}} - r_{\text{D}} - r_{\text{NLOS}} \tag{6.141}$$

式中，$r_{\text{RTT}} = \dfrac{c}{2}(t_{\text{round}} - t_{\text{trip}})$ 为 RTT 测得的距离信息；$r_{\text{D}} = ct_{\text{D}}/2$ 为时间误差对距离测量产生的影响项；r_{NLOS} 为非视距情况对距离测量产生的影响项。

时间误差所造成的测距误差 r_{D}，包括脉冲信号在超宽带标签和基站之间的常值时间误差、超宽带设备误差以及信号传播的路径中所包含的各种因素，如温度、灰尘等，可用下式表达：

$$r_{\text{D}} = c_n + \varphi(s) + e_n \tag{6.142}$$

式中，e_n 为过程中的高斯噪声项；c_n 为常值时间误差、超宽带设备误差以及信号传播的路径中所包含的各种因素所引起的误差项；$\varphi(s)$ 为不同超宽带测距距离造成的误差，可以表示成与实际距离的线性函数。

因为 $\varphi(s)$ 项的存在，所以需要对所有超宽带基站与标签的误差进行标定，这样就可以计算出当前的环境下，每个发射器和待测目标之间的有关时间偏差项系数，也就可以得到较为准确的 RTT 距离测量信息。

（2）系统状态方程

根据前面描述的 RTT 测距模型，提出设计中的紧组合方法可以将超宽带系统中原始的 RTT 信息与捷联惯导系统中输出的位置之间的关系作为紧组合导航系统的量测信息。利用超宽带的 RTT 测量值来约束，辅助 INS 进行位置、速度和姿态的更新。AGV 大多数应用在室内场合（仓库、机场等）中，对于平面的定位要求要高于高程，并且横滚角和俯仰角的变化基本为零。因此，为降低系统的复杂度，可以考虑室内二维的情况，这样可以减低姿态角的维数。将超宽带坐标系选作导航坐标系，将 IMU 输出的载体运动测量值，经过 RTT 距离测量信息的校正，最终计算出目标的速度和航向。上述描述可以归纳为

$$\boldsymbol{P}_{k+1}^n = \boldsymbol{P}_k^n + T\boldsymbol{v}_k^n + \frac{T^2}{2}a_k^n \tag{6.143}$$

$$\boldsymbol{v}_{k+1}^n = \boldsymbol{v}_k^n + Ta_k^n \tag{6.144}$$

$$\boldsymbol{\Psi}_{k+1} = \boldsymbol{\Psi}_k + T\omega_k^n \tag{6.145}$$

式中，T 为惯导系统的采样时间间隔；$\boldsymbol{P}_k^n = \begin{bmatrix} p_x & p_y \end{bmatrix}^{\mathrm{T}}$ 为 $\boldsymbol{v}_k^n = \begin{bmatrix} v_x & v_y \end{bmatrix}^{\mathrm{T}}$ 在 k 时刻目标在导航坐标系中的位置；$\boldsymbol{v}_k^n$ 为 k 时刻目标在导航坐标系的速度；$\boldsymbol{\Psi}_k$ 为 k 时刻载体的航向角；a_k^n 和 ω_k^n 分别为 k 时刻载体在导航坐标系下的加速度和角速度，由于 IMU 输出的载体坐标系的加速度，需要通过旋转矩阵将其转换到导航坐标系中，可以表示为

$$\boldsymbol{C}_b^n = \begin{bmatrix} \cos\boldsymbol{\Psi} & -\sin\boldsymbol{\Psi} \\ \sin\boldsymbol{\Psi} & \cos\boldsymbol{\Psi} \end{bmatrix} \tag{6.146}$$

目标在导航坐标系下的水平加速度可以表示为 $a_k^n = \boldsymbol{C}_b^n a_k^b$，角速度为 $\omega_k^n = \boldsymbol{C}_b^n \omega_k^b$。在已知目标的初始位置和初始航向角后，根据式（6.143）~式（6.145）就可以推出目标的位置、速度和航向信息。

根据上述描述，可以列写出以目标的位置、速度和航向角为状态量的 UWB/IMU 紧组合导航方程：

$$X(k+1) = Fx(k) + B\boldsymbol{C}_b^n(k)u(k) + \tilde{w}(k) \tag{6.147}$$

式中，$X(k) = \begin{bmatrix} (p_k^n)^{\mathrm{T}} & (v_k^n)^{\mathrm{T}} & \boldsymbol{\Psi}_k \end{bmatrix}^{\mathrm{T}}$ 为 k 时刻目标的状态量；$u(k) = \begin{bmatrix} a_b^n & a_b^n \end{bmatrix}$ 为 k 时刻目标在载体坐标系下的水平方向上的加速度；$F = \begin{bmatrix} 1 & 0 & T & 0 & 0 \\ 0 & 1 & 0 & T & 0 \\ 0 & 0 & 1 & 0 & 0 \\ 0 & 0 & 0 & 1 & 0 \\ 0 & 0 & 0 & 0 & 1 \end{bmatrix}$ 为系统

$$\text{的状态矩阵；} \boldsymbol{B} = \begin{bmatrix} \dfrac{T^2}{2} & 0 \\[2mm] 0 & \dfrac{T^2}{2} \\[2mm] T & 0 \\[1mm] 0 & T \\[1mm] 0 & 0 \end{bmatrix} ; \quad \tilde{w}(k) \text{ 为噪声过程，且 } \tilde{w}(k) \sim N(0,\boldsymbol{Q})。$$

（3）系统量测方程

在 AGV 室内导航定位中，由于忽略了竖直方向上的位移，因此要对超宽带的 RTT 距离测量信息中的竖向位移做剔除；并且还需要将捷联惯导系统得到的水平方向的位置转换至目标与超宽带基站之间的距离，即

$$d_{i,k}^{\mathrm{ins}} = \sqrt{\left[p_x^n(k) - p_b^x(i) \right]^2 + \left[p_y^n(k) - p_b^y(i) \right]^2} \quad i = 1,2,\cdots,M \quad (6.148)$$

$$d_{i,k}^{\mathrm{uwb}} = \sqrt{d_{i,k}^2 - \left[h_0 - p_b^z(i) \right]^2} \quad i = 1,2,\cdots,M \quad (6.149)$$

式中，$d_{i,k}^{\mathrm{ins}}$ 为 k 时刻推算出来的目标与第 i 个超宽带基站之间的距离；$p_b^x(i)$、$p_b^y(i)$ 和 $p_b^z(i)$ 分别为第 i 个超宽带基站坐标 $p_b(i)$ 三个方向上的分量；$p_x^n(k)$ 和 $p_y^n(k)$ 分别为时刻捷联惯导系统输出的目标位置在两个方向上的投影；$d_{i,k}^{\mathrm{uwb}}$ 为 k 时刻目标与第 i 个超宽带基站之间的距离；$d_{i,k}$ 为 k 时刻目标与第 i 个超宽带基站之间的 RTT 距离量测信息；h_0 为初始时刻目标的高度；M 为超宽带基站的数量，并且为了保证定位系统的正常工作，应该有 $M \geqslant 3$。

对于超宽带和 INS 的紧组合导航系统，由于室内存在障碍物对信号的干扰，因此，原始的测距信息中会包含一部分非视距误差，要获得较高精度的定位信息则需要更正或消除 NLOS 误差，但是各个超宽带基站的分部点的实际情况存在很大不同，其与标签之间的 NLOS 误差一般是相互独立的，有的甚至不包含 NLOS，如果直接用于组合滤波中会大大影响最终解算的精度。所以，可以采用分级的量测方程，即采用可变维数的量测方程：

$$\Delta d_{i,k} = d_{i,k}^{\mathrm{ins}} - d_{i,k}^{\mathrm{uwb}} = \sqrt{\left(x_{i,k}^{\mathrm{ins}} - x_{i,k}^{\mathrm{uwb}} \right)^2 + \left(y_{i,k}^{\mathrm{ins}} - y_{i,k}^{\mathrm{uwb}} \right)^2} \quad (6.150)$$

其中，$\Delta d_{i,k} \geqslant \mathrm{Thresh}$ 为 NLOS 情况或者系统异常值，$\Delta d_{i,k} \leqslant \mathrm{Thresh}$ 为 LOS 情况，Thresh 为系统的阈值，且恒有 $\mathrm{Thresh} > 0$。从宏观 AGV 运动的真实情况来看，AGV 的运动速度在相邻的两个采样周期内不会发生突变，所以在超宽带系统的覆盖范围内，输出的 RTT 距离量测信息也不应出现跳变，当出现障碍物遮挡时，RTT 值会因为往返双程 NLOS 误差的原因而出现跳变。Thresh 应该根据 AGV 的移动速度进行设定，当 $\Delta d_{i,k}$ 的绝对值大于或等于 Thresh 时，RTT 测距信息中存

在 NLOS 误差或者工作异常，此时，令 $\Delta d_{i,k}=0$，Thresh 时，RTT 测距信息正常或者处于 LOS 环境，对于式（6.148）的泰勒展开可以得到：

$$d_{i,k}^{\mathrm{ins}} = d_{i,k}^{0} + \frac{\partial d_{i,k}^{\mathrm{ins}}}{\partial p_x^n} dp_x^n + \frac{\partial d_{i,k}^{\mathrm{ins}}}{\partial p_y^n} dp_y^n \tag{6.151}$$

式中，$d_{i,k}^{0}$ 为 k 时刻超宽带标签与第 i 个超宽带基站之间的真实距离，其中：

$$\frac{\partial d_{i,k}^{\mathrm{ins}}}{\partial p_x^n} = \frac{p_x^n(k) - p_b^n(i)}{d_{i,k}^{\mathrm{ins}}} \tag{6.152}$$

$$\frac{\partial d_{i,k}^{\mathrm{ins}}}{\partial p_y^n} = \frac{p_y^n(k) - p_b^y(i)}{d_{i,k}^{\mathrm{ins}}} \tag{6.153}$$

此外，公式还可以表示为

$$d_{i,k}^{\mathrm{ins}} = d_{i,k}^{0} + v_{i,k} \tag{6.154}$$

式中，$v_{i,k}$ 为 k 时刻超宽带标签与第 i 个超宽带基站之间的 RTT 距离测量的量测噪声。对式（6.153）和式（6.154）作差，就可以得到 UWB/INS 紧组合导航系统的量测方程：

$$\mathbf{Z}(k) = \mathbf{H}X(k) + v(k) \tag{6.155}$$

式中，$\mathbf{Z}(k) = [\Delta d_{1,k} \Delta d_{2,k}, \cdots, \Delta d_{N,k}]$ 为量测量，N 为 RTT 距离测量信息在 LOS 情况下的基站数量，易知 $N \leqslant M$；$\mathbf{H} = \begin{bmatrix} \dfrac{\partial d_{1,k}^{\mathrm{ins}}}{\partial p_x^n} & \dfrac{\partial d_{1,k}^{\mathrm{ins}}}{\partial p_y^n} & 0 & 0 & 0 \\[2mm] \dfrac{\partial d_{1,k}^{\mathrm{ins}}}{\partial p_x^n} & \dfrac{\partial d_{1,k}^{\mathrm{ins}}}{\partial p_y^n} & 0 & 0 & 0 \\[2mm] \vdots & \vdots & \vdots & \vdots & \vdots \\[2mm] \dfrac{\partial d_{N,k}^{\mathrm{ins}}}{\partial p_x^n} & \dfrac{\partial d_{N,k}^{\mathrm{ins}}}{\partial p_y^n} & 0 & 0 & 0 \end{bmatrix}$ 为量测矩阵；

$v(k)$ 为量测噪声，且 $v(k) \sim N(0, \mathbf{R})$。

综上所述，在完成两个方程的建立后，能够使用 Kalman 滤波来进行状态更新和量测更新，并得到目标的导航信息[163]：

$$\begin{cases} \hat{X}_k^- = \mathbf{F}\hat{X}_{k-1} \\ P_k^- = \mathbf{F}P_{k-1}\mathbf{F}^{\mathrm{T}} + Q \\ K_k = P_k^- \mathbf{H}^{\mathrm{T}}(\mathbf{H}P_k^- \mathbf{H}^{\mathrm{T}} + R)^{-1} \\ \hat{X}_k = \hat{X}_k^- + K_k(Z_k - \mathbf{H}\hat{X}_k^-) \\ P_k = P_k^- - K_k\mathbf{H}P_k^- \end{cases} \tag{6.156}$$

6.5　耦合算法与仿真验证

6.5.1　耦合导航系统初始化

在导航模型开始工作前，为使系统快速收敛防止发散，往往必须初始化耦合导航系统的姿态和位置。导航开始时，使载体静止一段时间 Δt，使用时间段 Δt 内 UWB 系统解算得到 n 个位置 P^u：$\{p_0^u,\ \cdots,\ p_{n-1}^u\}$，将 n 个位置计算平均值得到初始位置 p_0：

$$p_0^w = \frac{1}{n}\sum_{i=0}^{n-1}p_i^u \tag{6.157}$$

当载体处于静止状态时，加速度计在地理坐标系下仅受到重力 $g = [0\ \ 0\ \ -g]$，初始化时加速度计受到比例为 $^b a$，则：

$$^b a = R_w^b{}^w a \tag{6.158}$$

求解矩阵方程，易得：

$$\begin{cases} \phi = \arctan2(a_y, a_z) \\ \theta = \arcsin(-a_x, \sqrt{a_x^2 + a_y^2 + a_z^2}) \end{cases} \tag{6.159}$$

6.5.2　运动学模型

在室内运动场景下，目标一般处于低速运动中（小于100m/s），故不考虑地球自转和地球曲率的影响。本章使用五个状态量（包括位置、姿态、速度、加速度漂移和陀螺仪漂移）。分别在三维坐标系，可以得到 15 个变量（或称为十五阶），建立系统运动方程。惯性导航系统的运动学模型方程组如下

$$\begin{cases} ^w p_{k+1} = {}^w p_k + {}^w v_k \Delta T + {}^w a_k \Delta T^2/2 \\ ^w v_{k+1} = {}^w v_k + {}^w a_k \Delta T \\ ^w \dot{q}_{k+1} = {}^w q_k \otimes \omega_k/2 \\ b_{k+1}^a = b_k^a + w_{b_a} \\ b_{k+1}^g = b_k^g + w_{b_g} \end{cases} \tag{6.160}$$

式中，$^w p_k$、$^w v_k$ 分别为地理坐标系下的载体位置、速度；$^w q_k$ 为载体姿态四元数；b_k^a 为加速度计漂移，b_k^g 为陀螺仪漂移；过程噪声 $e_k = [w_a\ \ \ w_g\ \ \ w_{b_a}\ \ \ w_{b_g}]$ 分别为

加速度计、陀螺仪白噪声，加速度计、陀螺仪随机游走噪声；$^{w}\boldsymbol{a}_k = R_b^w(^b\tilde{\boldsymbol{a}}_k - \boldsymbol{b}_k^a - w_a) - g$，为 k 时刻地理坐标系下的载体加速度，其中，$^b\tilde{\boldsymbol{a}}_k$ 为加速度传感器的测量值，R_b^w 为载体坐标系到地理坐标系的旋转矩阵；陀螺仪测得的角速度为 $^b\tilde{\boldsymbol{\omega}}_k$，补偿后的角速度 $^b\boldsymbol{\omega}_k = {}^b\tilde{\boldsymbol{\omega}}_k - \boldsymbol{b}_k^g - w_g$；$\Delta T$ 为采样周期。时间更新方程矩阵形式如下

$$\begin{bmatrix} {}^w\boldsymbol{p}_{k+1} \\ {}^w\boldsymbol{v}_{k+1} \\ {}^w\boldsymbol{q}_{k+1} \\ \boldsymbol{b}_{k+1}^a \\ \boldsymbol{b}_{k+1}^g \end{bmatrix} = \begin{bmatrix} I & I\Delta T & 0 & -R_b^w \times \Delta T^2/2 & 0 \\ 0 & I & 0 & -R_b^w \times \Delta T & 0 \\ 0 & 0 & I & 0 & 0 \\ 0 & 0 & 0 & I & 0 \\ 0 & 0 & 0 & 0 & I \end{bmatrix} \begin{bmatrix} {}^w\boldsymbol{p}_k \\ {}^w\boldsymbol{v}_k \\ {}^w\boldsymbol{q}_k \\ \boldsymbol{b}_k^a \\ \boldsymbol{b}_k^g \end{bmatrix} + \begin{bmatrix} R_b^w\Delta T^2/2 & 0 \\ R_b^w\Delta T & 0 \\ 0 & {}^w\boldsymbol{q}_k\otimes \\ 0 & 0 \\ 0 & 0 \end{bmatrix} \begin{bmatrix} {}^b\tilde{\boldsymbol{a}}_k \\ {}^b\tilde{\boldsymbol{\omega}}_k \end{bmatrix} + \boldsymbol{B}_k e_k$$

$$(6.161)$$

式中，$\begin{bmatrix} {}^b\tilde{\boldsymbol{a}}_k & {}^b\tilde{\boldsymbol{\omega}}_k \end{bmatrix}^T$ 为加速度计和陀螺仪的测量值；其中误差驱动矩阵 $\boldsymbol{B}_k$ 为

$$\begin{bmatrix} R_b^w\Delta T^2/2 & 0 & 0 & 0 \\ R_b^w\Delta T & 0 & 0 & 0 \\ 0 & {}^w\boldsymbol{q}_k\otimes & 0 & 0 \\ 0 & 0 & I & 0 \\ 0 & 0 & 0 & I \end{bmatrix}$$

$$(6.162)$$

6.5.3　量测方程

UWB 测距噪声模型由白噪声和 NLOS 误差组成，当场景中无非视距情况时，噪声模型仅存在白噪声模型，当 UWB 测距出现 NLOS 情形时，测距值 $\tilde{d}$ 会出现较大的变化，系统量测方程表述为[44]

$$\tilde{d} = \| {}^w\boldsymbol{p} - {}^w\boldsymbol{p}_a \| + e \qquad (6.163)$$

式中，$^w\boldsymbol{p}$ 为定位标签真实位置；$^w\boldsymbol{p}_a$ 为 UWB 系统基站位置，事先设定好，写入程序中；$e = e_M + e_{NLOS}$ 为测距误差。

6.5.4　耦合导航

Kalman 滤波器往往对状态误差进行建模，可使位姿求解和滤波算法分开计算，即运动方程递推输出载体位姿，滤波器推测状态误差，并将误差反馈到系统状态量中。故滤波器中的状态量分别为位置误差、速度误差、姿态误差、加

速度和陀螺仪零偏[45]。$\delta \boldsymbol{x}_k$ 表示为

$$\delta \boldsymbol{x}_k = \begin{bmatrix} {}^w \delta \boldsymbol{p}_k & {}^w \delta \boldsymbol{v}_k & \delta \boldsymbol{q}_k & \boldsymbol{b}_k^a & \boldsymbol{b}_k^g \end{bmatrix}^{\mathrm{T}} \tag{6.164}$$

时间更新环节获取位姿误差的先验估计：

$$\delta \boldsymbol{x}_k^- = E_k \delta \boldsymbol{x}_{k-1} \tag{6.165}$$

式中，E_k 为误差更新矩阵，由式（6.160）可知：

$$E_k = \begin{bmatrix} I & I\Delta T & 0 & -R_b^w \Delta T^2/2 & 0 \\ 0 & I & 0 & -R_b^w \Delta T & 0 \\ 0 & 0 & I & 0 & 0 \\ 0 & 0 & 0 & I & 0 \\ 0 & 0 & 0 & 0 & I \end{bmatrix} \tag{6.166}$$

由此，先验的误差协方差矩阵为

$$\boldsymbol{P}_{k+1}^- = \boldsymbol{E}_k \boldsymbol{P}_{k-1} \boldsymbol{E}_k^{\mathrm{T}} + \boldsymbol{B}_k \boldsymbol{Q}_{k-1} \boldsymbol{B}_k^{\mathrm{T}} \tag{6.167}$$

状态误差中的位置误差与 UWB 测距值存在关联，设先验位置误差估计 ${}^w \delta \boldsymbol{p}_k^- = \begin{bmatrix} {}^w \delta x_k^-, & {}^w \delta y_k^-, & {}^w \delta z_k^- \end{bmatrix}^{\mathrm{T}}$，导航系统递推得到的位置坐标 ${}^w \hat{\boldsymbol{p}}_k = \begin{bmatrix} x_k^-, & y_k^-, & z_k^- \end{bmatrix}^{\mathrm{T}}$。定义测量函数 $h(\delta \boldsymbol{x}_k)$ 计算包含载体先验位置误差和不包含载体先验位置误差两种情况下基站与定位标签距离之差，即

$$h(\delta \boldsymbol{x}_k) = \begin{bmatrix} \| ({}^w \hat{\boldsymbol{p}}_k + {}^w \delta \boldsymbol{p}_k^-) - {}^w \boldsymbol{p}_a \| - \| {}^w \hat{\boldsymbol{p}}_k - {}^w \boldsymbol{p}_a \| \end{bmatrix} \tag{6.168}$$

非线性量测函数 $h(\delta \boldsymbol{x}_k)$ 进行一阶泰勒展开，量测函数雅可比矩阵求得：

$$\boldsymbol{H}_k = \frac{\delta(h(\delta \boldsymbol{x}_k))}{\delta(\delta \boldsymbol{x}_k)}$$

$$= \begin{bmatrix} \dfrac{{}^w p_{a,x} - ({}^w \hat{x}_k + \delta^w \hat{x}_k)}{\| ({}^w \hat{\boldsymbol{p}}_k + {}^w \delta \boldsymbol{p}_k^-) - {}^w \boldsymbol{p}_a \|} & \dfrac{{}^w p_{a,y} - ({}^w \hat{y}_k + {}^w \delta \hat{y}_k)}{\| ({}^w \hat{\boldsymbol{p}}_k + {}^w \delta \boldsymbol{p}_k^-) - {}^w \boldsymbol{p}_a \|} & \dfrac{{}^w p_{a,y} - ({}^w \hat{z}_k + \delta^w \hat{z}_k)}{\| ({}^w \hat{\boldsymbol{p}}_k + {}^w \delta \boldsymbol{p}_k^-) - {}^w \boldsymbol{p}_a \|} & \boldsymbol{0}_{1 \times 12} \end{bmatrix} \tag{6.169}$$

卡尔曼滤波的测量更新环节首先计算滤波器增益，后进行误差量的后验估计并更新后验误差协方差矩阵：

$$\boldsymbol{K}_k = \boldsymbol{P}_k^- \boldsymbol{H}_k^{\mathrm{T}} \begin{bmatrix} \boldsymbol{H}_k \boldsymbol{P}_k^- \boldsymbol{H}_k^{\mathrm{T}} + \boldsymbol{R}_k \end{bmatrix}^{\mathrm{T}}$$

$$\delta \hat{\boldsymbol{x}}_k = \delta \hat{\boldsymbol{x}}_k^- + \boldsymbol{K}_k \begin{bmatrix} \delta d_k - h(\delta \boldsymbol{x}_k^-) \end{bmatrix} \tag{6.170}$$

$$\boldsymbol{P}_k = \boldsymbol{P}_k^- \begin{bmatrix} I - \boldsymbol{K}_k \boldsymbol{H}_k \end{bmatrix}$$

实际计算中，基于误差状态量的卡尔曼滤波简化了卡尔曼滤波的时间更新和测量校正环节，它假定当前状态量被准确校正且不存在误差。故时间更新环

节不对误差状态量做先验计算，仅更新误差协方差矩阵 $\boldsymbol{P}_k^-$。

鉴于时间更新环节先验状态误差为零，量测函数 $h(\delta \boldsymbol{x}_k)$ 为零。在量测函数雅可比矩阵中的一阶泰勒近似也被简化。在误差状态量的后验估计中，只需计算滤波器增益 $\boldsymbol{K}_k$ 和向量 $\delta \hat{\boldsymbol{x}}_k$。下一个计算周期，后验估计状态量误差被反馈到导航系统状态量中，先验误差状态量设置为零。

6.5.5 仿真验证

基于扩展卡尔曼滤波实现了 UWB 系统与 INS 系统的融合，此时，UWB 系统的测距值误差由标准差为 0.1m 的高斯白噪声和均值为 0.2m、标准差为 0.2m 的高斯分布组成。如图 6.8 所示，当室内环境无遮挡时（即误差项只包含均值为零的高斯白噪声），系统水平定位精度较高，水平方向定位值几乎和真值重合，而在竖直方向，相比于单个 UWB 定位系统，组合定位竖直方向的平均绝对误差由 0.5m 下降到了 0.24m，缓解了定位系统在竖直方向上容易受到随机噪声的影响。

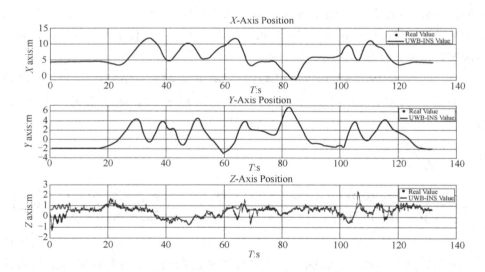

图 6.8 无 NLOS 误差定位曲线

当载体处在非常复杂的室内环境中，即标签与所有基站均有 NLOS 现象发生时。由图 6.9 不难得出，INS-UWB 组合导航的水平定位精度仍然能保持在 20cm 内。但是在高度测量方面，由于基站布局对 UWB 系统高度测量的影响和民用惯性器件较低的精度，组合导航系统并不能满足较高的精度要求。

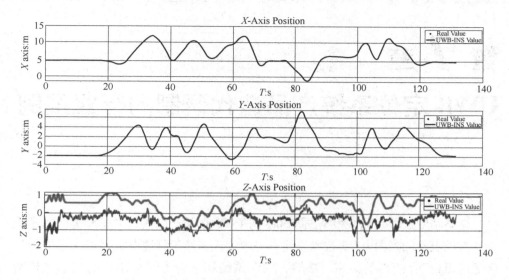

图 6.9　UWB 所有测距值均含有 NLOS 误差定位曲线

6.6　本章小结

　　本章重点介绍惯性导航系统、滤波技术以及组合定位算法，与 UWB 定位技术形成互补，产生较少的定位误差。首先，介绍惯性单元，如陀螺仪和加速度计；接着介绍常见的卡尔曼滤波技术，并对各类技术进行对比；最后，介绍基于 UWB/INS 的松组合与紧组合 AGV 导航方法，使得在室内环境中运行的 AGV 能够获得更为可靠的位置和姿态信息，并通过数值仿真验证了组合定位方法的有效性。

第 **7** 章
UWB 定位系统产品迭代研制的行业案例

在高精度定位领域，根据国际和国内 UWB 相关产品的行业影响力，本章选取具有代表性的国内 UWB 技术企业——南京沃旭通讯科技有限公司（下文简称沃旭通讯），介绍相关标签、基站、软件系统和平台等产品研制的技术迭代路径，分享宝贵的 UWB 产品研制经验。为广大读者在实际学习、研究和项目建设工作中的 UWB 系统建设指导、产品选型提供技术借鉴。同时，为行业企业突破共性关键技术提供技术参考。

企业选择精确定位这个方向起源于 2008 年的一个项目。某儿童医院慕名而来，提出技术需求，希望能实现 30cm 的对新生儿的精确定位，避免发生错抱。当时，团队还在从事 Wi-Fi 产品的开发，针对这个项目的需求，研发团队进行了技术调研。获得的信息是 Ubisense 在从事精确定位的产品销售，后来持续关注精确定位这个行业的发展。直到 2011 年开始和 Decawave 建立联系，到 2013年 10 月拿到量产的芯片。企业定位产品的发展大概有两个阶段，一是基于 UWB 的位置传感器，通过 UWB 标签、基站、计算引擎获得位置，其实就是一套动态的位置感知的传感器；另一个阶段是"位置数据到业务"。研发团队发现在客户使用过程中，很多时候不单纯是基于 UWB 得到的位置进行业务处理，还需要和客户的生产系统进行关联，进行深度的数字化到信息化的转化，进行线上和线下的融合，才能符合整体优化的预期。

7.1 位置传感器

UWB 定位系统的发展，主要经过了三个阶段：产品系统研发、优化、性能和服务升级。企业 UWB 定位系统产品研制的迭代路径如图 7.1 所示。

第一阶段：产品系统的研发。这个阶段是企业产品研制的最初阶段，主要

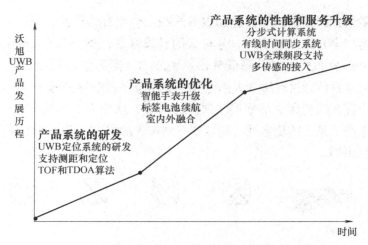

图 7.1　典型企业 UWB 定位系统产品研制的迭代路径

是解决产品的基本系统的开发功能，支持基于测距和无线同步的 TDOA 的定位系统，有满足于室内和室外的产品，针对人员、车辆和物料都有对应的标签，如图 7.2 所示。

定位标签　　　　　　　　定位基站　　　　　　　　计算引擎

图 7.2　UWB 第一阶段产品和系统布局

第二阶段：产品系统的优化。时分系统的支持，开发了新一代的手表，产品的友好性得到进一步提升，支持安灯系统等。新一代的物标签，降低客户的充电维护的工作量；室内外融合产品，减少室外基站的部署，降低客户的系统建设成本，如图 7.3 所示。

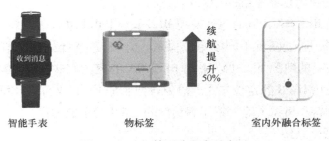

智能手表　　　　　　　物标签　　　　　　　室内外融合标签

图 7.3　UWB 第二阶段产品布局

第三阶段：产品系统的性能和服务升级。全面升级产品，获得更可靠的系统，满足客户全方位系统使用。分布式的计算系统，支持基于 Linux 或者 Windows 等平台的分布式技术，降低单台系统压力，提高业务的可靠性和稳定性；有线时间同步系统通过时钟分发的方式，实现了系统时钟来源于同一个时钟源，避免环境中存在其他因素导致同步链路不可靠，影响系统的稳定性。通过有线时间同步系统，系统的稳定性、精度都得到极大的提高。图 7.4 所示为 UWB 第三阶段产品布局。

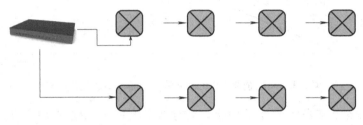

图 7.4　UWB 第三阶段产品布局

由图 7.4 可知，该系统同时支持上行 TDOA 和下行 TDOA，对于人、物料，采用上行 TDOA 定位的方法，标签发送定位报文，基站接收报文并形成时间戳，然后计算引擎上可以获得的位置，这种模式的特点是功耗低，但容量受到限制（理论上会受限，但实际使用中是足够满足使用的）；下行 TDOA 是基站定位广播，标签根据这种类似 GPS 的广播形式的报文自行计算位置，这种方式主要用于机器人等定位目标，要求高实时性等。在下行 TDOA 的定位方式下，功耗较高，但不限制用户的数量。产品性能和服务功能的扩展包括：UWB 全球频段的支持、BLE 及传感器系统的接入、无纸化系统和全新的室内外融合产品。

（1）UWB 全球频段的支持

以前产品主要支持 3~5GHz 及 6.5GHz 等频段，无法很好地支持日本的频段，公司在新一代产品中，提供了 3~9GHz 的全覆盖的频段，确保产品全球可用。

（2）BLE 及传感器系统的接入

系统支持 BLE 5.0，同时可选支持 BLE 5.1 即 BLEAOA 的定位方案，用户根据目标的不同，通过两种不同的定位体系。比如，对定位精度要求不高，但对成本要求比较高的情况下，可以采用 BLEAOA 的定位方式，其他对定位精度要求比较高的采用 UWB 的定位方式。最为典型的是工厂对人采用 BLEAOA 的定位方式，但对物料和机器人等，采用高精度的 UWB 的定位通道。

（3）无纸化系统

无纸化主要是通过电子纸的方式，替代传统的打印、签核等过程，提高工作效率，降低作业的时间带来的影响成本。通过带电子纸的标签，可以将 MES 生成的数据更新到对应的定位标签上，通过定位标签，能实现对库房的自动出入库等工作；减少了对纸质标签打印以及扫码的工作；E-SOP 系统降低了纸质 SOP 打印、发放及签核的工作，也可以在电子纸的 PAD 上实现签核，提高工作的效率。

（4）全新的室内外融合产品

支持室内外融合定位，并且室外的精度提高到 1m 内，室内的精度最高可达到 5cm。

7.2　位置到业务

在智能制造背景下，各类生产车间和产品组装生产线，常规的作业分析方法不适用于车间内非周期性的生产，抽样调查需要消耗大量的人力，效果有限。比如一个典型的 U 型生产线，若采用常规的手段基本上无法分析操作人员持续运动的运动轨迹。但是，若采用精确定位系统，能根据其运动的轨迹，画出其面条图，根据面条图能快速完成多余动作的分析。

另外一个典型的例子就是叉车的效率分析，比如一个工厂已经有数台叉车，但是否需要采购更多的叉车，主管也只是觉得每辆车都很忙，无法拿出一个准确的数据，也不大可能去看每台叉车的运动情况。而通过定位系统，可以快速完成叉车的效率分析，物料运输次数的统计，主要工作区域的效率如何，低效率的原因，为什么叉车有时候总是停在某个区域等，基于 UWB 定位的叉车路径与效率分析 Speed Heatmap 如图 7.5 所示。

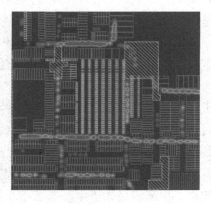

图 7.5　基于 UWB 定位的叉车路径与效率分析 Speed Heatmap

高精度室内定位技术是数字化工厂透明化的基础，是"中国制造 2025"和"德国工业 4.0"的重点。现在工厂进行数字化建设的时候，正如前文所述，重点在机器设备的故障预测，以及在管理系统上的数字化的投入，但对人、物料及融合方面并没有做过多的投入。图 7.6 所示为 UWB 定位相关的生产要素。

由图 7.6 可知，在智能制造背景下，人、机、料、法、环、测是生产六要素。在工厂数字化和透明化的建设过程中，一方面，我们需要知道人在哪里，

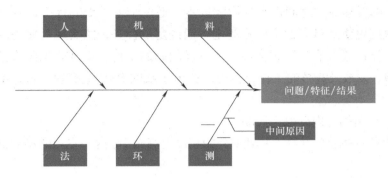

图 7.6　UWB 定位相关的生产要素

人的参与程度，人在生产环节中的影响等，是否有机会提高效率，降低人员的劳动强度。另外一个方面，我们需要知道物料的位置，是否已经进入了工厂，在工厂什么位置，中间环节的入库、移库和出库等操作，乃至于在组装的产线，需要对瓶颈进行识别，然后进行优化和改善。

通过高精度的室内定位系统，可以清晰地了解每个生产要素的位置，以及在产线中移动的轨迹。通过历史位置和生产行为的匹配，可以有效识别多余的移动动作，然后移除冗余动作或者路径，以提升生产率。对于物料加工过程，可以完全进行数字化处理，将物料、位置和时间等信息进行关联，实现整个工厂的物料到产品加工组装过程的数字化和透明化。根据客户的现场需求，UWB定位系统可以提供最高厘米级的定位精度。

很多的应用与发展可以基于室内定位系统的数据，发掘效率潜力。和所有工厂在使用的其他系统一样，高精度的 UWB 定位系统会产生大量的生产要素位置数据，以一个工厂 5000 个生产要素目标为例进行计算，若每秒产生一个位置数据，每天可产生 432000000 条位置记录。如此多的位置数据，需要转化为工厂有意义的信息，然后根据这些信息进行筛选和分析，最终得出我们需要的业务数据。用来满足如下生产需求：

1）提升经济效益，仓储物流、离散制造过程中对于人员与设备的实时定位管理等。

2）降低安全事故风险，危险区域、险情预警与灾后援救等。

3）为精细化管理提供技术保障，人员轨迹管理、资产定位管理、产线工序效率分析、厂内物料追踪、电子围栏等。

4）车间数字化、透明化，厂内智能物料箱、AGV、移动机器人的自动导引等。

企业通过多年的项目积累，室内精确定位系统已经在工业行业得到了广泛的应用，从最初的获取基本位置信息，到基于位置进行业务优化，为客户在安全、效率优化等方面取得了很好的效果。

7.3　UWB 定位引擎软件

以 UWB 定位引擎产品的实际研制案例，提出 UWB 定位引擎的软件功能设计要点。例如，南京沃旭通讯科技有限公司研制的引擎 LS 1000，LS 1000 为自主研发的定位服务软件，支持 TDAA/TAF 两种系统模式。可为上层应用提供精准的位置信息、硬件设备状态信息以及可扩展的传感器信息。定位引擎的技术参数见表 7.1。

表 7.1　LS 1000 定位引擎的技术参数一览表

性能指标	技 术 参 数
处理能力	>20000Hz
系统模式	TDoA/ToF
操作系统	Win7/Win10/Windows Server2012/Linux（乌班图）
计算延迟	$<50\mathrm{ms} + N \times 1/f$（$N$ 为滤波阶数，f 为标签刷新频率）
定位精度	30cm >90%（LOS& 拓扑形状内）

如图 7.7 所示为 LS 1000 定位引擎软件界面，应用场景为生产线物料精确定位。软件内实现实时定位、轨迹回放、电子围栏、智能巡检、SOS 告警、告警

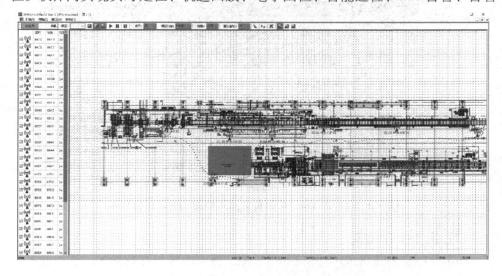

图 7.7　LS 1000 定位引擎软件界面

上传/下发、考勤统计等业务功能。更高的定位精度：LOS（Line of Sight）平均精度优于 30cm，NLOS（Not Line of Sight）平均精度优于 50cm；更低的实施成本：双网合一，一次施工，同时实现 Wi-Fi 覆盖和精准定位，总拥有成本降低50%；更强的稳定性：MTBF ≥ 10000h；更大的系统容量：单区域标签容量大于900，系统标签容量大于 20000，且可根据需求进行扩展；多传感融合：支持计步、心率和气压等各类传感器，以及 BLE 等融合定位，实现多传感的数据采集、处理及挖掘。

7.4　UWB 定位系统后台软件研制

UWB 定位系统后台软件研制本质上需要面向用户智能制造的具体需求，研制具有接口能力突出、适应平台广泛、功能丰富的软件和服务产品。本章以 UWB 定位产品企业——沃旭通讯研制的位置业务融合管理平台（WPAS）为例，介绍 UWB 定位系统后台软件研制的技术迭代路径。

（1）位置地图管理

图 7.8 所示为基于 UWB 定位的位置地图管理功能界面效果图。该类业务功能应具有的功能包括：支持二维/三维地图、支持全景/缩略图共存、大屏，终端多种显示模型、支持多种及国际标准地图。

图 7.8　基于 UWB 定位的位置地图管理功能界面效果图

（2）电子围栏管理

图 7.9 所示为基于 UWB 定位的电子围栏管理功能界面效果图。该类业务功能应具有的功能包括：多种围栏统一管理；部门考勤区、巡检点、告警、仓库

区域等；围栏告警等级、提示、告警；围栏多种属性支持；时间、白名单、黑名单、超员、超时等；规则/不规则，二维/空间围栏等。

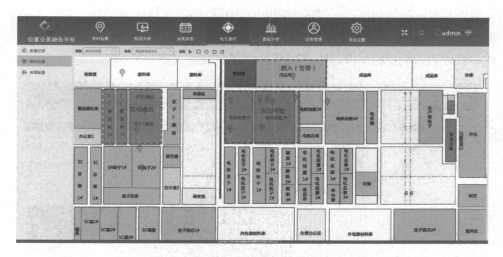

图 7.9　基于 UWB 定位的电子围栏管理功能界面效果图

（3）上传/下发告警

图 7.10 所示为基于 UWB 定位的上传/下发告警功能界面效果图。该类业务功能应具有的功能包括：标签主动告警及摄像头关联；SOS 告警、超长静止告警；标签未佩戴告警、剪断告警；低电量告警、心率异常告警；系统告警；非法进入/离开围栏；一键撤离告警（全部/指定区域）；语音告警系统联动；告警响应及告警维护等。

图 7.10　基于 UWB 定位的上传/下发告警功能界面效果图

（4）应用管理服务-历史轨迹查询

图 7.11 所示为基于 UWB 定位的历史轨迹查询功能界面效果图。该类业务功能应具有的功能包括：一年内的指定时间轨迹回放；轨迹时间段的事件加载；向上/向下的告警、提示事件和管理事件；单区域多人轨迹分析；层数据轨迹回放；轨迹热力图智能回放；1～32 倍速加速回放。

图 7.11 基于 UWB 定位的历史轨迹查询功能界面效果图

（5）应用管理服务-智能巡检管理

图 7.12 所示为基于 UWB 定位的智能巡检管理功能界面效果图。该类业务功能应具有的功能包括：巡检任务建设；时间/人/巡检点/循环周期；巡检任务智能匹配检查；巡检点关联摄像头；巡检任务智能回放。

图 7.12 基于 UWB 定位的智能巡检管理功能界面效果图

（6）应用管理服务-视频联动

图 7.13 所示为基于 UWB 定位的视频联动功能界面效果图。该类业务功能应具有的功能包括：摄像头与定位业务融合；告警/围栏/巡检点自动关联摄像头；摄像头支持指定的 AI 业务；全球主流的摄像头厂商支持；按序自动采集短视频/图片存储。

图 7.13　基于 UWB 定位的视频联动功能界面效果图

（7）应用管理服务-区域点名统计

图 7.14 所示为基于 UWB 定位的区域点名统计功能界面效果图。该类业务功能应具有的功能包括：自定义点名区域；区域内人数实时动态点名；区域内人员详情列表显示；联合视频传感；实时对人员跟踪锁定。

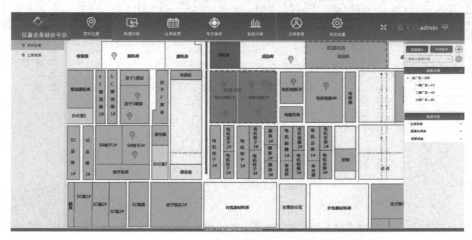

图 7.14　基于 UWB 定位的区域点名统计功能界面效果图

（8）应用管理服务-访客管理

图 7.15 所示为基于 UWB 定位的访客管理功能界面效果图。该类业务功能应具有的功能包括：访客人员的实时定位；对访客人员的身份进行识别统计；联动视频传感，实时追踪现场访客人员位置。

图 7.15　基于 UWB 定位的访客管理功能界面效果图

（9）应用管理服务-自动考勤管理

图 7.16 所示为基于 UWB 定位的自动考勤管理功能界面效果图。该类业务功能应具有的功能包括：自定义考勤区域；实现区域内人员考勤管理；分工种统计人员考勤信息；统计人员的出勤准时/迟到/早退天数。

图 7.16　基于 UWB 定位的自动考勤管理功能界面效果图

7.5　UWB 定位系统接口研发

UWB 定位系统的接口标准化是产品的竞争力之一，需要行业协会的权威引领和技术指导。标准的第三方通信协议和数据接口规范将为行业企业节省大量的研发工作量，节省人力、物力和财力。企业研发也迫切需要技术规范行业和标准。在项目实施过程中，接口定制化是打通智能制造生产要素位置服务与智能制造各类平台与系统之间的关键技术，也是 UWB 系统引擎和后台接口设计与实施的重要方面。UWB 定位系统的标准化接口设计应涵盖的基础接口协议包括：用户登录接口协议、实时位置获取协议、添加和修改地图节点协议、添加和修改地图信息协议和删除地图协议等。为实现技术分享与协同创新，本章以某知名 UWB 定位企业的标准接口为例，在附录部分详细地介绍了 UWB 定位系统标准化基础接口协议，以便于读者进行接口设计和第三方软件数据对接测试。

7.6　产品迭代与性能图谱

企业 UWB 实时定位系统在市场上获得一定的认可后，就会不断地迭代出新的产品以满足用户的新需求。UWB 产品迭代演进主要分为两个阶段：一是位置传感系统的开发建设阶段。二是从位置数据到业务的转型阶段。这两个阶段主要从性能、美观体验、服务等几个方面来体现。典型 UWB 系列产品迭代与性能图谱如图 7.17 所示。

（1）性能方面

性能直接影响用户需求，是整套 UWB 定位系统能否成功落地的一大关键。企业通信结合用户升级的需求及市场需求的变化，在产品自身的稳定性、可靠性、便捷性等层面进行不断的升级，解决在工业场景中系统可满足的应用。

（2）美观体验方面

企业市场部门了解到，在产品性能满足用户的需求之后，由于用户对智能穿戴产品的轻便、美观和佩戴体感的要求日益升高，产品的美观和体感成为用户考量的一个重点。这个基站的设计是否符合工业场景的使用；是否会影响工厂整体的美观度；标签的佩戴是否舒适，是否美观，都成为企业产品研发的重要考虑因素。

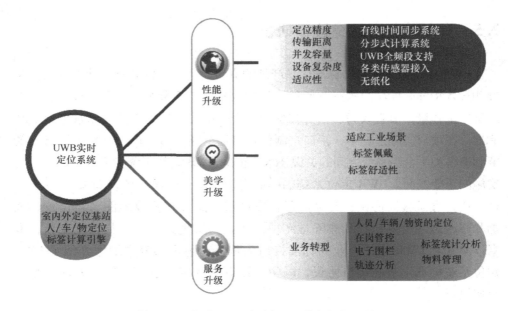

图 7.17　典型 UWB 系列产品迭代与性能图谱

（3）服务方面

UWB 定位系统的最终目标就是基于位置服务，通过数字化去赋能工业制造的转型升级。基于位置服务进行业务功能的拓展，使工厂透明化和可视化。

7.7　本章小结

本章结合市场需求和 UWB 定位技术的发展规律，阐述了 UWB 定位系统软硬件与平台产品开发的技术迭代路径。选取行业代表性企业的产品研制过程和迭代升级路径，详细地讲述了位置传感器、定位业务、定位引擎软件、后台管理软件的研制要点和必备的设计要素，以及系统与第三方软件或者平台的接口定义和开发，最后提出 UWB 定位系统软硬件产品迭代与性能提升的图谱。为行业企业分享了 UWB 高精度定位产品的研制经验，为行业企业突破共性关键技术提供技术指引。

第**8**章

智能制造原理与 UWB 定位系统建设

人工智能理论与技术的发展，驱动传统制造模式步入智能组织进程。制造执行过程的透明化和智能化，越来越需要信息物理融合技术和物联网技术的支撑。其中，人员、设备、物料、产品等生产要素的精确定位与轨迹跟踪，成为智能制造不可或缺的基础业务支撑。为此，本章将从智能制造的原理和技术角度，阐述智能制造柔性物流业务对 UWB 定位技术的本质需求。进一步，从用户角度阐述智能制造 UWB 定位系统的建设要点和流程，为 UWB 定位技术的各行业用户提供了规划、设计和实施的系统性技术指引。

8.1 智能制造概述

8.1.1 智能制造的内涵

制造技术是当代科学技术发展中最活跃的领域。它是产品更新、生产开发和国际技术竞争的重要手段。所有工业化国家都将先进制造技术列为国家高科技关键技术和优先发展项目，给予高度重视和关注。制造业是各个行业的支柱产业，各个行业的发展取决于制造业的支持，包括提供尖端和专业的设备，提供高级通用设备等。国家经济上独立，工业自给自足在很大程度上体现在制造技术水平[166]。

中国智能制造业的发展起步较晚，直到 20 世纪 80 年代后期才开始进行智能制造的研究。目前，我国的智能制造正处于初级发展阶段，其中大部分仍处于研发阶段，只有少数公司（约占 16%）进入了智能制造应用阶段。然而，由于近年来经济全球化的影响，政府和一些企业已经开始重视智能制造的发展，也取得了一些基础研究成果和智能制造技术。一是国家不断地调整和优化智能制造的产业政策。特别是自 21 世纪初以来，我国智能制造业发展迅速，相关产业开始形成一定规模，与发达国家的差距缩小了一定比例。《智能制造技术发展"十二五"专项规划》等文件的发布表明，中国对智能制造的发展越来越重视，建立了越来越多的研究项目，科研经费也大大增加。"智能制造设备发展专项"不仅加快了智能制造设备的创新发展，而且带动了制造业的转型升级。随后，以先进制造业的发展为主要目标，发布了"中国制造 2025"。所有这些表明，我国对智能制造的支持正在不断增加。二是初步建立智能制造装备产业体系。随着新一代信息技术和先进制造技术的融合与发展，中国智能制造设备发展的深度和广度逐渐提高。智能制造设备的工业系统，例如工业机器人、新传感器、自动化的完整生产线和智能控制系统，已经初步形成。一大批具有自主知识产权的智能制造设备取得了突破。自 2012 年以来，工业机器人等智能制造设备行业的销售额已超过 4000 亿元。另外，上海、广东、浙江、四川等省市已经开始进行智能制造的规划布局。海尔等国内先进制造企业也已开始智能升级。2016年，海尔宣布与清华大学合作，其目的是使清华大学能够在智能制造相关领域提供技术和人才。三是智能制造领域的重大突破。首先，它突破了一批核心的高端设备，这些设备长期以来严重威胁着我国的工业安全，例如自动化控制系统和高端加工中心。其次，建立了与智能制造相关的国家工程技术研究中心和国家重点实验室等多个研发基地，培养了长期从事相关领域技术研究与开发的智能技术人才[166]。

从广义上讲，智能制造是新一代信息技术和先进制造技术的深度集成，贯穿产品、制造和服务的整个生命周期以及相应系统的最佳集成，以实现数字化、网络化和智能化，并继续提高企业的产品质量、效率、服务水平，促进制造业创新、绿色、协调、开放、共享发展[167]。

8.1.2 智能制造的发展历程

迄今为止，智能制造的概念和技术发展已经历了数十年的历程。从 20 世纪 80 年代日本提出的"智能制造系统（IMS）"，到美国提出的"信息物理系统（CPS）"，德国提出的"工业 4.0"以及"中国制造 2025"。智能制造已广泛影响了世界主要国家的产业转型战略。在几十年的发展过程中，与智能制造有关的各种范式正在出现并交织在一起，例如精益生产、柔性制造、并行工程、敏捷制造、数字制造、计算机集成制造、网络制造、云制造和智能化学制造。精益生产起源于 20 世纪 50 年代的日本丰田汽车公司，并广泛用于制造业。主要目标是在需要时通过即时生产（JIT）、全面质量管理、全面生产和维护、人力资源管理和其他组件来生产所需数量的产品，这些组件反映了持续改进的思想，是智能制造的基础之一[167]。柔性制造在 20 世纪 80 年代初期进入了实用阶段。它是由数控设备、物料存储和运输设备以及数字控制系统组成的自动化制造系统。可根据制造任务或生产环境的变化快速进行调整。它适用于多品种、中小型生产，该系统具有生产和供应链的灵活性、敏捷性和精确的反应能力。并行工程使用数字工具从产品概念阶段考虑产品的整个生命周期，强调产品设计、过程设计、生产技术准备、采购、生产和其他链接应并行、有序地进行，并尽早展开工作。敏捷制造诞生于 20 世纪 90 年代。随着信息技术的发展，企业采用信息方法，通过快速配置技术，管理和人力资源等资源，快速有效地响应用户和市场需求。中国从 1986 年开始研究计算机集成制造，它是传统制造技术与现代信息技术、管理技术、自动化技术和系统工程技术的有机结合。借助计算机、人员、管理和技术，在企业产品整个生命周期的各个阶段进行有机集成和优化运营[168]。在 21 世纪初，网络化制造兴起，这是一种结合了先进的网络技术、制造技术和其他相关技术而构建的制造系统。这是提高企业快速市场反应和竞争力的新模式[169]。近几年，为解决更加复杂的制造问题和开展更大规模的协同制造，面向服务的网络化制造新模式——云制造开始发展[170]。智能制造是新一代信息技术、传感技术、控制技术、新一代人工智能技术等的不断发展和深入应用，具有自适应、自学习、自决策等功能。这是面向未来的制造范式[171]。

8.1.3　智能制造分类

根据制造业企业或者装备制造企业产品的生产过程、产品特点、生产模式等，对不同类型的智能制造进行了归纳整理，见表 8.1[172]。

表 8.1　各类型（领域）智能制造划分

类　　别	包含项目（内容）	具体内容（指标）
离散型智能制造	产品与工厂设计数字化，制造过程自动化，数据的互联互通，制造执行系统，企业资源计划管理系统，总体技术，综合指标	工厂/车间设计/工艺流程及布局建成数字化模型，实现产品数字化三维设计与工艺仿真，简称产品数据管理系统，实现产品全生命周期管理等
流程型智能制造	工厂设计数字化，生产过程自动化，数据互联互通，制造执行系统，企业资源计划管理系统，总体技术，综合指标	车间/工厂设计/工艺流程和布局建成系统模型，数据自动化采率，自控投用率90%以上，实时数据平台与过程控制系统/生产管理系统实现互通集成，可靠的信息安全技术等

（续）

类　别	包含项目（内容）	具体内容（指标）
网络协同型智能制造	并行工程技术，资源配置功能，智能制造总体技术，智能制造综合指标	产业链不同环节企业之间资源、信息及知识共享，围绕产品实现 异地的研发、设计、测试、人力等资源的有效统筹与协同、信息、知识等资源异地共享
大规模个性化定制型智能制造	个性化产品数据库，模块化设计方法，个性化定制平台，敏锐弹性智能制造，智能制造技术，智能制造综合指标	产品模块化设计，符合客户要求的个性化产品，个性化数据，新产品研发，弹性生产、货物运输和售后服务等有机统一与不断优化等
远程运维型智能制造	远程运维服务平台与服务软件，远程运维服务核心模型，远程运维服务综合指标	云服务平台，装备实现无人控制、产品储存实现优化管理、预测与决策、运行性能优化等服务，核心部件生命周期分析平台，专家系统的故障预测模型等

　　由表 8.1 可知，不同类型制造业或者装备制造业的智能制造在一些细节上或者表述中有些差别，但是整体的意思与终极目标是相同的，即在新一代信息基础上，把设计、生产、管理、服务等制造的各个环节都融入智能制造，使其具备信息自感知、自决策以及自执行等优质功能的制造生产过程、系统及模式。

8.1.4　智能制造关键技术

　　（1）高新化制造技术

　　在智能制造过程中，以技术与服务创新为基础的高新化制造技术需要融入生产过程中的各个环节，以实现生产过程的智能化，提高产品生产价值。主要包括广泛应用工业机器人与智能控制系统的智能加工技术、基于智能传感器的智能感知技术、满足极限工作环境与特殊工作需求的智能材料、基于 3D 打印技术的智能成型技术等。

　　（2）大数据技术

　　全球化物联网的出现，源源不断地产生了海量数据，面对这些数据所具备的"4V"特性—大规模性、多样性、高速性与低价值性，如何利用大数据技术对这些数据进行处理与融合，实现生产制造过程的透明化，从中获取价值信息，并依靠智能分析与决策手段提高应变能力，是提高制造过程"智能"水平的关键所在。

　　（3）云计算

　　为了应对全球化的物联网和大数据的出现，云计算基于资源虚拟化技术和分布式并行架构，为用户提供基础架构、应用软件和分布式平台等服务，以实现分布式数据的存储、处理、管理与挖掘。通过合理地使用资源和服务，云计算为实现智能制造敏捷化、协同化、绿色化与服务化提供了切实可行的解决方案。在确保数据隐私和安全的前提下，它将获得企业广泛的认可。

（4）信息物理融合系统技术

尽管《中国制造业 2025》《德国工业 4.0》和美国《先进制造业战略》提出的背景不同，但其共同目标之一是实现制造业的物理和信息世界的互连和智能运营，面临的共同难题是实现制造的物理世界和信息世界之间的相互作用和融合[173]。2006 年美国国家科学基金会（NSF）组织召开了国际上第一个关于信息物理系统的研讨会，并对 Cyber- Physical Systems（CPS）这一概念做出详细的描述[174]。CPS 作为计算进程和物理进程的统一体，是集计算、通信和控制于一体的下一代智能系统[175]。它是计算进程和物理进程相互影响的统一体，从根本上改变人类建立工程物理系统的方式。此后，美国各界开始重视 CPS 的研究和实践探索，并将其视为引领未来制造业优先发展技术领域。2013 年，德国《工业 4.0 实施建议》提出 CPS 是"工业 4.0"的核心技术，并在标准制定、技术研发、验证测试平台建设等方面做出了一系列战略部署[176]。CPS 来源于控制技术和信息技术的兴起，并随着制造业和互联网一体化的迅速发展，它正在成为支撑和引领世界新工业革命的核心技术体系。CPS 使得虚拟空间中的虚拟物体和物理世界中的物体进行了信息集成与交互，淡化了虚实世界之间的分界[177]。虚拟世界与物理世界的信息融合通过 CPS 产生了根本性的变化，称为"工业 4.0"的实现技术。

为了实现对发达国家先进制造技术的跟进及赶超，我国在《中国制造 2025》发展规划中提出，"CPS 的智能设备、智能车间等智能制造正在引导新一代制造变革"，加强 CPS 系统的研发与应用是实现这一变革的重要途径。

（5）物联网技术

当前经济的发展需要将计算机技术扩展到制造业的各个环节中。网络和控制单元实现了物质空间与信息系统的整合与统一。互联网的快速发展将被用来连接各种各样的设备，这样就可以快速、高效地处理信息，同时根据处理的结果相应地控制物理世界。物联网强调传感器、无线网络、嵌入式等技术，通过传感设备对各种物品进行互连和信息交换，使原来的人-人互动网络可以转化为更广泛的内容-内容连接网络。物联网的核心技术主要分布于环境中的网络并且直接在环境中进行计算的。在 CPS 系统中，CPS 将计算空间和物理世界紧密地结合在一起，它包括了物联网，因为它除了基本感知功能外还有控制功能。

物联网技术通过基于 RFID 技术与智能传感器的信息感知过程、基于无线传感器网络与异构网络融合的信息传输过程、基于数据挖掘与图像视频智能分析的信息处理过程实现制造过程的生产过程控制、生产环境监测、制造供应链跟踪、产品全生命周期监测等，帮助企业更好地掌握与利用地方资源，在智能制造的全球化进程中发挥着不可替代的作用。

物联网可以分为三层：感知层、网络层和应用层。传感层包括二维代码标签和代码读取器、RFID 标签和读取器、相机、GPS、各种传感器、传感器网络、M2M 终端和传感器网关等。感知层的主要功能是感测和识别对象，收集并捕获信息。网络层是物联网技术最重要的部分。通常，网络层由各种信息网络和多网络融合网络组成。实际上，网络层具有网络传输能力，并且还应该提高信息控制能力。网络层是物联网成为通用服务的基础架构。应用层是物联网技术与行业深度融合的结果，是物联网与用户（包括个人、组织或其他系统）之间的接口，实现了物联网的智能服务应用。物联网在当前制造业中的应用主要促进制造业中的通信和信息共享。世界上没有统一的物联网结构，最具代表性的结构是基于欧美支持的 4G 核心网的全球物联网和日本的人员身份识别物联网系统[178]。

（6）智能制造执行系统技术

智能制造执行系统针对协同化、智能化、精益化与透明化需求，在已有的传统 MES 基础上增值开发智能生产管理、智能质量管理、智能设备管理等功能模块，实现全流程一贯制生产过程与产品质量智能控制，并基于物联网和大数据实现制造过程的实时远程监控、事件预测、事件分类和事件响应，实现工厂自动化与信息化的两化融合，是实现智能工厂的核心环节[179]。

8.2 智能制造中物流柔性化和透明化

8.2.1 柔性与物流的概念

（1）智能制造中的柔化

柔性（Flexibility），最早于 20 世纪 80 年代在制造领域被提出，作为从管理视角探讨制造柔性的两位先驱者 Gerwin（1982）和 Slack（1983）都没有给出柔性的清晰定义，而将柔性仅仅定义为"有效应对环境变化的能力"，这就暗含了柔性变化的被动性，其实，这种被动性只是在"大环境小系统"的情景下产生，系统环境对系统功能具有决定性作用而系统柔性功能对系统环境的影响甚微。

但是，随着产品的差异化越来越明显，市场不断细分，企业必须主动变化去影响环境，柔性更加成为一种企业主动学习、系统待续地整合内外部资源、制造创造变化的能力，这种能力包括以最小的时间代价、精力代价、成本代价和业绩损失，对环境变化做出决策反应能力、协调反应能力甚至反击能力的综合能力。因此，无论被动应对环境变化，还是主动影响环境变化，柔性的目的都是为了在竞争中获得优势[180]。

柔性能力的构成如图 8.1 所示，从柔性水平的高低可将柔性能力分为创新能力、适应能力和缓冲能力。创新能力是为解决复杂的创造变化，适应能力是为解决环境的随机变化，缓冲能力是为减少和缓存变化。

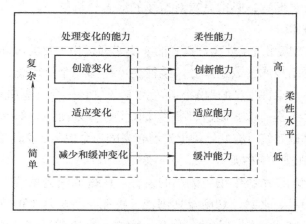

图 8.1　柔性能力的构成

柔性生产模式是一种新型的企业生产组织形式。其内涵实质表现在以下几个方面：

1）实现虚拟生产。虚拟生产是指面对市场环境的瞬息万变，要求企业做出灵敏的反应，而产品越来越复杂、个性要求越来越高，任何一个企业已不可能快速、经济地制造产品的全部，这就需要建立虚拟组织机构，实现虚拟生产。在大规模生产系统中即使提高生产能力和采用精益生产，但企业仍主张独立进行生产，企业间的竞争促使各企业不得不进行大规模生产。而柔性生产所实现的虚拟生产将促使企业采用较小规模的模块化生产设备，促使企业间的合作，每一个企业都将对新的生产能力做出部分贡献。由于竞争者、供应者和用户在它们的相互关系中发挥着不断变化的作用，所以柔性生产改变了工业竞争的意义。在这里，竞争、合作、供货、买方的关系将随着产品的变化而变化，使得竞争和合作二者兼容。

2）拟实生产。也就是拟实产品开发，它运用仿真、建模、虚拟现实等技术，提供三维可视环境，从产品设计思想的产生、设计、研发，到生产制造全过程进行模拟，以实现在实体产品生产制造以前，就能准确地预估产品功能及生产工艺性，掌握产品实现方，减少产品的投入，降低产品开发及生产制造成本。

3）柔性生产的出发点是基于对未来产品和市场的灵活最具柔性的资源，这是因为人有社会动机，有学习和适应环境的能力。人能够在柔性生产模式下通过培训、学习、模仿和掌握信息技术等而获得所需要的知识与技能。如：一位操作工人原来只需要管理一种产品的生产，而现在需同时负责几个产品、几个岗位的操作，原来只需用一般机械操作即可，而现在必须懂得用计算机进行管理；对于管理人员而言，必须具有对市场的动态分析能力、办公自动化能力及高水平的管理技术。

4）高技术的应用。柔性生产模式的实现必须运用大量的高新技术，如计算机集成技术、网络技术、数据库等。柔性生产作为一个新概念，尚处于不断发展和完善之中。对柔性生产的理解实际上可认为它是一个计算机集成制造系统、企业联盟、并行工程、拟实制造、高素质员工等多方面的系统集成，是一个基于计算机集成制造系统且在此基础上发展起来的一个更高层次的集成大系统。

（2）智能制造中的物流

物流是智能制造系统中物料流动的总称。在智能制造系统中，流动的物料主要有工件、刀具、夹具、切削及切削液。物流系统是从 FMS 的进口到出口，实现对这些物料自动识别、存储、分配、输送、交换和管理功能的系统。FMS 的物流系统对输送装置的要求是具有通用性、变更性、扩展性、灵活性、可靠性。物流柔性是指在外部环境条件变化的情况下，以合理的成本水平，采用合适的运输方式，在合适的时间和地点收集和配送合适的产品或资源，以及服务，以满足顾客或合作伙伴需要的能力。

物料输送形式，包括工件储运系统和道具储运系统。由工件装卸站、自动化仓库、自动化小车、机器人托盘、缓冲站、托盘交换装置、传送带、刀具库系统、交换工作台、夹具系统、切刀机械手等组成，储存和搬运系统搬运的物料有毛坯工件、刀具夹具、检具和切削等。运输路线可粗略，分为直线式环形、封闭式网状式和直线随机式三类。储存物料的方法有平面布置的托盘库，也有储存量较大的桁道式立体仓库。

8.2.2 物流的柔性化和透明化策略

物流是传统服务业，不管时代如何进步，物流搬运、仓储的基本功能不会变，基本逻辑都是实物和业务信息的分和合、集和散。技术的进步是为更好地配合制造和消费，更好地提高物流效率，压缩整个物流过程的时间，减少物流环节，以适应客户定制化需求[181]。

一个柔性化的物流系统必然需要具备柔性化的设备和柔性化的软件，需要有很高的可塑性和适应性，从而契合客户多业态、多场景、多功能的要求。例如，当客户业务模式发生变化、订单结构调整时，智能仓储系统能够灵活调整。当然，这就对设备和软件提出了更高的要求。

当前物流技术的快速变化，使得物流朝着柔性化方向发展。在物流系统中，柔性化变现为通过系统组成结构、人员组织、运作方式和装备组成等方面的动态变化，对需求变化做出快速反应，满足不同种类物流作业要求，同时消除冗余损耗，力求获得最大效益[180]。

对于物流系统柔性的分类，从系统的角度可以分为三个层面，基本要素柔性、过程柔性、综合（战略）柔性。其中基本要素柔性表现为产品或服务柔性、顾客需求柔性、运输工具柔性、运输路径柔性、仓储搬运等物流设备设施柔性和人员技能柔性。过程柔性表现为多路径转移柔性，延迟柔性、计划柔性和执行柔性。综合（战略）柔性表现为物流设施选址和布局柔性、分销配送系统柔性、物流网络柔性、物流信息系统柔性和供应链关系柔性。

物流系统柔性化和透明化，实际上不仅表现为组织内部柔性和透明，更延伸到组织外部及整个供应链。体现为供应链各个环节之间物流运转的灵活性，计划的周密性，关系的协调性信息，沟通的畅通与及时性以及可供选择的物流运输路线和网络的适应性等诸多方面。

8.3　智能制造中的柔性物流系统

智能制造领域，针对市场对柔性化物流系统越来越强烈的需求，目前行业在设备层面和软件层面均出现了多种代表性的柔性物流解决方案。在设备层面，代表性的解决方案如 AGV。在制造行业，AGV 在智能物流仓储的应用被称为是物流自动化系统中最具有柔性化的一个环节，也是在物流领域中首选的简单有效的自动物料运输方式。AGV 被广泛应用到产线物料搬运、成品输送到库、原材料输送到产线等场景；在流通行业，类 Kiva 机器人的应用越来越广。在软件层面，仓库管理系统（WMS）、仓库控制系统（WCS）对于柔性化的体现也至关重要。WMS 系统可以帮助企业实现从产品入库到出库的四面墙内的精细化管控，与上位 ERP 系统对接，实时跟踪仓库业务的物流和成本管理全过程，同时与 WCS 系统对接，实现与自动化设备的无缝对接，追溯物流各个环节的数据采集，实时了解各环节的作业状况。WCS 系统自动分配 WMS 系统的生产任务，并且可以柔性化地协调各种物流设备如输送机、堆垛机、穿梭车以及机器人、自动导引小车等物流设备之间的运行。软件是仓库的"大脑"，大脑通过对业务流程及数据等信息的精准掌握，最终进行正确的逻辑管控，实现柔性作业[181]。

8.3.1　柔性物流系统分类

同生产制造系统柔性类似，物流柔性是指物流系统应对变化的结构和能力，主要是应对需要资源的数量、时间、地点及其组合的变化。物流柔性分为内在柔性和结构柔性。内在柔性与运输和物流产品/服务的多样性有关，通过"范围"，加以测量扩结构柔性反映物流设施布局的结构特征以及各管理层次沟通与传递信息的渠道，由资产分布所决定。例如配送中心的选址、顾客之间的多路径转移运输、企业物流组织结构与物流信息系统等均属于物流系统的结构柔性。

从供应链视角，物流柔性可以分为组织内柔性和供应链柔性。在组织内部，物流实际上又是在许多部门间转换，由物流计划一方转移到执行的一方。所以，物流柔性可以分为计划柔性和执行柔性。计划柔性反映事先计划的可能性以及事先计划活动的数量，执行柔性反映执行的数量和时间，两者共同决定了组织内部物流柔性的大小，也就是说，只有计划柔性和执行柔性具有一致性时，物流系统才具有柔性。我们将组织内部的物流链延伸到组织外部，即整个供应链，就表现为供应链各个环节之间物流运转的灵活性、计划的周密性、关系的协调性、信息沟通的畅通与及时性以及可供选择的物流运输路线和网络等。基于前面对生产制造系统柔性和物流系统柔性的分析，我们提出一个物流系统柔性的基本分类框架[181]，见表 8.2。

表 8.2　物流系统柔性分类

基本（要素）柔性	过程柔性	综合（战略）柔性
产品/服务柔性	多路径转移柔性	物流设施选址与布局柔性
顾客需求柔性	延迟柔性	分销配送系统柔性
运输工具柔性	技术柔性	物流网络柔性
运输路径柔性	执行柔性	物流信息柔性系统
人员技能柔性		供应链关系柔性

8.3.2　柔性物流系统优点

节约仓库占地面积，使仓库的空间实现了充分的利用。由于自动化立体仓库采用大型仓储货架的拼装，又加上自动化管理技术使得货物便于查找，因此建设自动化立体仓库就比传统仓库面积小，但是空间利用率大。目前，提高空间的利用率已经作为系统合理性和先进性的重要考核指标。同时，在入库出库的货物运输中实现自动化，搬运工作安全可靠，减少了货物的破损率，还能通过设计使一些对环境有特殊要求的货物有很好的保存环境，减少了人在搬运货物时可能会受到的伤害。自动化立体仓库的存取效率高，因此能够有效地连接仓库外的生产环节，可以在存储中形成自动化的物流系统，从而形成有计划的编排的生产链，使生产能力得到大幅度的提升[183]。

实现物流系统柔性化是企业适应当前市场细分、用户需求多元化形势的必然选择。在生产制造领域，使用柔性化的生产设备，运用 JIT 等方式组织生产，满足小批量、多批次产品以及客户定制等需求的柔性生产模式已经普遍应用，但与之配套的物流系统柔性化目前尚未形成较为完整的体系结构。因此，企业应建立以客户为中心的物流服务网联，使供应链上各物流节点能根据企业自身及用户需求的变化，动态策划、组织与实施物流活动，进而实现企业效益的最大化。柔性化的物流运作模式还需要在管理方法和实践应用方面进行不断的摸索。

8.3.3　企业对物流系统柔性化的需求

企业对物流系统柔性化的需求首先来自于企业对克服不确定性的强烈诉求。这种不确定性大体分为两大类：需求的不确定性和环境的不确定性。需求的不确定性，主要表现在物流服务对象的不确定和对物流服务要求的不确定，前者包括物流服务区域的不确定性，物流服务对象的种类或数量不确定等，后者包括物流服务时间、地点、速度、效率和效果等，要求参差不齐。环境的不确定性可以从物流系统的内部环境和外部环境两个层面去认识，前者可能表现在物流技术的更迭，物流管理理念和手段的创新等，这些变化直接作用于物流系统内部各个层面和各个环节，后者表现为物流系统之外的商业运营模式的变化、相关产业政策的变迁、宏观经济形势的突变等，这些对物流系统绩效产生直接或间接的影响[180]。

其次，企业对物流系统柔性的需求来自于生产制造领域柔性化的要求。20 世纪 90 年代，柔性制造系统、计算机集成制造系统、制造资源系统、企业资源计划以及供应链管理的概念和技术相继出现。其实质是要将生产流通进行集成，根据客户端的需求，组织生产安排物流活动，因此，物流系统柔性化，正式使用生产流通与消费的需求而发展起来的一种新型物流模式，这就要求物流中心要根据消费需求的变化，如"多品种、小批量、多批次、短周期"等，灵活地组织和实施物流作业。

再比如，物流系统中金字塔式的组织结构，造成并加重了多层级管理中信息不完全和非对称，又由于物流业务过程常需要处理一些突发的，甚至是复杂的问题，信息的准确送达将影响到物流整体效率和绩效评价，企业物流系统应该是企业组织结构管理模式、设施装备和人员的有机组合体，只有全部要素协调一致，才能实现资源的优化配置和系统的整体性，因此，物流系统的自身完善和建设是对物流系统柔性化提出的最真实要求。

8.4　物流系统柔性的测度

8.4.1　物流系统的范围柔性和响应柔性测度

物流系统的范围柔性是指可供顾客选择的物流服务范围，反映物流服务对顾客需求的适应能力。用 F_r 表示：

$$F_r = \frac{s}{t(1)} \tag{8.1}$$

式中，s 表示企业可提供的物流服务种类；t 表示全部顾客需要或潜在需要的物流服务种类。一般情况下，$0 \le F_r \le 1$。如果 $F_r = 0$，说明物流系统无柔性，完全不能满足顾客的服务需求；如果 $F_r = 1$，说明物流系统完全柔性，提供顾客需要的任何物流服务种类。如果 $F_r > 1$，说明在当前情况下，企业物流服务能力过剩，这种情况较为少见。

物流系统的"响应"能力是一种缓冲能力，是一种以"不变应万变"的能力。市场需求瞬息万变，每个顾客需要不同的物流服务，不仅数量、地点不同，时间要求、路径、交货方式等也不同，所以，要测度物流系统的响应柔性是十分困难的。响应柔性是数量、时间、距离、交货方式等的函数。假定其他因素不变，仅考虑顾客需求的数量变化。首先考虑一个简单的物流系统：一个配送中心为 n 个顾客服务，时间周期为 T，由若干个补货周期 L 构成。X_1，X_2，$\cdots$，X_n 为独立随机需求变量，服从 $N(\mu, \sigma^2)$，即顾客补货均来自配送中心，相互之间没有转移运输。

我们将物流系统的响应柔性定义为顾客需求数量变化的离差 $V(d)$ 与库存数量变化的离差 $V(i)$ 之比：

$$F_c = \frac{\sigma_i^2}{\sigma_d^2} \frac{u_d}{u_i} \tag{8.2}$$

在一个相当长的时间周期内，我们假定 $u_i = u_d$，所以，

$$F_c = \frac{\sigma_i^2}{\sigma_d^2} \qquad (8.3)$$

企业为了应对顾客需求的变动，会采用企业库存、配送中心或 VMI（供应商管理库存）等方式来进行库存调节。一般情况下，由于存在"牛维效应"，库存数量变动要大于顾客需求变动，所以，$0 \leqslant F_r \leqslant 1$。当企业能够完全跟踪顾客需求变化确定库存时，$F_r = 1$，说明物流系统具有完全柔性。$F_r$ 越大，物流系统的柔性就越高，越能够满足顾客变化的需求。

物流系统的柔性不是由范围柔性或响应柔性单方面决定的，而是它们共同决定的，只有当两种柔性均高时，物流系统的柔性才高（实际上，这里没有考虑成本）。所以，我们定义物流系统的柔性 F 为

$$F = \min(F_r, F_c) \qquad (8.4)$$

前面对物流系统柔性的研究是将物流作为一个系统来考虑的，它也适合于对物流过程中某一子系统或职能柔性的计算，将计划方作为供给方，执行方作为顾客，体现了"下道工序就是顾客"的思想。若各个物流子系统的柔性分别为 F_1，F_2，$\cdots$，F_n，则物流系统的柔性为

$$F_e = F_1 F_2 F_n \qquad (8.5)$$

8.4.2　物流系统的多路径柔性

如果考虑多个顾客之间可以实现转移运输，而且忽略转移的时间和成本，则该物流系统具有"多路径柔性"（Traps-routing）。这种多路径柔性实际也是一种范围柔性，也就是说，当一个顾客在满足自身需求且有额外库存时，可以转移运输给别的库存不足的顾客。假定这种转移在两个顾客之间只有一次，基于转运次数的多路径柔性为 u。对于 N 个顾客的配送系统来说，路径柔性有多种方案，$u = 0$，1，$\cdots$，$N-1$。如果 $u = 0$，该物流系统不具有多路径柔性；如果 $u = N-1$，说明在该物流系统中，任意两个顾客之间均可实现转移运输，具有很好的多路径柔性。

8.4.3　物流系统柔性的可靠性测度

提高物流系统柔性，就是为了防止在顾客需求发生变化的情况下不能满足顾客的物流服务要求。Barada 等（2003）考虑到物流系统柔性影响因素的复杂性，建立了一个防止物流系统短缺的物流系统可靠性模型来对其柔性进行测度。

可靠性是指系统在规定的时间内完成规定功能的概率。对于一般的系统而

言，系统的可靠性 D 可表示为

$$D = R + (1 - R)M_0 \qquad (8.6)$$

物流系统直到最后一个补货周期没有供给短缺的概率。物流系统的可靠度 D_L 定义为

$$D_L = P_r + (1 - P_r)P_r^{(u)} \qquad (8.7)$$

式中，P_r 为所有顾客在一个周期内的需求均没有超过已有库存的概率；$P_r(u)$ 为给定多路径柔性 u 克服短缺的概率，即当某个顾客库存出现短缺后，可以通过其他顾客多余库存的转移运输进行补给的概率[182]。

8.5 智能制造中柔性物流的技术基础

8.5.1 定位精度

现代制造业生产设备繁多，生产车间广阔，生产工人数量多，如何实现生产工程的安全管理，进一步提高生产效率，突破生产瓶颈，同时实现对员工的智能化管理及生产设备的维护，是现代制造业面临的难题。为此有必要为工厂/化工厂提供一套集人员设备定位管理的 UWB 高精度定位系统。通过在生产车间部署基于 UWB 技术的定位设备，并为工作人员及相关生产设备配置标签卡（具有唯一 ID），标签卡接收基站下发信号，通过接收信号时间差，利用 UWB 定位 TDOA 算法实现定位功能，结合视频联动等技术，实现对生产车间的智能化管理。

系统由应用层、解算层、传输层和设备层（定位基站和定位标签）构成，传输层主干网通信方式采用无线主干网（现场不方便布线），基于无线主干网的系统架构如图 8.2 所示。

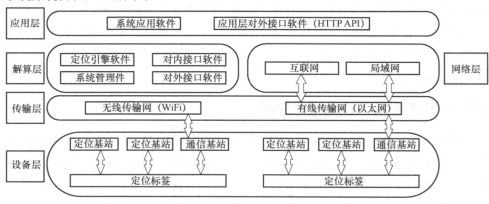

图 8.2 基于无线主干网的系统架构

所谓定位准确度，是指空间实体位置信息（通常为坐标）与其真实位置之间的接近程度，本系统中通俗讲就是系统定位引擎计算出来的标签位置与标签真实位置之间的偏差，系统二维定位准确度为 10cm。二维定位精度即定位系统输出定位标签坐标值的方差，系统二维定位的 3σ 精度（3σ 精度即最多有 0.3% 的测量结果超过该精度）为 0.3m。

8.5.2　实时性

实时定位系统（Real Time Location Systems，RTLS）是未来智能工厂的关键组件。RTLS 解决方案通过室内外精确定位，实现对工厂设备、AGV、人员、工件、物料等实时连续跟踪，生成轨迹路线图，并将定位数据发送给上层的软件系统，结合数据分析，进而提供精细化生产管理[184]。

当今市场瞬息万变、竞争加剧，客户定制化需求增多，要求生产线有更大的柔性。与此同时，随着数字化的发展，制造工业在工厂里安装了大量的组件和设备，对工厂系统的全面了解、实时追踪变得越来越重要。企业如何组织和管理生产以适应客户个性化需求快捷生产的同时还能提高工作效率，如何在复杂的工业环境中提供更好的现场服务，是当前制造业面临的挑战，为此提出了生产灵活、自组织的生产方式和物流理念。

工业识别与定位成为促进制造业数字化的关键技术。帮助企业去改善生产过程和整个物流，使全范围、全过程实现数据可视化，提高时效性，并且避免错误。一方面要简化流程，通过标识对所有的人物车进行识别；另一方面就是定位，通过实时定位可以判断所有的人物车的位置。实时定位系统要适用于复杂工业环境，单一技术是很难实现的，需要融合多种不同的定位技术，才能保证定位的准确性和时效性，真正做到高精度实时定位。

智能工厂 RTLS 解决方案的架构如图 8.3 所示。

当前实时定位技术有很多，可分为室外定位与室内定位，按技术分为 UWB、RFID、GPS 和其他，按应用分为资产跟踪、人员跟踪、物流跟踪和其他。经过多年的发展，实时定位技术的精度、覆盖范围、容量、时延等指标都在优化，随着产业成熟度的增加，RTLS 应用正快速增长，尤其是在汽车和医疗等行业中。RTLS 市场预计全球在 2022 年达到 63 亿美元，从 2016~2022 年间的年复合增长率是 28%。高工业增长、企业数字化转型是驱动 RTLS 市场的主要因素，而成本偏高、环境干扰、系统不兼容、缺乏统一标准是市场的阻碍因素。

从应用客户的角度来说，RTLS 给企业带来的收益主要有四方面：

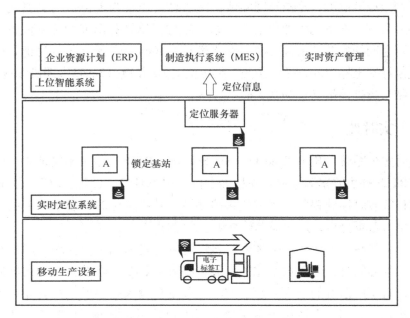

图 8.3　智能工厂 RTLS 解决方案的架构

1）提升经济效益，仓储物流、离散制造过程中对于人员与设备的实时定位管理等。

2）降低安全事故风险，危险区域、险情预警与灾后援救等。

3）为精细化管理提供技术保障，人员轨迹管理、资产定位管理、厂内物料追踪、电子围栏等。

4）车间数字化、透明化，厂内智能物料箱、AGV、移动机器人的自动导引等。

智能工厂的实时定位系统是基于简单架构网络的弹性可扩展定位平台，可提供定制定位解决方案所需的组件和服务，提供一站式 RTLS 解决方案。系统架构如图 8.3 所示，由硬件基础架构、定位管理器和服务集成三部分构成。

1）硬件基础架构：固定于设备上的有源标签以预定义的间隔主动发送无线信号。四台或以上锚定基站接收信号并通过定位网关发至定位服务器。电子标签：与被管理对象（工件、机器人、载具、人员等）绑定，能够以规定的时间间隔发送无线信号。电子标签还可配备数据接口，将详细的位置信息直接传送到本地控制系统，或向上位系统提供必要的传感器数据。锚定基站：接收电子标签无线信号，附加锚定坐标及时间戳，并传输标签附带数据。通过至少三个相互同步的锚定基站，可实现电子标签的三维定位，精度达厘米级。网关：用于将所有记录的数据打包，并传输到上位定位服务器，同时可担当锚定基站功能。定位服务器：计算电子标签的实时位置坐标，通过规则引擎来定义及编辑位置相关的事件类型。

2）定位管理器：用于计算具体电子标签的实时位置的软件系统，采用多模融合的定位技术，并通过指定接口，根据可定义及配置的规则，将详细的信息传送至上位系统。

3）服务集成：定位信息和事件传递给上位系统用于自动控制、数据统计分析、流程优化及调整。

在智能工厂中，实时定位系统服务多样上位智能系统，来自 RTLS 的 4W（Where 何地，When 何时，Who 何人何物，What 何事件）定位数据与来自上位系统 ERP/MES/WMS 等的（How 做何事、如何操作）业务数据相集成，联动工作，最大化利用生产资源，提高现场管理效率和准确性。

RTLS 提供查找、记录、监测、控制、调度功能，可以应用于工厂多种应用场景。a）查找功能高精度定位管理对象，何物何时位于何处，对每个对象有据可查；搜索结果一目了然，实现实时可视化管理；优化物料存储，消除物料不当损耗。b）记录功能自动记录存档人工生产过程内容，全程可追溯；基于位置信息自动控制电动工具的工作状态和程序，减少操作差错；发现潜在质量问题，并做出及时响应。c）监测功能跟踪转运流程，发现瓶颈，优化周转时间；直观显示管理对象相关信息；持续优化整体物料管理过程。d）控制功能创建自组织生产和物流管理理念；建立自组织生产能力，实现车间透明化生产；优化物流路径。e）调度功能智能高效调度员工，安排工单；基于员工位置灵活指挥；基于当前各个工位的工作能力，实现动态流水线作业；人物车和区域安全管理，全方位提高生产安全。

8.5.3　可靠性

根据数控机床企业加工生产运作的一般模式，现场物流主要是指外购件、外协件、自制件半成品和成品等在物资中心库房、生产车间各生产加工现场、装配车间、包装涂漆车间等流转、移动和储存，制造车间现场物流管理的最终目标是要使这些物料不堆积、不断流，按照既定的生产计划有序、顺畅、条理地流动，在最大限度地降低成本的前提下，以最高的效率为制造车间内的所有生产活动提供准确并且及时的物流管理和服务，在进行物流活动的过程中同时还要保障物资的质量和可靠性。

由于行业、产品（系统）特性和使用功能的不同，对于产品（系统）可靠性的定义在不同的应用领域都存在着差异。而对数控机床企业车间现场物流系统的可靠性，目前还没有比较明确的定义。根据我国学者及其他行业对产品（系统）可靠性的定义，本章结合数控机床行业的特点，将制造车间现场物流系统的可靠性定义为：企业制造车间（包括加工车间、装配车间和包装涂漆车间）参与的各方通过组织协调，在规定的时间和空间内，按既定的数量和质量，完成制造车间内物料供应、存储、流通、现场布置等现场物流管理所有相关的服务，最终保质保量并如期完成顺利交付使用的能力[185]。

8.5.4　透明化

对于车间物流可视化指导问题，需要先产生物流配送需求，再根据物流需求进行物流调度优化，然后根据物流优化结果产生物流配送的任务指令。最后再根据路径规划的结果指导物流管理人员物流配送的路径。物流调度优化属于管理层面的问题，可以决定工位之间的物流配送模式，包括物流需求指令产生方式和物流实际配送方式；而后者属于技术层面的问题，需要着重考虑工位间点到点的路径规划，实现物流的调度配送。车间生产可视化系统物流管理模块应用流程如图 8.4 所示。

针对数字化车间物流优化以及指导业务，可分为四个研究过程。a）物流配送模式优化；b）物流信息透明化；c）物流配送任务指导；d）物流配送路径指导。增强现实可视化指导系统在车间物流优化及指导方面的应用主要集中在后三个步骤，通过对车间中物流要素信息进行采集并进行处理，再结合外部物流优化系统的优化信息，将这些信息一并存储到车间的数据库中。通过可视化技术将这些信息在合适的地方进行展示，这就是物流信息的透明化。但是信息的透明化并不能直接形成指导的功能。因此，透明化的信息应该根据外部系统对物流配送模式进行优化的结果形成物流配送需求的信息，该需求信息形成指导信息的逻辑，然后借助于系统的设备展示给物流配送人员。

订单拣选是物流领域最重要的任务之一。为了避免拣选错误，必须以最佳方式为工人提供拣选信息。如今，有很多不同的技术来为订单选择器准备信息，但是他们都有各自的缺点，并且根据各自的技术特征，错误率在 0.1% ~ 0.8%，这意味着在 1000 数量以内的物料订单中有 1 ~ 8 个订单有问题，错误有多种类型，例如，选择了错误的物料或者数量不正确，但是生产线可能因为一个错误就会停止运行。为避免这些问题，利用系统的跟踪功能可以显示物料的位置和面向过程的指示信息，例如 3D 箭头显示通往存储位置并指向拣选单元的方式。这样可以减少寻路的时间，同时可以避免误拣，从而提高了订单拣选的质量。

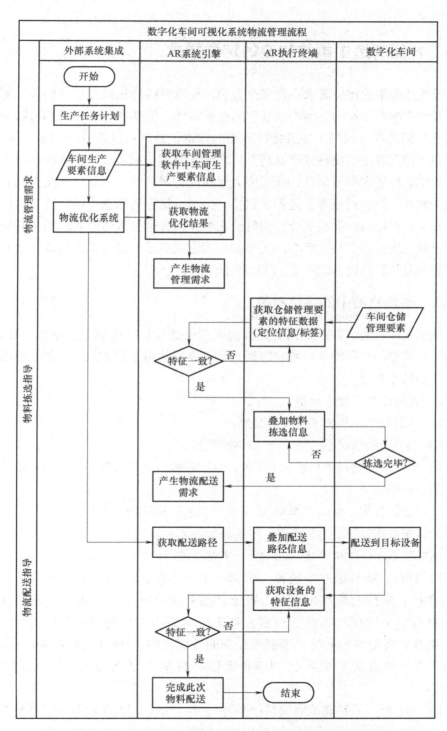

图 8.4　车间生产可视化系统物流管理模块应用流程

8.6　智能制造中柔性物流的定位需求

柔性物流中的定位需求存在多个方面，在流水线的扫描算是一种典型的定位，我们在生产工作中，当物料或产品在流水线上流转的时候，我们可以通过物料上的编码进行识别，知道物料所在的位置，甚至可以进行时间上的关联。比较典型的问题是当物料或产品离开流水线的时候，或还没有进入流水线的时候，它们的位置变得不清楚，或需要大量的人力来维护。比如，在没有进入流水线的时候，供应商是否已经把物料生产完成，是在运输途中吗？什么时候可以入仓，是否能自动完成入仓，物料什么时候需要运到线边仓等。当离开流水线的时候，物料或产品入库多用人工扫描的方式完成，这里是否可以通过直接或间接地定位，自动完成入仓、移库的工作。

8.6.1　柔性物流中的定位对象

谈到柔性物流，首先是需要完成对生产中的物料的位置进行数字化处理。目前比较典型的工厂的生产物料管理员完全是采用电话的方式在沟通。典型表现在下面几个方面：

1）物料库存位置不清楚。

2）供应商的物料加工进度不清楚。

3）物料运输状况不清楚，什么时候将进入工厂。

4）工厂内的物料消耗状况不清楚，什么时候应该进行配料，线边仓的物料使用情况不明确。

生产物料管理不是基于 MES 系统来自动运行和维护，而是靠人、手工的方式，会带来效率低下、容易出错、导致停线等风险。

智能制造车间的生产线柔性物流，主要定位对象包括：

1）物料。物料是一个统称，例如一辆车的车架，乃至于一辆汽车都可称为物料。典型的特点是相对比较大，需要定位标签是有源的，系统可以追踪标签的位置获得物料的位置；在工厂内，由于物料的种类和数量比较多，也就需要配对的标签，要确保系统的容量足够。UWB 定位物料案例-汽车白车身零件如图 8.5 所示。UWB 定位物料案例-汽车安全部件如图 8.6 所示。

2）物料框（物料箱或者物料小车等）。物料框是用来装物料的，被装的物料不方便每个都贴一个标签，物料相对比较多。需要通过定位物料框的方式实

图 8.5　UWB 定位物料案例-汽车白车身零件

图 8.6　UWB 定位物料案例-汽车安全部件

现对物料的定位。物料框有多种形态，最典型的是普通的物料箱子，比如装汽车门的物料框，装物料的小拖车。这些物料框一般没有电，需要通过有源标签对物料框进行定位，确定其在产线或者库房的具体位置、数量等信息，这些信息一般和 MES 系统进行关联。物料周转箱如图 8.7 所示，物料小车如图 8.8 所示。

图 8.7　物料周转箱

175

图 8.8　物料小车

3）AGV 车辆。AGV（Automated Guided Vehicle）主要是用来在工厂内进行物料流转的运输工具（见图 8.9），减少人力的消耗，AGV 的定位方式比较多，由于要求的定位精度非常高，目前常见的是采用 SLAM 为主，再融合其他的定位技术，比如惯导、视觉等。但 SLAM 也会在相似程度非常高，玻璃、室外等环境下面临使用上的挑战；另一方面，AGV 需要实现路径的规划和选择，以及实现物料效率的最优化。

图 8.9　AGV 物料小车和电动叉车

4）叉车。叉车是产线上另外一种主要的运输设备（生产线进料与出库用叉车，见图 8.10），目前市面上的叉车主要有有人驾驶和无人驾驶的版本，无人驾驶的版本是另外一种 AGV 的形态。但有人驾驶的版本，可以包括快速定位到物料的情况，或引导路径规划等。

图 8.10　生产线进料与出库用叉车

另一方面，需要解决叉车和人的安全问题，避免叉车在行驶过程中撞到工人。

8.6.2　柔性物流对定位的功能需求

在数字化工厂中，由于连续的物流已经应用成熟。对于离散物流，比如物料箱的搬运、物料车的搬运，以及 AGV 等物料的搬运。离散物流模式下的零件暂存区料架堆放如图 8.11 所示。这种离散的物流有一种典型的 AGV 的无人输运系统，作为智能工厂的重要组成部分，无人驾驶输送系统和自适应物流开始应用于制品和物流配送系统，无人驾驶物流输送小车可以通过主控系统或语音以及手势识别，下达需要到达取货和送货目的地指令，通过导航和感知识别系统完成自动驾驶路径规划以及取货送货过程，并可以实时地根据现场物流输送路线的拥堵情况，随时计算优化输送路线。智能物流主要解决三个主要的问题，在哪里，去哪里，怎么去的问题。"在哪里"的问题可以通过精确定位来实现；"去哪里"需要通过工厂的 MES 系统来实现。"怎么去"主要是解决 AGV 的问题，通过 AGV 的精确位置和要去的目标位置，实现路径规划，通过 UWB 及惯导等技术，实现融合的精确定位，根据动态规划的路径，实现自动物流。

以前，这些物料框在每次入库时都需要扫码，记录库位，浪费大量的人力资源，通过精确定位之后，工人把物料框直接推到库位上就完成了自动入库、出库、移库，不再需要扫码的流程。立体料架的 UWB 定位需求示意图如图 8.12 所示。

 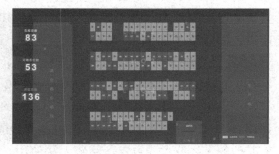

图 8.11　离散物流模式下的零件暂存区料架　　图 8.12　立体料架的 UWB 定位需求示意图

8.6.3　柔性物流对定位的性能需求

为了确保工厂的 7×24 小时的工作，柔性制造中，对物料及 AGV 等目标定位系统需要具备以下典型的特征。

1）系统可靠性。当系统中没有对物料、车辆的定位跟踪的时候，系统依赖于传统的方式在工作，而当系统从逐步使用到完全使用之后，系统的可靠性就变得非常重要，可靠性主要体现为几个方面：因为环境的改变导致系统无法使用。环境改变是指由于产线的调整或设备的重新安装等，导致原来的系统完全不可使用。由于工厂的产线，会由于生产不同的产品进行频繁变动。系统有足够的容错能力，确保能保持 7×24 小时不间断的服务能力；系统需要支持随时查找物料的位置，物料能实现自动确认入库的库位等信息，车辆需要实时更新自己的位置，系统根据实际的路况进行路径的调整等。人员在车辆旁边，是否会有碰撞的风险等。系统具有高度的一致性和可重复性。不同的目标，在相同的位置，定位的结果应该具有高度的一致性和可重复性，才能确保这个系统在现场具有可用性。

2）系统精度。定位精度要能满足数字化工厂的应用要求，对物料的定位，一般要求在 0.5m 以内；对 AGV 的定位，精度要求能达到 0.1m 左右；对叉车的定位，精度要求不能超过 0.5m 以上；

3）系统容量。系统的容量方面，由于工厂的目标数量比较多，需要实现高并发性，系统容量分为两个层次：一方面是无线系统的容量，比如在 30m 的半径范围内，是否可以满足 1000 个以上的目标同时定位，无线不得冲突；另一方面，是整个系统的运算能力，这个取决于系统的硬件配置。

4）应用多样性。系统应用的多样性主要体现在我们的定位目标的不同，比如物料、物料箱等需要的是上行的定位模式，终端发起定位，后台知道位置即可；对于 AGV、叉车等目标，则是需要实时性，若通过定位系统计算，再通过其他通道回传到 AGV 上，系统延迟可能是 100ms，不能满足系统实时性的要求，所以，需要对这类目标外加 GPS 定位方式，保证目标自主位置计算的精确定位。

5）共存性。由于采用无线的定位方式，需要确保系统的共存性，工厂一般存在 2G、4G&5G 的 WiFi，乃至于以后的 6G 的 WiFi，基于 3G、4G（LTE）、5G 等通信，以及工厂内基于 ZigBee、Lora、Sigfox、BLE、NBIOT、EMTC，基于 UHF 的 RFID 等技术，需要确保和这些无线通信技术的共存。一方面，不能因为有其他的无线技术导致定位系统无法使用。另一方面，也不能让定位技术干扰其他无线系统的运行。

8.6.4　无线定位技术对比与选取

目前，无线精确定位技术主要包括三种：a）WiFi 定位。目前 WiFi 是相对成熟且应用较多的技术，这几年有不少公司投入到了这个领域。但是，WiFi 热点容易受到周围环境的影响，定位精度较低。WiFi 定位可以实现大范围的区域定位，但是精度只能达到 2m 左右，无法做到精准定位。b）BLE 定位。与 WiFi 的区别不是很大，但精度会比 WiFi 稍微高一点。iBeacon 蓝牙信标技术的正常运作，需要蓝牙信标硬件、智能终端上的应用、云端上的应用后台协同工作。信标通过蓝牙向附近广播自身的 ID，终端上的应用在获得附近信标的 ID 后会采取相应行动，如从云端后台拉取此 ID 对应的位置信息。终端可以测量其所在处的接收信号强度，以此估算与信标间的距离。因此，只要终端附近有三个或以上信标，就可以用三边定位方法计算出终端的位置。主要问题在于硬件设备电池更换，如果一个企业部署了几万个装置，电池耗尽之后，更换电池的工作量很繁重。c）UWB 定位。从技术上看，无论是从定位精度、安全性、抗干扰、功耗等角度来分析，UWB 无疑是最理想的工业室内定位技术之一。测距精度高达 0.1m，定位精度达到 0.3m 甚至更高，是无线室内定位技术中，定位精度最高的一种。另外，5G 技术也能提供精确定位，但其终端的功耗及基站部署的密度等都会面临一些挑战。这里主要讨论上面的三种技术，见表 8.3。

表 8.3　无线定位技术特性对比表

比较项目	WiFi	BLE	UWB
定位方法	RSSI/FTM	RSSI/AOA	TOF/TDOA/AOA
窄带/宽带	窄带技术	窄带技术	宽带技术
精度	最高可达 0.5m	最高可达 0.1m	最高可达 5cm
可靠性	容易受环境扰动	容易受环境扰动	可靠性高
系统容量	较高	低	高
支持上下行定位	上行	AOD 目前不支持	上下行都支持
功耗	较高	低	低

综合以上比较，在若干数字化工厂的物流精确定位的技术方案中，优先选择 UWB 定位技术。

8.6.5　物流中 UWB 定位方法的选取

UWB 技术具有超高的时间分辨率，保证了 UWB 可以准确地获得带定位目标的时间和角度信息，信号飞行的速度是光速，所以只要知道飞行时间就可以计算出两个设备的距离。结合角度信息利用三角定位等几何定位方法求得待定位目标的位置信息。在 UWB 技术中应用最广泛的是 TOF（飞行时间测距）和 TDOA（到达时间差）。UWB 定位的 TOF 和 TDOA 方法示意图如图 8.13 所示。

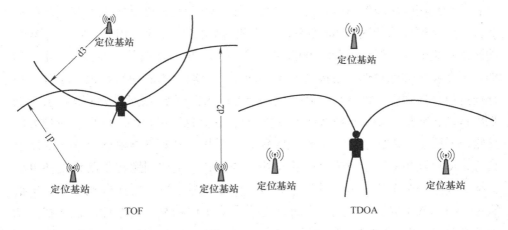

图 8.13　UWB 定位的 TOF 和 TDOA 方法示意图

TDOA 是基于到达时间差定位，系统中需要有精确时间同步功能。时间同步有两种，一种是通过有线做时间同步，有线时间同步可以控制在 0.1ns 以内，同步精度非常高，但由于采用有线，所有设备要么采用中心网络的方式，要么采用级联的方式，增加了网络维护的复杂度成本。另一种是通过无线做时间同步，采用无线同步一般可以达到 0.25ns，精度稍逊于有线时间同步，但其系统相对来说更为简单，定位基站只需要供电，数据回传可以采用 WiFi 的方式，有效降低了成本。基站时间同步之后，标签发送一个广播报文，基站收到之后，标记接收到此报文的时间戳，将此内容发送到计算服务器，计算服务器接收其他基站的定位报文的时间戳，计算出被定为目标的位置。

UWB 技术的 TDOA 定位方法分为上行 TDOA 和下行 TDOA。上行 TDOA 定位方法指由定位标签发射 UWB 定位信号，定位基站接收 UWB 定位信号的定位方法。下行 TDOA 定位方法指由定位基站发射 UWB 定位信号，定位标签接收 UWB 定位信号的定位方法。

上行 TDOA 定位可实现跟踪定位，下行 TDOA 定位可实现跟踪定位和导航定位，特点对比见表 8.4。

表 8.4　UWB 技术的上行 TDOA 和下行 TDOA 性能对比

定位标签容量	上行 TDOA	<	下行 TDOA
定位动态	上行 TDOA	>	下行 TDOA
定位标签功耗	上行 TDOA	>	下行 TDOA
定位基站功耗	上行 TDOA	<	下行 TDOA

位置计算。定位标签和定位基站通过 UWB 脉冲信号进行通信，基站将标签的信息数据采集后转发给定位服务器，数据通过定位引擎的算法处理，得出精准的位置坐标即 x，y。

针对不同目标的定位方法选择。物料、物料框：主要采用上行 TDOA 定位的方法，直接在后台可以看到目标的位置，用于 MES 系统对物料的调度等工作；AGV、叉车：采用下行的 TDOA 的定位方法，终端计算位置后，决定下一步的行走方向，需要非常高的时效性。同时，也可以支持上行的 TDOA 的方法，主要是用于系统管理 AGV 和叉车的位置，便于对系统进行调度。

8.7　智能制造 UWB 定位系统的建设

8.7.1　UWB 定位的空间维度

定位的维度有零维空间、一维空间、二维空间和三维空间。在工厂内，最为常用的是零维和二维定位。具体选择哪种定位的维度，取决于现场的环境和工厂的投入产出比。

（1）零维空间

零维空间主要用来做存在性监测，对定位精度的要求不高，最常见的是一个小的房间，用于检测这个人或物料是否进入了这个房间。零维空间定位示意图如图 8.14 所示。

定位的时候只管是否存在，并不明确这个被定位的目标所在的精确位置。

图 8.14　零维空间定位示意图

（2）一维空间

一维空间主要是应用在比较狭长的区域，比如，走廊、通道等场景，定位的时候，不会关注在通道的左边还是右边，都会被定位在走廊的中间位置。在这种场景下，很难实现精确二维定位，在长宽比例失调的场景中（通道宽 2m、长 30m），若要实现二维定位，需要部署 8 台以上，这种情况下，需要根据客户现场实际的需求来选择定位模式。一维空间定位示意图如图 8.15 所示。

（3）二维空间

二维空间是最典型的定位方式，在工厂现场，多是二维定位，可以知道并

图 8.15　一维空间定位示意图

定位目标的精确的 *XY* 坐标。存在多层楼的情况，依然是二维定位，定位的方法只是需要区别出楼层即可。二维空间定位示意图如图 8.16 所示。

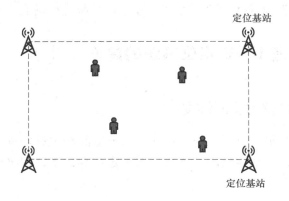

图 8.16　二维空间定位示意图

（4）三维空间

三维空间是通过空间定位的方法获得 *XYZ* 的坐标，在一般的场景下，不太用三维定位，主要的问题是 *Z* 轴需要得到很好的精度，难于满足基站的部署条件。一般工厂的厂房空间高度差只有 4～6m，而通常在 *XY* 的平面方向的基站部署都在 20m 以上。典型的有飞机组装车间，空间高度达到 30m。三维空间定位示意图如图 8.17 所示。

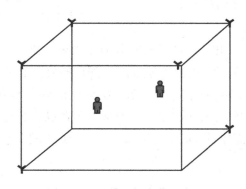

图 8.17　三维空间定位示意图

8.7.2 UWB 定位系统的设备选型

整套系统是基于 UWB 定位技术作为底层数据传感，主要由感知层、传输层、解算层和应用层组成。设备中的标签和基站通过 UWB 脉冲信号进行通信，基站将标签的信息数据采集后转发给定位服务器，数据通过定位引擎的算法处理，将精准的位置信息通过开放的 API 接口传输给上层应用。图 8.18 所示为 UWB 定位系统部署与系统集成示意图。

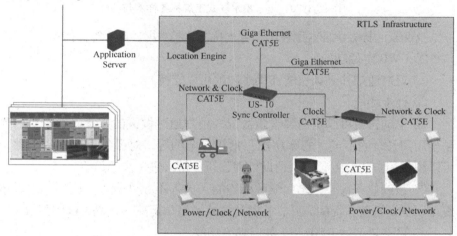

图 8.18 UWB 定位系统部署与系统集成示意图

（1）定位标签选型

定位标签和被定位的目标进行关联。典型的定位标签有以下三种：

1）人标签。在工厂的环境，主要是用到工牌标签、腕带标签两种，主要是佩戴方式的差异，其功能基本相似。工牌标签样例与功能如图 8.19 所示。电子墨水屏式工牌标签样例与功能如图 8.20 所示。

图 8.19 工牌标签样例与功能

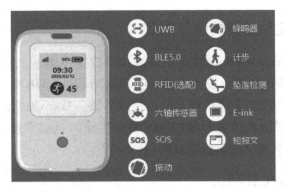

图 8.20 电子墨水屏式工牌标签样例与功能

这两款的标签主要区别在于是否支持电子墨水屏。此标签支持的主要功能有：

① UWB 定位功能。

② 短信通知和确认功能（墨水屏款可以支持）。

③ 计步功能。

④ 主动告警可以是遇到紧急情况，用户通过按键的方式进行告警，也可以是当用户长时间不动，心率超出正常指标范围等，对系统发起主动告警，后台可以根据用户的位置，进行协助处理，避免带来进一步的风险。

⑤ 系统业务告警，比如佩戴标签的人进入不允许进入的区域，这时候，系统可以下发告警，提醒离开，告警的方式有短信提醒、振动、蜂鸣器等。

⑥ 可选该型号 RFID，比如门禁等功能。

腕带标签如图 8.21 所示。

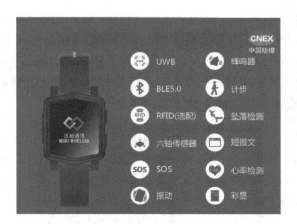

图 8.21 腕带标签样例与功能

腕带标签支持的主要功能有：

① UWB 定位功能。

② 短信通知和确认功能。

③ 计步功能。

④ 心率感知。

⑤ 主动告警可以是遇到紧急情况，用户通过按键的方式进行告警，也可以是当用户长时间不动，心率超出正常指标范围等，对系统发起主动告警，后台可以根据用户的位置，进行协助处理，避免带来进一步的风险。

⑥ 系统业务告警，比如佩戴标签的人进入不允许进入的区域，这时候，系统可以下发告警，提醒离开，告警的方式有短信提醒、振动、蜂鸣器等；

2）物标签。放在物料上的标签，有的物标签上带有墨水屏。物标签的主要特点是具有超大容量的一次性电池，由于被定位的目标是物体，避免频繁充电，带来系统的巨大的维护量。这类标签的典型工作时长在三～五年，降低客户的使用和维护的成本。物标签样例与功能如图 8.22 所示。

图 8.22　物标签样例与功能

此标签支持最高 5000mAH 电池。可以用于物料、物料框的定位。标签支持高亮灯显示，系统需要寻找目标的时候，此灯高亮。电子墨水屏式物标签样例与功能如图 8.23 所示。

图 8.23　电子墨水屏式物标签样例与功能

此标签支持最高达到 10AH 一次性电池，并且支持 400×300 的电子墨水屏，可以用于产线上用于物料加工信息的显示，比如工单、数量、加工工艺描述、对应的主机型号等信息。标签可选支持 NFC 功能，客户可以实现 NFC 设备互联。

3）AGV 及车辆标签。放在 AGV（Automated Guided Vehicle）上的车辆标签，这类标签需要有自解算位置的能力，若将标签的采样数据提供给服务器，服务器计算好之后，再回传到标签，其时效性无法满足应用的要求。这类标签的特点：

① 支持 UWB 自主定位。

② 需要 AGV 或叉车供电。

③ UWB 或设备上的 BLE 通道能接收其他标签的位置信息，可以基于这个位置信息和自己行走的方向，判断是否有碰撞的风险，进行安全控制。

（2）定位基站选型

定位基站是系统的核心，主要功能主要有两个方面：a）无线或有线同步。在 TDOA 系统中，必须要保持基站间时间同步，典型的同步有有线时间同步和无线时间同步。有线时间同步：这种同步模式是通过硬件实现同步，典型特征是整个系统采用一个时钟源，不存在时钟偏差的问题。另外一个方面，同步结果不受到环境的干扰，比如无线干扰或环境变化等，从而得到非常高的系统稳定性和可靠性。这种同步系统下，基站的时钟源可以来自于上一个基站或时间同步控制器，基站之间的同步可以通过同步线进行级联，沃旭通讯提供技术方案，通过标准的网线实现网络、时钟、供电的级联，极大地获得了系统的稳定性、可靠性和精度。但相对来说，其硬件设计的复杂度和产品的成本较高。b）无线时间同步。这种同步方式最大的优势就是简单，通过已经固定的基站定期发送同步包，通过滤波的方式，实现基站间建立一个同步映射的关系。当基站收到标签的报文的时候，通过时间的映射，获得 TDOA 值，多组基站通过 TDOA 的采样值获得目标的精确位置。但无线同步会收到环境的影响，导致同步链路失效，同步精度高，最终导致定位的结果不稳定。最为典型的影响是同步链路受到物理环境的变化，导致同步变差；另外一个方面是无线环境的干扰，导致同步报文丢包等。无线同步当在环境干扰或同步链路不佳的时候，可以通过系统自动学习的功能调整同步链路，实现自动修复。如无法获得修复，直接影响这个区域的定位精度，乃至无法定位；同步链路中无线环境不佳，会导致同步链路的质量受到影响。

1）标签定位数据采集。定位基站采集定位标签的数据，在不同的工作模式下会有差异。在 TOF 模式下，标签的 ID 和定位包序、标签和基站交互之后的距离值、标签的信号信息，可以用于遮挡判断；在 TDOA 模式下，标签的 ID、定位报文的包序、标签报文达到基站的时间戳信息、标签的信号信息，可以用于遮挡判断；在 AOA 模式下，标签的 ID、定位报文的包序、标签报文达到基站的每个天线的相位（可基于相位生成角度信息）、标签的信号信息，可以用于遮挡判断。

2）标签/服务器数据透传。由于 UWB 除定位之外，也可以支持少量的数据传输，标签和服务器可以通过基站进行数据传输，比较典型的有下面一些数据：标签的传感器数据，比如标签的心率数据、计步数据等；上行的告警信息，比如长时间不动，紧急情况下的主动告警、跌落告警等；下行的告警信息，比如围栏告警，未授权进入，另外一个方面比如通知用户需要什么时间到哪里解决什么问题等；其他透传信息，比如机器人标签和服务器之间，可以透传机器人的状态，或服务器要下发的任何内容。

3）服务器接口支持。基站需要和服务器进行交互。主要交互有两个方面：一方面，管理接口。网络连接的建立，基站发现服务器，或服务器发现基站，两者建立关联，和对方相互认证；心跳保持，基站和服务器之间，确保对方工作正常。另一方面，参数配置。软件升级，复位等管理接口；数据接口：标签的定位数据；标签的服务器之间的透传数据。

4）基站和服务器的连接的网络形态有多种，分为有线网络、无线 WiFi 网络、LTE/5G 网络和其他网络等。有线网络方式，比如 10/100Mbit/s 的以太网。基站 POE 交换机有线供电网络架构如图 8.24 所示。时间同步控制器-基站有线供电网络架构如图 8.25 所示。

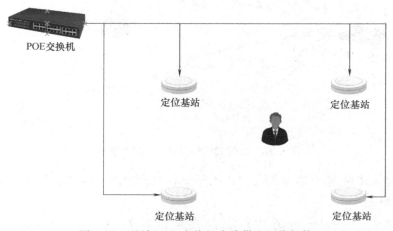

图 8.24　基站 POE 交换机有线供电网络架构

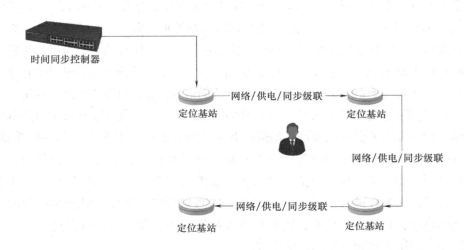

图 8.25　时间同步控制器-基站有线供电网络架构

在有线同步的模式下，同步控制器输出网络和时间，基站之间级联电源、网络、时间信号。采用有线网络的连接方式可以获得较高的系统容量、稳定性和低延迟。无线网络：比如支持 IEEE 802.11BGN、AN 或 AC 的 WiFi 网络；基于 WiFi 连接，有下面三种典型的架构：基站做客户端，连接现有 AP，对等式定位基站-AP 网络架构（见图 8.26）。

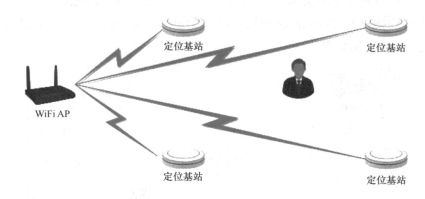

图 8.26　对等式定位基站-AP 网络架构

有的基站做客户端连接做 AP 的基站，代理式定位基站-AP 网络架构如图 8.27 所示。

基站做 Repeater 的方式，混合式定位基站-AP 网络架构如图 8.28 所示。

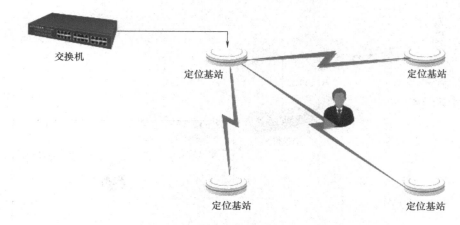

图 8.27　代理式定位基站-AP 网络架构

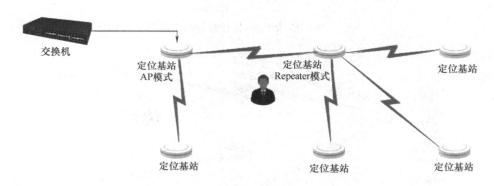

图 8.28　混合式定位基站-AP 网络架构

WiFi 无线网络方式。采用 WiFi 作为基站的回传方式，系统能有效地降低建设的成本，基站只需要供电即可。但采用 WiFi 由于基站的传输属于数据传输，在 QoS 保障中属于低优先级，若存在大量的报文需要传输，存在系统延迟高、报文后发先至的问题。另外，由于 UWB 定位报文一般长度都比较短，在 WiFi 传输侧，可以选择聚合的方式，但存在后发先至的问题，若不聚合，会占用大量的 WiFi 带宽，导致系统带宽不足的问题。

LTE 或 5G 网络方式。直接回传到本地虚拟服务器，实现边缘计算。LTE 或 5G 回传有两种设计方法，一种是在每个基站中都用这类通道，实现单独上传的方式；另外一种方式就是汇聚到一个交换机上，然后再通过 5G 回传。5G-交换机-定位基站网络架构如图 8.29 所示。

通过交换机汇聚，用 5G 的 CPE 连接到运营商的 5G 基站。LTE/5G 型 CPE-5G 运营商基站网络架构如图 8.30 所示。

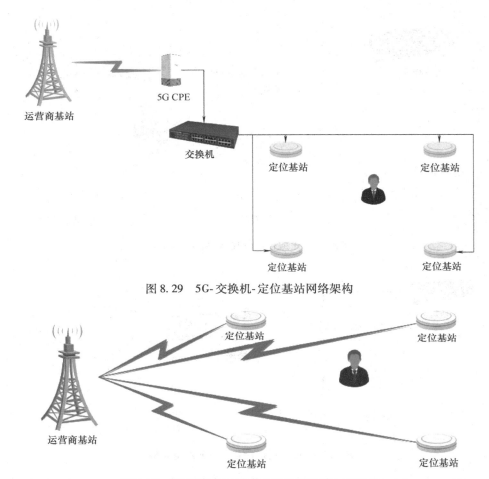

图 8.29　5G-交换机-定位基站网络架构

图 8.30　LTE/5G 型 CPE-5G 运营商基站网络架构

　　每个基站内置 4G 或 5G 通信模块，直接连接到运营商的基站。其他局域网络方式，比如 ZigBee 或 BLE 的 MESH 网络等，相对于前面提到的几种回传方式，其通道的容量一般都在 50Mbit/s 以上，而 ZigBee 或 BLE 的 MESH 网络，其通道容量相对较低，最高可以到 1Mbit/s 左右，系统延迟也比较大。

　　选择不同的通道回传，主要需要考虑几个问题：

　　① 通道的容量是否能满足大容量的用户的数据。

　　② 通道的时效性是否能满足，比如应用需要有的延迟在 10ms。

　　③ 环境中是否存在同频干扰，是否能保障网络的可靠运行。

　　另外，根据应用场景的不同，会存在室内和室外产品的差异，是否支持防爆。对于室内和室外产品，最大的差异是在防护等级，很多时候，会直接在室内用室外的产品，因为用户存在一些对防护等级的要求，比如工厂中可能会有铁屑进入到设备。

（3）时间同步控制器选型

同步控制器用于有线时间同步，通过有线通信的方式，将时间信息传输到每个基站，使每个基站处于同一时间体系，实现时间同步。时间同步控制器主要有以下典型功能：a）时间同步输入，由上级同步控制器输入时钟信息；b）时间同步输出，输出到定位基站，或输出到下级同步控制器；c）网络连接，支持网络交换机的功能，实现基站和同步控制器的数据汇聚通道，将数据最终转发到计算引擎上。时间同步的应用架构如图 8.31 所示。

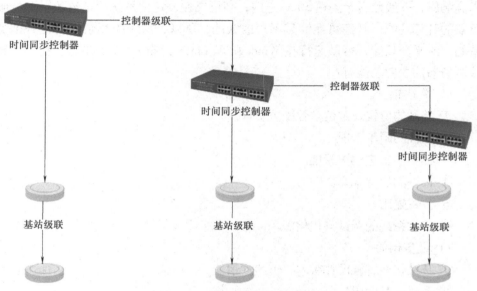

图 8.31　时间同步的应用架构图

以沃旭通讯为例，US-10 型有线时间同步控制器通信接口如图 8.32 所示。

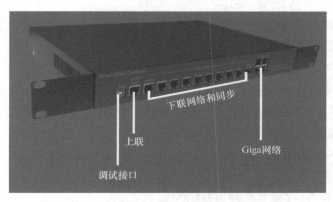

图 8.32　US-10 型有线时间同步控制器通信接口

该同步控制器支持：1 个上联口，可以连接上级的时间同步控制器；10 个下联 & 网络接口，支持双向 10/100Mbit/s 的网络，双向可达 200Mbit/s 的速率。可以用于连接基站，或输出到下级同步控制器；4 个 Giga 网络口，可以和下级同步控制器级联，确保网络的带宽。时间同步控制器主要的技术指标：同步距离 0 ~ 100m，级联深度，理论上不限制；同步精度，理论上同步精度为零。

（4）定位服务器选型

定位服务器是实现位置计算的核心，其典型特征主要有：高并发性，需要能同时处理数千台基站的数据，数千片标签的采样数据；实时性，由于系统要求高响应，一般延迟希望在 50ms 之内；高可靠性，定位系统严重依赖于定位服务器的计算功能，其高可靠性是不可或缺的，所以，系统的冗余处理是必须支持的；跨平台功能，可以运行在 Windows 和 Linux 乃至 QNX 等平台。另外，定位服务器的主要功能有：

1）算法相关。

① 基站的位置及定位参数配置管理。

② 定位的同步管理。

③ 标签的历史位置管理。

④ 标签的位置计算。

⑤ 位置输出。

⑥ 定位系统的调试与优化。

2）设备相关。

① 基站状态，软硬件版本，上线注册。

② 系统的时间同步。

③ 系统的时间分片。

④ 系统。

3）通道功能。

① 标签数据透传到业务服务器。

② 服务器的数据透传到终端。

③ 软件 OTA。

定位引擎在实际的使用中，还需要支持一些现场的差异功能，确保系统对环境的满足程度。

4）对不同定位模式的支持。

① TOF。

② 上行 TDOA（标签广播，基站收）。

③ 下行 TDOA（基站对外广播，类似于 GPS 定位，标签收广播数据，不限制终端的数量）。

④ AOA。

5）在不同区域，选择不同的定位算法。

6）对不同的目标，采用不同的定位频率。

7）在不同区域，采用不同的定位频率等。

（5）业务管理平台选型

UWB 定位系统的前面四个部分，其实相当于位置传感器，定位不是目的，而是通过位置进行业务管理、效率分析。业务服务器是基于位置实现的业务管理，发挥位置传感器效用的软件平台。平台的架构一般采用 B/S 架构，后台在本地或云端运行，前端通过网页访问并进行业务展示。管理平台一般应该具备的功能包括：数据库的存储与查询及管理、实时位置、摄像头或门禁等硬件设备的联动、数据分析（根据客户的业务需求）。在智能制造领域，最为常见的业务分析内容主要有：员工的在岗分析、产线的效率分析、AGV 的定位及路径引导、安灯系统的支持、组装线的过程分析、仓库的管理、叉车的效率分析和区域安全管控等。

8.7.3　影响定位精度的因素分析

现场环境中，存在多种对定位精度影响的因素，下面进行说明。

（1）安装因素

安装因素对系统的影响会比较大，主要体现在以下几个方面：

1）基站的布局能否满足定位的要求。基站布局需要符合一定的规则，避免因为不合理的布局导致定位精度较差的情况。这里主要是从 GDOP 的角度进行考虑，若需要得到符合预期较好的定位结果，需要确保 GDOP 基本符合，否则直接影响定位精度。

2）基站的覆盖能否满足定位要求。需要有足够的基站的覆盖才能保证定位效果，避免因为覆盖不足，导致定位的结果不符合预期，或因为基站太少导致无法定位。

3）基站安装位置是否会产生多径。UWB 由于采用 2ns 的脉冲信号，能有效地识别多径，但在直达路径和多径之间差别较小的时候，可能导致误识别，比如测距的时候，两个目标固定的情况下，可以明显得到两个不同的测距结果。在这种情况下，有两个选择，一个就是远离墙面，比如 30cm 以上，另外一种就是贴墙装，即使有多径，对精度的影响也比较有限。

（2）无线多径效应影响

多径效应（Multipath Effect，ME）：指电磁波经不同路径传播后，各分量场到达接收端的时间不同，按各自相位相互叠加而造成干扰，使得原来的信号失真，或者产生错误。UWB 无线多径效应示意图如图 8.33 所示。

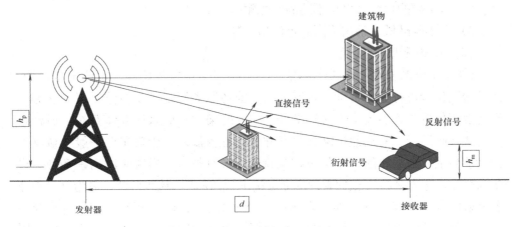

图 8.33　UWB 无线多径效应示意图

图中，h_p 表示发射点高度（约等于塔高）。电子标签安装在汽车顶部，h_m 表示电子标签高度（电子标签离地距离），在系统的使用中，不可能完全避免多径效应。只能是通过工程的方法，对系统的安装做适当的调整，达到满意的应用效果。

（3）遮挡的影响

遮挡会导致信号有不同程度的衰减。典型材料对 UWB 信号遮挡后的信号衰减一览表，见表 8.5。

表 8.5　典型材料对 UWB 信号遮挡后的信号衰减一览表

材　料	衰减程度 4GHz	备　注
砖块	−15dB	89mm 厚的砖块样本
砖块和混凝土	−36dB	90mm 砖块，以 102mm 的纯混凝土为后盾
混凝土	−23dB	102mm 厚的砖块样本
混凝土	−46dB	203mm 厚的砖块样本
混凝土	−73dB	306mm 厚的砖块样本
砌墙块	−15dB	203mm 厚的砖块样本
砌墙块	−24dB	406mm 厚的砖块样本
砌墙块	−34dB	610mm 厚的砖块样本

（续）

材　　料	衰减程度 4GHz	备　　注
干砌墙	0dB	6mm 样本
干砌墙	0dB	13mm 样本
干砌墙	− 0. 1dB	16mm 样本
玻璃	− 1. 3dB	6mm 样本
玻璃	− 0. 1dB	13mm 样本
玻璃	− 0. 8dB	19mm 样本
人体	15 ~ 30dB	取决于身体质量指数和入射信号的入射角
胶合板	0dB	6mm 样本
胶合板	0dB	13mm 样本
胶合板	− 0. 3dB	19mm 样本
胶合板	− 1. 5dB	22mm 样本

在无信号遮挡的时候，UWB 信号的信道冲击响应如图 8.34 所示，信号平均振幅保持在 6000 以上水平。

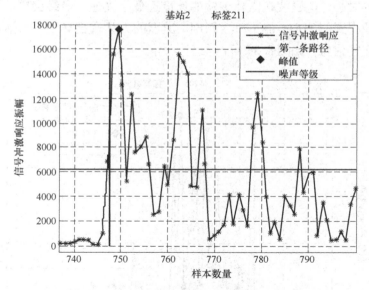

图 8.34　无遮挡条件下 UWB 信号的信道冲击响应

非常靠近的多径效应，造成的信号衰减如图 8.35 所示。信号平均振幅保持在 4000 左右水平，多径效应造成信号衰减程度明显。

在 UWB 定位系统中，各种遮挡会对系统的定位精度带来较大的影响。主要体现在以下三个方面：

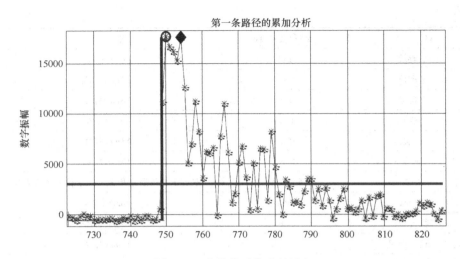

图 8.35 非常靠近的多径效应

1）电磁波的传输速度。在 UWB 的定位系统中，所采用的是基于时间的计算，最终无论是转化为距离还是距离差，都是时间乘以光速。但当标签佩戴在人的胸口的时候，电磁波在人体传输的速度远低于光速，最终会导致测距的距离偏长，或得到的 TDOA 值不符合预期。典型的人体遮挡环境，直达路径的信号远弱于多径信号，如图 8.36 所示。

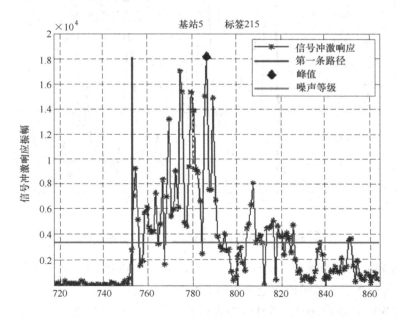

图 8.36 人体遮挡环境下直达路径的信号衰减示意图

2）无直达路径。两个目标之间，隔开的是金属板，导致他们之间只能通过多径到达，使采样值非常不稳定，因为每次得到的多径结果可能存在差异。

3）直达路径的信号太弱。直达路径太弱的时候，导致 UWB 芯片无法准确地识别第一达到的脉冲，由于错误的识别，导致采样值错误。反射条件下信号识别阈值对第一路径识别的影响如图 8.37 所示。在这种模式下，容易发送错误识别的问题。

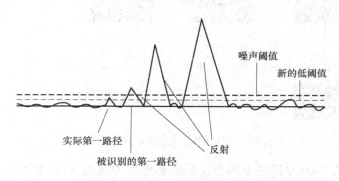

图 8.37　反射条件下信号识别阈值对第一路径识别的影响

（4）UWB 自我干扰

目前 UWB 芯片厂商的方案都不支持冲突侦听避免机制，所以存在 A 和 B 两个 UWB 设备同时发包的问题，接收端可能会收到 A 的时间戳信息，但收到 B 的数据信息，导致 B 设备被定位到 A 的位置。此问题可以通过系统管理，实现分时的功能来管控设备之间的发包冲突，同时能有效地增加系统的容量。

（5）其他频段无线的影响

其他频段的干扰主要是比如 WiFi 对 UWB 的干扰。对 UWB 而言，4GHz 为中心频点的信道 2，非常容易收到 5G 的干扰；6.5GHz 频点的 CH5，一方面会受到同频段的 WiFi 6GHz 的干扰，另外一个方面，会受到 5.9GHz 的 WiFi 干扰。企业曾经通过测试验证：将 UWB 天线和 WiFi 天线放在相距 20cm 距离，WiFi 移植跑压力测试，会直接导致整个 UWB 通信阻塞，工作距离不超 1m，此问题可以通过滤波的方式得到有效的解决。

8.7.4　UWB 定位系统建设流程

UWB 定位系统建设流程如图 8.38 所示。

（1）方案规划

由集成商或业主提供项目的 Auto CAD 平面图。用于评估需要定位的区域面积、区域建筑环境，从而估算出符合甲方定位需求的基站数量及大致安装位置。

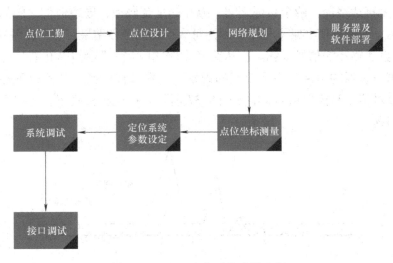

图 8.38　UWB 定位系统建设流程

注意：提供的 CAD 平面图上需要注明需要定位的区域（或另附文档说明）。尽量提供详细的现场说明，例如某某区域需要的定位精度，实现怎样的定位效果；被定位目标的数量以及相关设施的说明，遮挡的情况，有无安装条件，是否存在恶劣环境，距离最近机房或集线箱的位置等。

（2）点位工勘

该阶段需要由甲方带领项目工程师和施工方进行现场的实地勘察，在熟悉现场环境并与施工方沟通各点位可施工条件的情况下，对前一阶段所做的方案规划进行复核、修正。注意：该阶段应由甲方熟悉项目需求的负责人带队，在与甲方充分沟通现场情况下，对初始方案进行调整，给出定位系统基站部署的建议，预期能达到的效果，并得到甲方的认可。工具准备一览表见表 8.6。

表 8.6　工具准备一览表

类　型	名　称	说　明
硬件物料	卷尺	主要用于室内场景障碍物测试及走线距离等测量
	测距仪	室外场景用来测量室外点位挂高，或障碍物之间的距离，建筑物的长宽等
	照相机	记录点位环境情况（如安装环境、现场遮挡物信息等）
其他	建筑图纸	项目相关图纸，提前打印，方便现场勘测时使用

需求收集见表 8.7。

表 8.7　需求收集一览表

建筑覆盖类型	室内安装型	
覆盖区域描述	记录覆盖楼层数量、需要覆盖楼层或特定区域（在建筑图纸标注）、需要实现的定位效果、有无安装条件	
当地可用信道	确认当地可用的信道，防止出现使用信道被占用等情况	
建筑图纸	（业主提供的建筑图纸与现场是否一致，记录不同之处） 图纸中根据需要对特定区域做标注	
勘测描述	设备安装的位置	在建筑图纸标注适合的安装位置，交换机安装位置，网络走线路由标注
	电源确认	交换机安装位置是否具有电源插座
	内部建筑结构	结合图纸记录室内的结构细节，主要关注屋内是否新增了明显的障碍物。如：柱子、隔断、大型设备
	传输资源	交换机安装是否具备上层汇聚传输资源（汇聚设备上连口带宽）

（3）方案调整

该阶段需要 UWB 项目工程师在现场勘察后，与客户进行沟通以下几个事项：

1）明确各区域基站部署数量。

2）明确各区域定位方式及预期的精度效果。

3）明确项目实施计划周期（由施工方拟定）。

注意：项目工程师与集成商的项目负责人在充分沟通的情况下给出可实施的基站部署方案。

4）集成商统筹项目成本、实施难度以及需求，给项目工程师的方案做出修正和调整建议。

5）双方沟通充分的情况下，形成书面合同。

（4）基站架设

该阶段需要集成商、施工方负责人与 UWB 供应商项目工程师三方就现场环境的勘测情况，给出基站架设方式。

1）UWB 供应商工程师提供现场勘察后的调整方案图纸，基站建设表，且表中设备编号（参考 UWB ID）应与图纸方案对应，方便施工人员参考。

2）施工方需要根据调整并确认后的基站部署方案进行施工进度及成本评估。

3）UWB 供应商项目工程师给出一般安装方式的说明，特殊点位的安装方式由项目工程师和施工方负责人沟通解决。

注意：基站架设前，需要集成商现场项目负责人根据甲方指定的可用 IP 网络地址对每台基站进行网络配置。

4）施工方在安装基站时，集成商现场负责人需要记录当前安装位置基站的 ID 和 IP 地址，方便后期系统录入和维护。

5）施工方在完成每个基站的安装时，需要拍照记录，以便 UWB 供应商项目工程师确认点位安装情况是否满足要求，若不满足要求，会及时给出调整建议。

6）室内基站安装时，需要远离玻璃、金属墙壁 1m 以上；不得安装在明显有遮挡的位置；不得安装在大型机械设备附近；不得安装在日光灯，空调器通风口附近；挂壁式安装方法需要用支架固定在墙面，并远离墙面 20 ~ 30cm；天线要求垂直于地面，其他注意事项上文已提到，暂不赘述。

7）室外基站安装时，立杆必须做防雷接地处理；立杆高度建议 3 ~ 5m；接线箱必须防水；网线连接处必须外套防水软管，接头处用防水塞处理；基站不得安装在有明显建筑物遮挡处；其他注意事项上文中已有说明，暂不赘述。

8）集成商项目现场负责人需要完成每个基站坐标的标定，坐标系和原点由应用层平台指定，优先考虑方便测量，不建议以某个基站为原点。

（5）网络架设

该阶段需要集成商现场负责人与施工方确认各基站组网方式，并提交网络拓扑给 UWB 供应商项目工程师。注意：

1）施工方应对项目所在地的现有网络拓扑熟悉，了解各区域集线箱及交换机情况。

2）施工方应控制每个有线组网的基站到最近一层交换机的走线距离不超过 100m。

3）每根网线到基站或交换机必须有标签纸注释清晰，以便调试维护用。

4）施工方应在每个有线组网的基站处留有 1 ~ 3m 的网线余量，方便后期调整。

5）如与最近一层交换机的走线已经超过 100m，则需要通过光纤模块进行光网转换。

6）基站如果选择 POE 供电，则需要选择支持标准 POE 供电的交换机，且该交换机要预留网口，不得满载。

7）制作网线和水晶头时，必须做好测试。

（6）系统调试

该阶段由 UWB 供应商项目工程师和集成商项目现场负责人共同完成。

1）将基站坐标录入定位引擎，并校验。

2）将标签录入定位引擎，并校验。

3）测试每个区域的主要道路，甲方指定的定位区域等，并保留测试数据。

4）UWB 供应商工程师提供测试报告，给出问题区域的解决建议。

5）问题基站的故障排查，如涉及供电及网络问题，需施工方配合进行处理。

6）定位引擎接口的对接。

7）定位引擎在服务器上的安装与配置。

（7）坐标系的选择

1）当拿到一张地图（如 CAD 格式）时，首先需要确认地图上的一点为原点。原点的选择主要从便于测量的角度考虑，这个需要结合实际的建筑物进行考量。打开 CAD 地图，选择地图上某一建筑物的墙角作为参考原点，如图 8.39 所示。

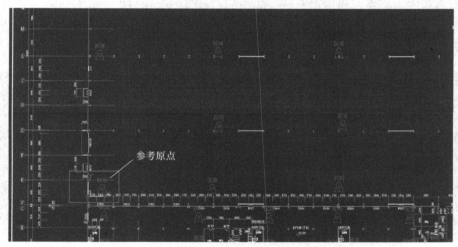

图 8.39　基于 CAD 图纸的建筑物坐标系原点选择

拖动 CAD 中的坐标系角标，将其放置到建筑物的某一墙角或边界处（图 8.39 中"参考原点"框内）。此时原点及直角坐标系的朝向可以确立。

2）基站坐标的测量。使用激光测距仪/卷尺/全站仪，量取基站安装位置到建筑物的距离，即可在 CAD 图纸上设计出基站预安装的位置。

3）快速获取基站坐标。将光标移动到基站安装位置，即可获取基站的坐标值，如图 8.40 所示。

此基站的 (x, y, z) 坐标值为（4352, 2710, 0），单位为 mm。所有基站的坐标位置都可以通过此方式获取。

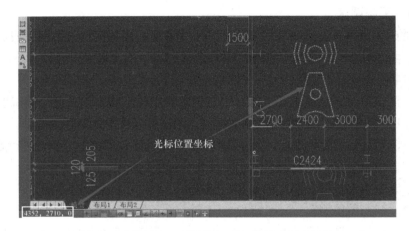

图 8.40 基于 CAD 图纸的 UWB 基站坐标点选择

4）快速获取某个子区域的基站坐标。在定位系统中，对于不同的地图，可以有各自的坐标系，也可以有统一的坐标系；当一个项目中，既有总图，又有子地图时，可以建立统一的坐标系，具体方法：先在总图上选择子图的建筑边界，将光标落于边界的一点（建筑物墙角），并记录下该坐标值。如图 8.41 所示。

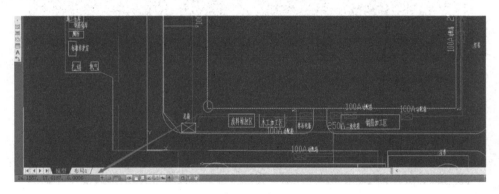

图 8.41 基于 CAD 图纸的子区域的 UWB 基站坐标选择

该光标位置即为子图的原点，坐标为（24.1557，16.0187，0），单位为 m；进入子图后，保持原点一致，并记录下所有基站的坐标值。总图和子图的坐标换算表见表 8.8。

表 8.8 基于 CAD 图纸的建筑物坐标与 UWB 基站坐标换算表

子图坐标原点相对总图坐标 （X0，Y0，Z0）	子图中的基站坐标 （x1，y1，z1）	子图中的基站相对总图的坐标 （x，y，z）=（X0 + x1，Y0 + y1，Z0 + z1）
（24.1557，16.0187，0）	（33.1002，24.2210，0）	（57.2559，40.2397，0）

（8）系统测试

该阶段主要由集成商项目现场负责人主导，UWB 供应商项目工程师配合，如存在问题，则重复上一步骤直至完成预期。如因客观因素导致无法优化的问题，需与集成商沟通协商处理方案。

（9）系统验收

该阶段主要由集成商项目现场负责人完成，将测试通过的情况汇报给甲方负责人，并作为验收标准。

1）UWB 供应商项目工程师提供系统配置备份；各基站定位模式，基站坐标，ID，IP 的表格；系统测试数据备份，测试报告。

2）施工方提供网络拓扑，走线图等施工资料。

3）集成商整理供应商、施工方所提供的资料，并形成统一的方案文档提供给甲方。

4）UWB 项目工程师须对集成商项目现场负责人进行系统的培训。

验收标准如下：

① 静态定位精度。

验收方法：计算静态点位的平均精度是否满足验收要求。验收工具会根据每一次采样解算出来的点位与实际坐标做差值，得到这一次定位的精度值。

需设置的参数：测试精度时，需设置该固定点的实际坐标（x，y，z），需借助激光测距仪、卷尺或全站仪等测量工具。

测试点位的选取：选在无遮挡区域，尽量避免因环境因素对定位效果的不良影响。

每个点位的定位次数：500 次。

测试点位的数量：按照定位区域的大小，例如：$500m^2$ 测试 10 个点位，$100m^2$ 测试 2 个点位，以此类推。

② 动态定位精度。

验收方法：由于动态定位轨迹较难量化，以轨迹的合理性为验收标准。轨迹的连续性；不可出现穿墙、穿机柜等不合理轨迹；延时 $<500ms$。验收方法：延时会与定位频率、滤波参数有关。此项需与实际结合，对比标签实际达到该位置和标签从引擎上解算到该位置的时间差。

8.8　本章小结

本章阐述了智能制造的原理和关键技术，以及智能制造中物流系统，系统组成结构、人员组织、运作方式和装备组成等方面的柔性化。对需求变化做出快速反应，满足不同种类的物流作业要求，同时消除冗余损耗，力求获得最大效益。所有对柔性物流系统、柔性测度、如何改善柔性物流进行深度分析。详细分析和阐述了柔性物流生产线上建设 UWB 精确定位系统的技术需求，结合 UWB 实际产品技术性能，阐述了产品选型、影响定位精度的因素和建设步骤等工程化技术流程，具有明显的技术参考价值。

第 9 章
UWB 定位技术在智能制造领域的应用

智能制造系统各生产要素的位置和运动轨迹信息，是企业智能制造运营管控中心透明化生产和智能化管控的基础信息之一。为此，本章结合 UWB 定位技术在智能制造领域各个行业中的应用案例，总结和分享 UWB 系统的工程建设经验，阐述 UWB 精确定位技术助力提升生产潜能和保障生产安全的若干应用案例，为行业读者和 UWB 潜在用户提供技术借鉴。

9.1　电气设备行业生产线的效率提升

（1）电气设备生产线的发展

在电气设备生产中，由于工艺模型约束，流水线扮演着重要的角色。流水线又称广义的装配线，指每一个生产单元（Cell）只专注处理某一个工段任务，以提高工作效率及产量。在智能制造大规模生产模式下，流水线一直是现代工业生产的主要特征。大规模生产方式是以标准化、大批量生产来降低生产成本，提高生产效率的。大规模流水线生产在生产技术以及生产管理史上具有极为重要的意义。电气成套设备和电子产品元器件的典型流水线作业场景如图 9.1 所示。

社会进入了一个市场需求向多样化发展的新阶段，相应地要求工业生产向多品种、小批量的方向发展，单品种、大批量的流水线生产方式的弱点就日渐明显了。为了顺应这样的时代要求，Cell 生产方式便应运而生。Cell 带来更高的生产柔性、更灵活的生产组织形式，以及更高的生产效率。图 9.2 所示为生产线常见的 Cell 空间分布结构。

（2）Cell 产线的特点

工艺过程封闭，单元内工位可以按工艺顺序安排为流水线形式，也可以一

图 9.1　电气成套设备典型流水线作业场景

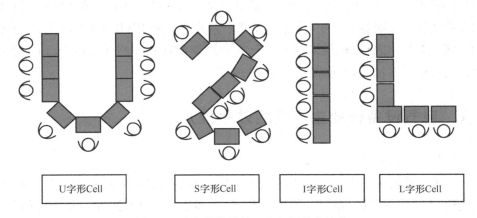

| U字形Cell | S字形Cell | I字形Cell | L字形Cell |

图 9.2　生产线常见的 Cell 空间分布结构

个工位独立完成所有工序。单元内可以有很短小的流水线，生产没有明显的节奏性，可以间断，也可以连续。由于 Cell 可以独立完成产品，因而 Cell 之间的生产能力是不平衡的，相互之间没有牵制。大大提高了适应多品种小批量的能力。

1）Cell 生产的优点：减少库存，降低成本，因为操作工人较少，零部件随时供应；Cell 的弹性较大可以随时改做其他产品，周期短、投资少；减少动作上的浪费，传统流水线有大量的重复性工作，如抓取物料、装夹定位等。而 Cell 模式则大大减少不良品率传统流水线大量重复同样的动作，其单调疲倦，容易分神，Cell 则可以避免这种单调，使人始终处于一种对新工作的注意之中；减少设备投入单元化作业，强调尽可能使用简单的设备满足生产需求，因而减少大量的流水线设备投资。

2）Cell 生产的不足：缺乏流水线节拍的激励性，动作自由机动空间大，基本靠产量目标和管理激励；空间压缩较小，物料摆放困难，现场 5S 效果不好；对作业要求高，需要更长的时间去达到作业熟练度；个人工具拿放动作多，工具移动或取放浪费大。

（3）UWB 定位的技术需求

在客户现场一系列的 U 形产线，需要对 U 形产线的人员工作效率进行优化。该场景主要有下面几个特点：

1）被定位区域过于狭长，长度为 7m，宽度为 1m。

2）定位精度要求高，每个工位宽度为 0.8m，不能定位到错误的工位上。

3）由于 U 形产线周边都是机台，存在一定的遮挡。

4）系统容量要求高，在总共 20×10m 的空间，有近 50 个人。

5）对每个人进行定位，根据定位的结果和工位进行匹配，根据其轨迹分析是否存在多余的动作，若存在多余的动作，结合产线进行分析，然后得出解决方案。

6）目标是将原来 12 个人 50s 的节拍优化到 10 个人 50s 的节拍。

（4）UWB 定位系统的实现

为了实现更好的精度和系统的可靠性，对系统方案做了管理实施包括以下两个方面：

1）标签佩戴。由于客户的场景非常狭小，为了确保在每个工位上定位的可靠性，工人采用穿马甲的方式，每个人的左右肩膀上各佩戴一个标签，目标定位精度为 15cm。UWB 电子标签佩戴示意图如图 9.3 所示。

图 9.3　UWB 电子标签佩戴示意图

2）定位方案选择与基站部署。由于系统中存在多条 U 形长产线，工作人数达到 50 人左右，为了确保系统的实施，采用 TDOA 的定位方式。UWB 基站部署如图 9.4 所示。

（5）实施效果

经过 90 天运行和 UWB 定位数据分析，结合工序流程，将原有的 12 个人 50s 的节拍优化到 10 个人 50s 节拍。在这个 U 形产线上节省了 2 个人力，年度支持降低 16 万元以上。

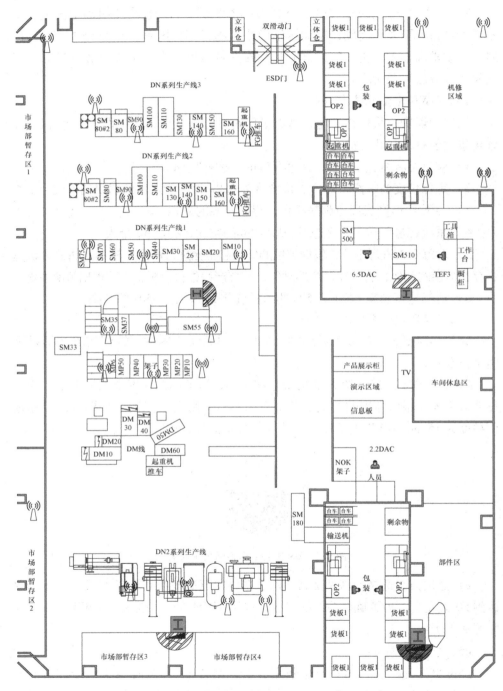

图 9.4　生产线 Cell 效率提升了 UWB 基站部署

9.2　汽车制造行业车间现场安灯系统支持

（1）安灯系统简介

安灯系统亦称"Andon 系统"，起源于日本丰田汽车公司。Andon 为日语的音译，意思是为"灯"或者"灯笼"。安灯系统指企业用分布于车间各处的灯光和声音报警系统收集生产线上有关设备和质量等信息的信息管理工具。主要用于实现车间现场的目视管理。在一个安灯系统中，每个设备或工作站都安装有呼叫灯，如果生产过程中发现问题，操作员（或设备自己）会将灯打开引起注意，使得生产过程中的问题得到及时处理，避免生产过程的中断或减少它们重复发生的可能性，图 9.5 所示为生产线安灯系统应用场景。

图 9.5　生产线安灯系统应用场景

（2）安灯系统结构

安灯系统包含以下几个方面：

1）安灯盒。以操作安灯为例，安灯盒一般包含两个开关，一个是常开开关，主要是作为固定停车用的。另一个是常闭开关，主要是作为立即停车用的，开关有两副接点，一副接点连接到控制箱的 I/O 模块。除了两个开关，安灯盒还包括两个灯，一个是红色的灯，当有立即停车拉绳拉下时，红色的灯亮，一个是黄色的灯，当有固定停车拉绳拉下时，黄色的灯亮。

2）安灯集结箱。主要是一些 I/O，可以通过硬接线也可以通过一些标准的 I/O 连接器和安灯盒连接。通常在多数的制造业中安灯集结箱和安灯控制箱是整合在一起的。一般安灯集结箱上还安装有音乐喇叭，是否蜂鸣主要由控制箱控制。如果没有安灯集结箱，一般在生产线上安装一定数量的音乐喇叭。

3）安灯控制箱。一般装有控制器，主要是 PLC，内置一些判断逻辑，实现安灯操作的信息收集和传递。如判断是哪个工位的什么类型的安灯拉下，安灯的功能配置等。安灯控制箱通常还有一个人机接口的界面，主要用来显示和配置安灯。

4）安灯显示板。一般悬挂的方式设置在生产线上方或走道上方，其最为明显的特征就是板面按颜色区分其使用功能，黄色区域灯亮代表生产处于求助状态，红色区域灯亮代表生产线上某个或某几个工位已超时，生产需要停下来，这需要管理者做出判断后在一个生产节拍的时间内做出决定并立即解决问题，其他颜色代表生产线的工作状态。

5）车间信息显示板。和安灯显示板类似，但是车间信息显示板显示的是车间每条生产线的运行状况和产量，计划信息。

6）安灯报表系统。如果说安灯作用是问题得到立即解决，那么安灯报表系统则是起到长期改善的指导和监督作用。安灯系统架构如图9.6所示。

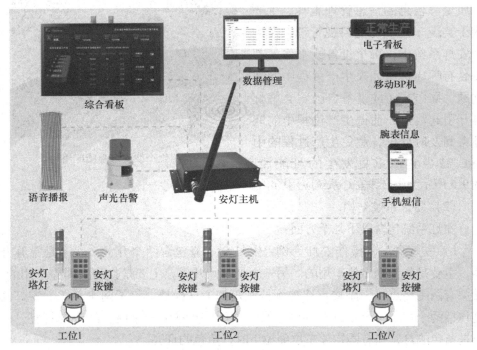

图 9.6　安灯系统架构图

（3）安灯系统运行流程

在精益生产中，安灯系统作为一种工具能够及时反馈产线上异常情况的发生。通常当员工发现异常情况需要帮助时，会激活安灯系统，同时该信息会通过操作工位信号灯、安灯系统看板、广播等方式发布出去。班组长接收到信息后，会立即前往该工位解决问题，如果问题能独立解决，班组长就会重新恢复安灯系统，如果需要其他部门协助解决，那么班组长会通过呼叫等方式，向其他部门求助，直至问题解决，恢复安灯系统。

一般异常情况的出现可能会导致整条产线停止工作，影响生产效率，所以及时处理异常问题是班组长的首要任务。如何让问题得到及时处理，班组长的人员调度也是影响因素之一。安灯系统运行流程图如图9.7所示。

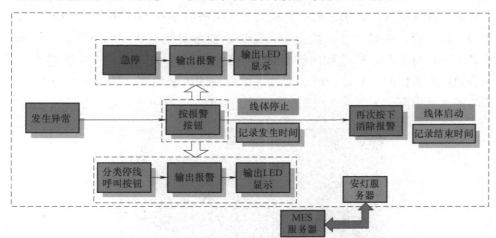

图 9.7　安灯系统运行流程图

（4）现有管理的痛点

1）人力问题。班组长和技术人员有限，出现多个异常情况时，如何合理调配人力，使问题快速解决。

2）异常问题的信息搜集不完整。安灯系统中有安灯报表系统，可以统计每个异常事件的时间、次数等，但是参与解决问题的班组长或其他技术人员的信息很难被统计，需通过刷卡等方式签到。

（5）UWB 人员定位系统对安灯系统的支持

通过 UWB 定位与安灯系统结合，实时定位每位班组长的位置。当某个安灯亮起时，可直接向距离工位最近的班组长下发短信息，请他前往该工位支持。如果该班组长无法独立解决，也无须通过呼叫台进行呼叫，可通过 UWB 电子标签上发告警信息，由定位系统直接向安灯系统请求支援，再由安灯系统广播下去，使班组长的调度更准确，异常信息传递更及时。UWB 定位系统可对接安灯系统，将解决问题的对应班组长信息转发给安灯系统，无须签到打卡，完善报表信息，同时班组长的位置信息可被追溯。为大规模产品的智能制造管理，提升问题响应和解决效率。

9.3　汽车制造行业车间工序效率提升

（1）汽车生产流程

一辆汽车是如何生产制造出来的，大致流程分为五个部分：冲压→焊接→

涂装→总装→检测。总体的工艺步骤分为：第一道：冲压工艺，目标是生产出各种车身冲压零部件；第二道：焊接工艺，将各种车身冲压部件焊接成完整的车身；第三道：涂装工艺，防止车身锈蚀，使车身具有靓丽的外表；第四道：总装工艺，将车身、底盘和内饰等各个部分组装到一起，形成一台完整的车；第五道：质量检测，发现生产装配过程中潜在的质量问题，尽最大可能拒绝不合格的产品出厂。大型客车汽车制造典型产线场景如图 9.8 所示。

图 9.8　大型客车汽车制造总装线场景

（2）当前生产模式的痛点问题

1）缺乏电子化信息收集方式。生产进度调查、生产完成情况调查等工作多数发生在生产现场，手工记录数据并回到电脑前录入，造成了数据的延迟性和差错率。数据采集、数据存储、数据的延续性和可追溯性不够。

2）生产计划调整频繁，现场信息形成黑盒，无法及时传递有效信息。

汽车线下车辆检验涉及众多车间，包括：保压车间、阻尼车间、四轮定位、承装交车检验、承装静/动态检验等车间。这些众多的车间从不同工序来检测车身的制造质量。如何满足公司内部临时生产计划调整造成的数据信息记录遗漏或错误，保证为质量监管部门准确记录车辆制造信息，这是当前面临的主要问题。

3）缺乏产能信息收集工具，生产效率分析难。对于车身制造过程中出现的产能不均衡问题，需要对大量的车辆生产信息进行处理分析追溯后才能得出初步的结果，耗时较长。

4）错误使用工具带来潜在的不可检测隐患。在汽车生产制造过程中，因错误使用工具导致车辆零部件安装不到位，车辆存在安全风险的问题。通过 MES 与 UWB 实时定位系统的结合，对生产线在产车辆位置数据的采集，车辆移动的轨迹查询、统计车辆在每个工位停留时长，车辆唯一 ID 管理等功能，使车辆在生产制造过程中的数据可视及可追溯，以提高生产管理效率。在 $800 \times 700m$ 的面积范围内，基站部署覆盖多个大小车间产线；目标车辆约 3000 辆。客车总装线部分区域 UWB 定位基站分布如图 9.9 所示。

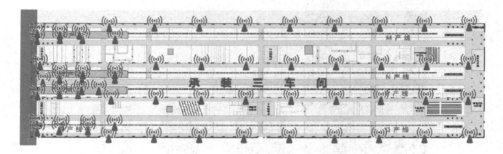

图 9.9　客车总装线部分区域 UWB 定位基站分布

（3）UWB 定位功能实现

1）通过数字化工厂建模平台，可对在产车辆进行全过程的实时位置跟踪，并在地图上可实时查看在产车辆的分布情况。图 9.10 所示为基于 UWB 的客车总装线部分区域车辆定位界面。

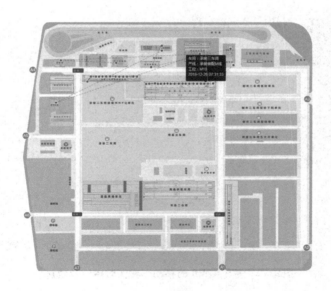

图 9.10　基于 UWB 的客车总装线部分区域车辆定位界面

2）车辆在进入加工工序时，每辆车架会绑定上唯一的 ID 物标签，同时含有绑定时间和绑定人员的信息，作业人员在每段产线的起始位通过 PDA 扫描标签上的二维码进行绑定操作，产线末端再扫描解绑，生产无纸化的工单。PDA 扫描标签界面与操作流程如图 9.11 所示。

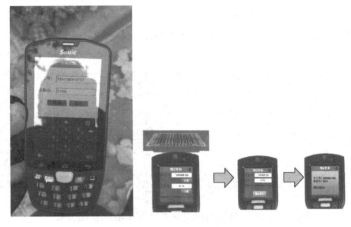

图 9.11 PDA 扫描标签界面与操作流程

3）通过实时定位产线上移动车辆的位置及轨迹，管理人员可通过后台查看产线上每个工位的车辆信息，方便及时跟踪查找车辆位置。基于 UWB 的移动车辆实时定位及轨迹如图 9.12 所示。

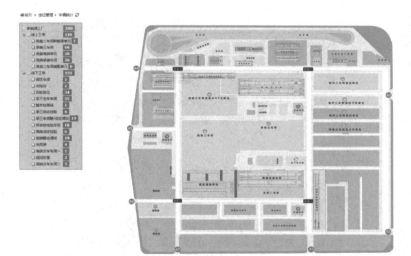

图 9.12 基于 UWB 的移动车辆实时定位及轨迹

4）记录车辆进出工位的时间来确定车辆在每一个工位停留的时长，为工序效率优化提供有力的数据支撑。基于 UWB 的车辆装配用时自动表格界面如图 9.13 所示。

5）在组装线部署 Redbat 实时定位系统，在扳手上放一个定位标签，当标签离开指定的工作区，汽车 MES 管理系统会发一个指令给扳手，让其功能失效，提高了防错效率。

	车工号	车间	产线	工位	进入时间	离开时间
☐	19H907N-0153	承装车间	承装装配N线	N1	2019-08-23 16:00:00	2019-08-23 20:41:30
☐	19H907N-0153	承装车间	承装装配N线	N2	2019-08-23 16:45:46	2019-08-23 20:42:20
☐	19H907N-0153	承装车间	承装装配N线	N3	2019-08-23 17:06:46	2019-08-23 20:46:33
☐	19H907N-0153	承装车间	承装装配N线	N4	2019-08-23 17:25:47	2019-08-23 20:47:45
☐	19H907N-0153	承装车间	承装装配N线	N5	2019-08-23 17:54:20	2019-08-23 20:47:52
☐	19H907N-0153	承装车间	承装装配N线	N6	2019-08-23 18:10:05	2019-08-23 20:49:05
☐	19H907N-0153	承装车间	承装装配N线	N7	2019-08-23 18:12:13	2019-08-23 20:50:12
☐	19H907N-0153	承装车间	承装装配N线	N8	2019-08-23 18:22:06	2019-08-23 21:10:30
☐	19H907N-0153	承装车间	承装装配N线	N9	2019-08-23 18:32:15	2019-08-23 21:15:23
☐	19H907N-0153	承装车间	承装装配N线	N10	2019-08-23 18:45:30	2019-08-23 21:45:24

图 9.13　基于 UWB 的车辆装配用时自动表格界面

（4）UWB 定位系统效益

如图 9.14 所示为大客车产线现场 UWB 基站安装图。大客车 UWB 定位系统通过对每一辆整车的定位信息管理，高效、准确、无人为干预的统计车辆在每个生产环节的工作节拍，提高生产过程的可控性，整体效率提升 15% 以上。

图 9.14　大客车产线现场 UWB 基站安装图

9.4　电子产品制造行业生产线优化

（1）电子产品生产线简介

电子产品制造属于劳动密集型企业，以前车间装配生产线需要大量的员工来进行组装操作。很多工艺劳动强度大、生产成本较高、生产效率低，而且组装精度不高，不能满足大批量订单的交付。随着工业 4.0 的推动和人力成本的逐年上涨，经过不断的智能制造升级改造，现代很多工序采用自动化设备来替代，在有效节省人力成本的同时，效率也稳步提升。现阶段智能生产中，人力不可缺少，但目前各产线还存在产能的差异，工厂面临巨大的交付压力，现有产线的潜在产能挖掘是当前的重要管理目标。

（2）整个生产流程举例

电子原料进入工厂仓库，检验合格后入库。当有客户下订单时，先有生产部门将订单录入系统，仓库根据订单派发物料，利用卡车运输到生产车间，MES系统根据订单自动生成产线制程，并根据客户的订单、物料的批次号等关联生成一个二维码。当产品在产线上流转时，二维码是他们唯一的身份标识。每个产品从领料、清洗到包装出库需要经历多个制程，每个制程又会分为多道工艺流程，同时会有返修制程。当产品在生产过程中出现员工无法解决的问题，需要进入返修制程，维修部门会将该产品修好或报废，修好的产品最终会回到流水线上，包装为最后一个制程。包装时，MES系统会根据二维码重新生成一个箱码，供客户追溯产品的原材料等信息。一个订单的所有产品包装完成后才可入库出货。

工厂通过产品在每个制程停留的时间，来管控订单的状态和整条产线的产能效率。目前，在每个制程结束，进入下一个制程之前，会对每个产品做一次扫码，来判断每个制程流转的产品数量。扫码的过程一般通过人工完成，一个订单会有 5~6 个制程。电子元件流水线示意图如图 9.15 所示。

图 9.15　电子元件流水线示意图

（3）当前生产模式的痛点

1）员工管理。厂牌管理，厂牌打印的信息有限，且变更烦琐考勤管理，上下班排队打卡浪费时间，加班统计工时不准确；人员到岗、在岗、离岗状态监管手段较为传统。

2）访客管理。访客信息无法显示，经常变更浪费纸质资源；访客参观产线时，生产车间部分产线为先进生产技术的秘密，暂不对外开放，但访客的行为不易管控且难追溯。

3）载具、物料管理。原料区、成品待检区、不良品区物料区域，标识信息不全，更新不及时，待处理时间无法准确统计；不良、生产结余物料未及时入库，导致混料，现场仍有呆料存放；物料库存不合理，无法提升物料及资金的利用效率。

4）设备、工器具管理。由于设备、工器具（主要指手推车）的停放位过多，难调度，导致利用率下降；设备点检记录、运转记录、异常等信息单、工器具使用记录、借用表等信息仍为比较传统的纸质档，信息统计工作量大，比较烦琐；产线所使用的手推车如图 9.16 所示。

（4）UWB 定位系统建设

引入 RedBat 实时定位系统，与工厂 MES 系统相结合，为客户提供以精确位置为主的工业物联网整体解决方案，对工厂进行数字化映射，洞悉位置和行为及流程的相关性，找出可以提升效率的关键点。

1）采用 UWB 墨水屏工牌，可记录访客、员工的信息和位置，使人员信息变更简单，易操作。UWB 工牌示意图如图 9.17 所示。

图 9.16　手推车示意图

图 9.17　UWB 工牌示意图

2）根据每个工人在工厂的实时位置，记录工人在产线的工作时长，一方面实现人员的考勤管理并可与考勤系统对接；另一方通过工作时长洞悉产线之间的产能差异，在现有产能上进一步挖掘人的效率。基于 UWB 定位的自动考勤报表示意图如图 9.18 所示。

3）访客定位，访客轨迹可追溯，通过电子围栏的方式来甄别访客是否进入涉密区域，当访客进入时，会触发告警，电子标签会通过蜂鸣、振动等方式提示

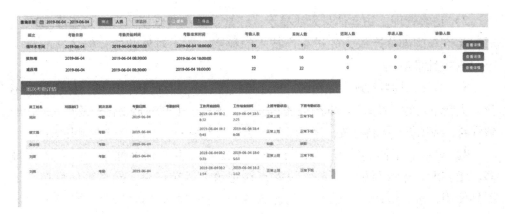

图 9.18　基于 UWB 定位的自动考勤报表示意图

访客离开，同时生成告警信息报表。访客电子围栏功能示意图如图 9.19 所示。

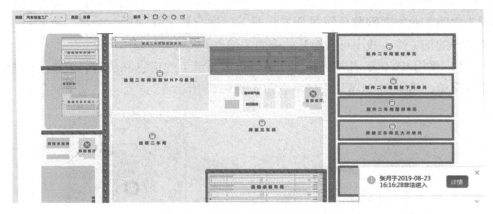

图 9.19　访客电子围栏功能示意图

4）采用 UWB 墨水屏物料标签，实时显示产品的二维码、批次、订单号等，可实时更新。载具的位置，即产品的位置，结合 MES 系统的生产参数智能判断是否进入下一个站程，节约扫码的人力和时间，同时使产品在每个制程停留时间的统计更精准。通过载具的定位，对每个时间段的产能进行分析，量化不同产线、不同时间段产能的内在联系。当出现某个产品长时间不动时，也可自动上发告警，提示管理人员及时处理，避免因某个产品的滞留，导致整个订单不能按计划出库。UWB 物标签示意图如图 9.20 所示。

图 9.20　UWB 物标签示意图

218

5）所有被定位的人和物的轨迹均可回放，为异常报表、异常产能提供决策依据。平台生产要素的轨迹回放功能示意图如图 9.21 所示。

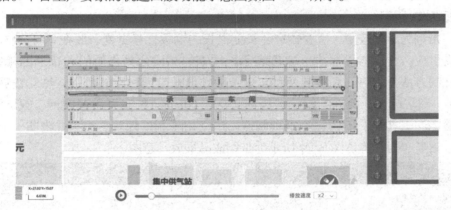

图 9.21　平台生产要素的轨迹回放功能示意图

6）PDA 与 UWB 定位结合，准确记录物料料号、类别、工艺、数量、生产单号等信息，减少人为出错。PDA（左）和无源标牌示意图如图 9.22 所示。

图 9.22　PDA（左）和无源标牌示意图

7）库存分析主要涉及两个方面：原材料和成品库分析。分析库存的出入库时间、库存的周期，同时通过横向比较，在每年的不同阶段，进行数据比对，通过最终数据分析，调整合理库存，减少资金占用。

（5）UWB 系统效益

通过 UWB 实时定位系统的投入，对电子元件生产线效率持续优化，3 个月时间整体效率提升 7% 左右。

9.5　钢铁行业仓储管理优化

（1）需求背景

钢铁企业对物资的管理，主要是带钢和钢坯的管理，由于带钢外观上基本没有差别，但其强度等级等指标有很大的差异，在管理上由于经常移库，会给管理带来巨大的压力，最终出入库的效率较低。钢铁企业成品库产品堆运场景如图 9.23 所示。

带钢为厚度较薄、宽度较窄、长度很长的钢板，其宽度一般在 20～200cm，成卷供应，其规格以厚度×宽度表示。按钢的品质分为优质的和普通的带钢；按轧制方法分为热轧和冷轧两种，分别称作热轧带钢和冷轧带钢。热轧普通带钢厚 1.8～6mm，冷轧带钢一般为 0.05～3.60mm。带钢可用普碳钢、碳结钢、弹簧钢、工具钢、不锈钢等钢种制造。广泛用于制造焊管、卡箍、垫圈、弹簧片、锯条、刀片等。图 9.24 所示为带钢成品堆放示意图。

图 9.23 钢铁企业成品库产品堆运场景　　　图 9.24 带钢成品堆放示意图

针对钢铁行业，仓储管理主要是涉及自有仓库、平台商仓库、质押仓库的物资管理。

（2）自有仓库的管理

钢企自有成品仓库，需要进行仓库的入库、移库和出库管理，客户提供 WMS 接口，可以根据带钢的编码进行关联到 MES 系统来了解这个带钢的其他属性，比如，生产制造日期、材质等信息；除带钢之外，还有就是钢坯的管理。钢坯的大小不一，厚度一般为 20cm。

（3）平台仓库的管理

钢铁是一个非常标准化的产品，具有大宗贸易商品通用的特点：标准化、品类多、价格变化快、库存变化快。国内钢铁电商企业形成"三强"竞争格局：钢银电商、找钢网和欧冶云商。钢铁电商交易平台的商业模式结构相近，三家公司的经营范围以及企业组织结构相似，但存在一定的差异性。上海钢联以撮合-寄售模式经营，而找钢网和欧冶云商都是以撮合-自营模式经营。从交易量来看，上海钢联是成交量最大的平台，找钢网位列第二，欧冶电商以销售宝钢系资源为主。三家都拥有与线上交易配套的仓储与物流。

各家平台公司为了能更好地掌握仓库的物料情况，需要对仓库的物料进行精确管理，同时也可以提高管理效率。国内主要钢铁电商企业模式对比见表 9.1。

表 9.1　国内主要钢铁电商企业模式对比表

电商平台	钢银电商	找钢网	欧冶电商
交易模式	撮合-寄售	撮合-自营	撮合-自营
物流服务	运钢网	胖猫物流	欧冶物流
金融服务	帮你采、任你花、随你押、订单融	胖猫金融	欧冶金服
其他服务	线上线下生态圈闭环	云电商	循环宝、云管家
资金能力	复星集团	创投型	宝武集团

（4）仓储现状

仓库面积小，但却要存放品种繁多的货物，如果没有高效的管理手段，进货乱、找货难、卸货慢就成为难以回避的问题。而事实上，类似于"通信靠吼""手工记录"等仓库管理方式仍是国内不少钢材仓库在用的手段，而这也进一步形成了钢材仓储的"黑箱子"，下游客户无法看到仓库内钢材的真实情况。

1）入库难。入库难主要是在于识别，如何有效地识别钢卷的信息，并对其信息进行归一化处理。钢铁是一个非常标准化的产品，具有大宗贸易商品通用的特点：标准化、品类多、价格变化快、库存变化快。然而，尽管国标都是一样的，由于中国钢厂太多，具体到不同厂家，产品的标准也不一样。甚至，同一家钢厂的同一产品在质量、性能甚至表面宽度、厚度、板型、抗拉强度、深冲力方面都会各有差异；另外，每家钢厂在出厂的时候，产品的标贴也有差异，特别是对于 B2B 平台或质押平台，需要能自动识别钢卷的所有信息，所以，需要对标贴进行归一化处理。图 9.25 所示为不锈钢特轧钢带产品的传统铭牌。图 9.26 所示为不锈钢特轧钢带产品的 UWB 电子标签铭牌。图 9.25 中，牌号为不锈钢种类区分最基本的信息；牌号的形式（国标、欧标、日标等）要与生产标准相匹配。卡片号：通常称为卷号，是识别和区分钢卷唯一的识别号，每一个钢卷都有一个不同的卷号，是钢卷的"身份证号"。产标准：是钢卷按照什么样标准生产的体现，与钢卷的牌号相对应。规格：每个钢厂在规格信息这一项是各不相同的。一般来说，标签规格是用诸如 $4.00 \times 1250 \times C$ 表示的。其中，"4.00"是钢卷的"标签厚度"，它区别于参考厚度；"1500"是钢卷的实际宽度；"C"表示长度，说明样本中钢卷未标明实际长度。毛重：整卷的实际重量。

毛重的作用主要用于运输重量，方便合理运输配载。净重：钢卷的重要信息之一，是买卖钢卷使用的重要信息。有经验的从业者能够通过毛重与净重的差得知更多的信息，比如卷是否使用隔纸等。边部：卷是毛边还是切边在这里体现，大部分（不是所有）可以通过规格中的宽度来确定毛切边。日期：这个日期能够表明很多信息。钢厂的阶段性生产不同，可以通过标签日期来得知。炉号：区别于钢卷号，炉号不具有唯一性；有的仓库因为炉号记录方便于卷号，以此作为入库的信息，这个是不正确的做法。参考厚度：钢卷的重要信息之一，是钢卷买卖信息的依据之一，是钢卷的实际厚度。表面：卷的重要信息之一，是卷表面加工程度的体现；通过表面信息，我们可以区分钢卷是热轧卷还是冷轧卷，表面达到什么加工程度。等级：可以分辨出钢卷的等级是一级品、二级品还是其他等级产品。

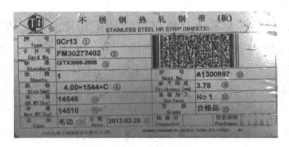

图 9.25　不锈钢特轧钢带产品的传统铭牌

图 9.26　不锈钢特轧钢带产品的 UWB 电子标签铭牌

2）找料难。有的仓库非常大，长度可以达到 300m 以上，宽度可以接近 100m，总共有数千个库位，若入库之后没有动，相对来说比较容易管理，主要是涉及为了取最下面一层的钢卷，需要将上面的钢卷移走，这个过程应如何实现自动管理。在没有管理系统的时候，有时可能会几天都找不到一卷钢。

3）倒库工作量大。因为客户需求的特点，所需要的钢卷不一定都在最上层，需要将上层的钢卷移走之后，才能取到目标的钢卷。需要频繁地移动钢卷。

图 9.27 所示为不锈钢带钢产品倒库场景。

有一种场景，刚放到最下面一层的钢卷，明天又有一个客户来提货，直接大大增加了工作量，降低了工人的作业效率；无法做到先进先出，由于钢卷也存在保质期的问题，现在的管理中，很难做到先进先出，长时间下来会导致部门钢卷变质。而在货品入库过程中，库管人员延时违规、钢材产品杂乱堆放等问题，进而导致查找库存产品时间过长而不能实现"先进先出"的库存策略，这也浪费了大量的人力、物力、财力。对于需要购买钢材的用户而言，在仓库内的钢材

图 9.27 不锈钢带钢产品倒库场景

出库前，用户基本很难了解到货品的信息和现状，而一旦仓库内的货品不能按时交付或是交付后货品存在瑕疵，这就意味着用户将要为此承担经济损失。

4）人员安全风险高。不锈钢产品吊运用行车如图 9.28 所示。2016 年 8 月，苏州一家钢材市场的仓库里，发生行吊钢缆断裂事故，吊起的钢卷砸落下来，造成地面上 1 名装卸工人身亡。2020

年 4 月，广东某钢铁企业，钢卷在起吊作业的时候，碰到另外一钢卷，导致钢卷倒塌，致 1 人死亡；另外，很多钢卷存储在室外仓库，出库的时候，需要工人取找钢卷的位置，有时需要爬到钢卷上去确认，在雨雪天气，钢卷异常滑，极易导致工人从钢卷上跌落，安全隐患屡增不减。

图 9.28 不锈钢产品吊运用行车

（5）UWB 精确定位解决方案

精确位置管理。从 2014 年开始，UWB 企业为客户提供钢卷的精确定位和管理方案，通过 UWB 系统实现对钢卷的精确三维定位，系统的三维定位精度达到 10cm，并且将定位结果通过 LTE 直接传输到客户的云端平台，实现同时对全国运营的仓库进行管理。LTE + UWB 方案架构如图 9.29 所示。

定位基站将数据采样结果通过 RS 485 转发给数据网关，网关通过数据处理、传感器融合等，将最终的坐标通过 LTE 回传到云端服务器，业务管理终端通过云平台访问，可以对仓库的物料状况进行实时管理和跟踪。

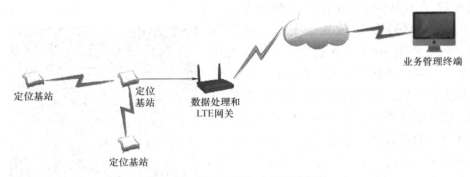

图 9.29　LTE + UWB 方案网络架构

方案优势。a）高精度：10cm；高稳定性：满足应用要求；三维定位：*XYZ* 三维的精度满足 10cm 的要求；远距离：满足大小仓库的使用要求，有的仓库长度达到 300m 以上；实施便利：实施方便，低成本，无须在物料上另外贴标签，系统根据流程实现自动绑定。b）三维虚拟化库存。在三维虚拟场景下，具有更为直观的管理平台，能够清楚地了解库存状态。基于 UWB 的三维虚拟化库存如图 9.30 所示。c）优化作业指导。根据位置进行作业指导，提高作业的效率。取料排程，根据即将要出库的钢卷位置进行排程，设定行车的最优路径，降低行车需要往返作业的工作，提高运行效率；对即将吊起的钢卷在三维图形中闪烁，为找到这个钢卷提供便利性，也是为了更便利地操作钢卷；通过这个系统，为以后的无人行车做好铺垫。d）预约排程。预约排程主要是根据未来几天出库的安排，将即将要出库的钢卷的位置提前纳入规划，避免即将出库的钢卷在倒库的时候，被放在下面，提高未来钢卷的出库效率。

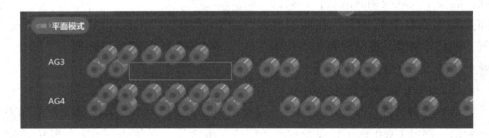

图 9.30　基于 UWB 的三维虚拟化库存

（6）系统效益

1）效率优化。自动生成入库的存放位置，根据行车的当前位置，择优选择是由哪架行车来吊装，吊装完成后，自动记录位置；根据需要出库的钢卷，系统自动查找位置，并通过三维地图的方式进行呈现，便于指导作业人员吊装，无需人工方式去找对应的钢卷。原来需要数小时完成的工作，现在只需要计算机在 1s 内完成；位置引导，根据要出库的钢卷，自动生产最优的吊装路径，引导操作工快速吊装，效率提升 50% 以上；预约排程，根据最近即将发生的出库需求，避免将即将出库的钢卷埋在最底层，这样将极大地降低工作量。

2）安全提升。不需要人员再爬上爬下找钢卷，降低了人员找钢卷带来的风险；自动形成动态围栏，当行车在运行吊装的时候，系统自动形成安全区，避免人员靠近，即使产生安全风险，也不会对工人的安全构成威胁；作业的规范性，比如发现钢卷吊起的高度是否满足要求，是否会碰到其他堆放得比较高的钢卷，或提前规划好路径，避免这种碰撞的产生。

3）减员增效。减员主要体现在两个方面：不再需要人员去找钢卷。以前一个钢卷的仓库有十多人，运行效率低下，有时候为了找一个钢卷要花数小时，而导入此系统之后，操作人员降低到 2 ~ 3 人，更多的工作任务是在配合出入库等工作；由于行车运转的效率更高，可以根据库房的运转效率，适当地降低行车人员的数量，或缩短工作时间。

4）高可靠性质押。对质押的仓库不再有限制，可以是任意仓库，也可以是仓库的任何一个区域，乃至对其中任何一卷钢卷进行质押，任何对钢卷的移动，都在系统的监管之中。

9.6　工程机械行业液压油缸生产线柔性物流 UWB 定位

9.6.1　油缸车间柔性物流系统集成需求与 UWB 系统设计

基于某国际工程机械零部件生产企业的客户订单的高变形和小批量的特性，采用 UWB 室内高精度定位技术，实现对车间在制品物流的实时跟踪，进而建立柔性车间生产/物流系统，系统框架如图 9.31 所示。

结合系统框架，系统功能主要包括：a）数据采集，获取对物料、工具、物流设备及人员的实时定位信息，在车间油缸价值流全部区域实现 2D 实时定位，部分货架区域实现 3D 实时定位，结合基本的设备状态信息，用于车间生产环境的数字化呈现和物流优化。b）信息空间优化，利用车间已有的 MES 和 SAP 系统，综合订单导向的物料实时定位信息、物流及生产人员的位置信息，与设备的基本运行状态相结合，提供报表、热图等多层次数字化呈现。c）生产/物流优化算法。物流优化是一个多因素综合的结果，需要结合生产需求、存储能力、配送能力、设备约束、路径约束等多因素，在时间和空间上实现最优。d）精准推送

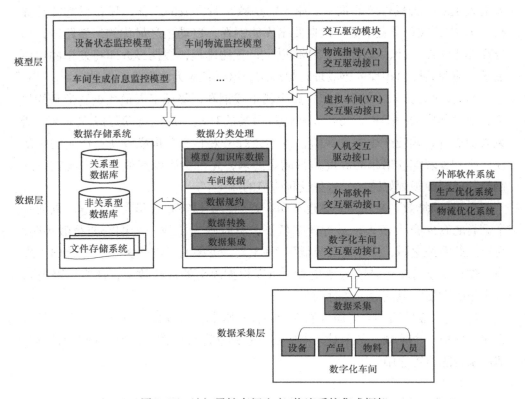

图 9.31　油缸柔性车间生产/物流系统集成框架

和执行，通过便携式设备推送指令到物流人员，并接收物流人员的简单反馈。

9.6.2　基于 UWB 的实时 3D 车间内物料位置采集

（1）UWB 室内定位系统的部署与测试

油缸生产车间总计采购并安装超宽带定位基站 48 台，其中车间内 43 台，车间外进料检验区域 4 台，达到对油缸价值流的生产区域全覆盖，如图 9.32 所示为车间内超宽带定位基站部署示意图。此外，采购超宽带定位标签总计 1200 件，先期到货并投入使用 100 件，实现车间内仓储、物品、加工装置、人员的 3D 实时位置采集系统的部署，正在进行小范围试点应用。

车间内共设置 4 个时钟同步主基站，基站同步误差小于 1×10^{-9} s，测试精度如下，表 9.2 所示为静态定位平均误差 ± 方差。图 9.33 所示为 3D 货架定位结果，其中仅显示 x/y 二维定位结果。圆点为真实位置，叉点为定位平均输出位置，椭圆为定位结果 1σ 波动区间。图 9.34 所示为车间其他区域定位结果，其中圆点为真实位置，叉点为定位平均输出位置，椭圆为定位结果 1σ 波动区间。

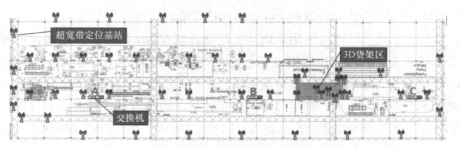

图 9.32　车间内 UWB 定位基站部署示意图

表 9.2　静态定位平均误差 ± 方差

区　域	3D 货架	其他区域
误差值	2D（$x\&y$）: 0.48 ±0.23（m） Height（z）: 0.66 ±0.14（m）	2D（$x\&y$）: 1.03 ±1.07（m）

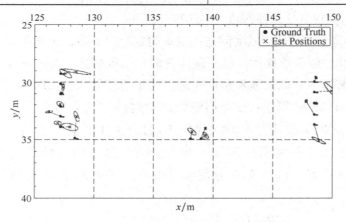

图 9.33　3D 货架定位结果（二维）

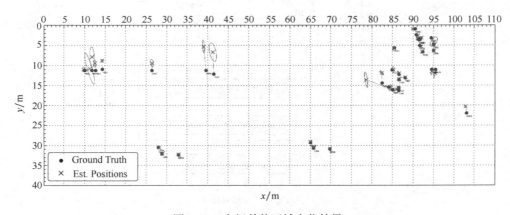

图 9.34　车间其他区域定位结果

227

（2）超宽带室内定位系统实际部署的技术难点

实际工业生产环境与民用环境及实验室环境有较大的差异，进而为超宽带定位系统在工业领域的应用带来如下困难：a）工业环境中存在大量的金属物体，特别是较大体积的机床，从而影响超宽带无线信号的传播，金属物体引起的遮挡和反射相互作用，产生严重的多径效应。因此，对信号的优劣判定、位置解算基站的选择提出了很高的要求。b）工业场合下存在大量可移动工装与产品，使得标签与基站间的可视化条件不是一成不变的，通过静态设置选择位置解算基站的方式不适用于工业场合。c）车间空间较大，单一的同步主基站无法满足所有基站的时间同步要求，当设置多个同步主基站时，如同步主基站之间不分主次，则要求各主基站之间的时间保持同步是较为复杂的问题，如同步主基站之间按层次级联，则时间同步的级联误差不可忽略。

（3）室内 UWB 定位系统设计与实现

UWB 定位系统基站经以太网连接至车间定位服务器，由服务器上安装的某国内知名品牌定位引擎软件，负责硬件管理和位置解算。考虑不同的位置解算算法对定位标签容量的影响和生产需求，选用容量较大的 TDOA（Time Difference of Arrival）差分算法；定位引擎软件位置解算结束后，实时地将计算到的标签坐标及时间戳通过 UDP 协议传输到力士乐自主开发的 ActiveInfoMotion 应用软件的业务逻辑处理层，做数据映射到地图的处理及保存，并由 MQTT 物联网协议上传到 Web 应用实时呈现。图 9.35 所示为网络拓扑及数据流示意图。

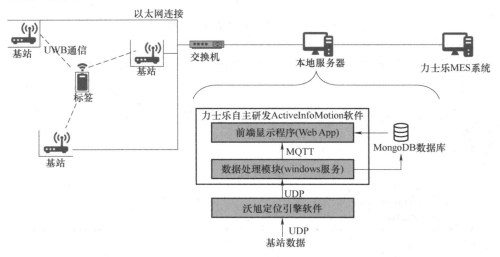

图 9.35　网络拓扑及数据流示意图

9.6.3　基于 UWB 定位和 AR 透明化的车间物料配送

UWB 定位系统主要分为五个模块，数据采集处理模块 A、数据存储模块 B、信息叠加模块 C、AR 设备模块 D 和车间场景与环境信息模型构建模块 E。基于 AR 技术的车间物流指导主要使车间物流信息"透明化"，实现车间物流的可视化指导。

1）数据采集处理模块 A，主要任务是数据的采集、过滤、封装以及处理。常见的车间数据有 UWB 获得的定位数据等，采集方式为 RFID、传感器及智能终端方式。数据处理分析是系统的数据中心，主要是对数据进行预处理。实时采集的数据或者外部软件系统接入的数据如果不经过处理直接使用，可能会存在大量的无效数据，所以在进行数据使用前需要进行的重要一步就是数据的预处理，按照具体需求进行数据的处理过滤，以得到有效符合要求的数据。

2）数据存储模块 B，主要针对车间数据存储问题，由于制造车间数据多样，结构化数据和非结构化数据的存储特点不同，所以需要根据车间数据集成特点采用不同的存储方式；比如关系型数据库（典型如 MySQL），非关系型数据库（如 HBase），文件系统（如 HDFS）等。

3）信息叠加模块 C，主要是将采集到的车间工艺信息绘制成虚拟信息再叠加到车间环境中，具体方法是将车间的节点数据整理为车间的关键数据，并将车间的关键数据转换成字符串，等待 AR 设备起动将字符串解析为物料专员所知的数据。

4）AR 设备模块 D，主要是对车间物流配送进行监控与指导，接收配送有效数据。物料专员通过佩戴 AR 设备，设备中投射出的虚拟融合场景能够反映设备的工作状态、历史数据以及当前订单的完成情况等相关的数据信息。物流专员结合实际情况对车间物流进行一定的管控。

5）车间场景与环境信息模型构建模块 E，主要是根据数字化车间构建三维虚拟车间模型，对其进行渲染、特征提取，实现从实际的数字化车间到虚拟车间的一一映射关系。图 9.36 所示为基于 UWB 定位和 AR 透明化的车间物料配送系统结构图。

首先根据 UWB 定位设备获取各个工位以及物料的坐标数据，紧接着对数据进行处理分析，再利用 AR 等设备进行高精度透明化配送，其具体在车间的布局情况如图 9.37 所示。

因此，将 UWB 定位技术和 AR 透明化技术应用于车间物流指导，可以大幅

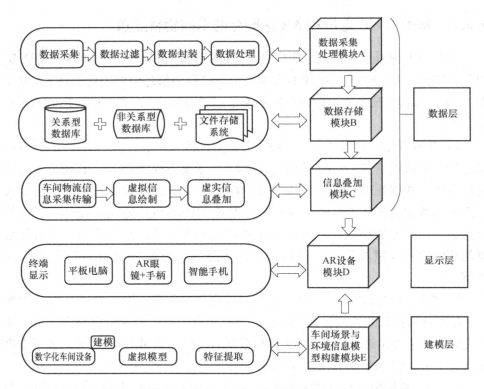

图 9.36　基于 UWB 定位和 AR 透明化的车间物料配送系统结构图

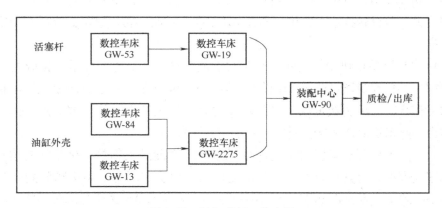

图 9.37　油缸车间工位布局

度地降低车间物料配送的成本，通过以上设备向物料专员展示工位间物料的加工时间、位置信息等，指导物料专员工位之间物料配送，大大缩短了物料的配送时间，降低了工位上物料的阻塞率，提高了配送率。

9.7　UWB 精确定位技术支撑智能运营中心建设

精确定位在数字化工厂中已经得到逐步推广，在未来的智能工厂中将得到广泛的应用，特别是基于 UWB 的精确定位系统，其高精度、低功耗、高可靠性，得到了客户的认可，能有效地为工厂的效率提升、安全管控等提供数字化的手段。

但定位只是提供了线下的数字化管理方法，正如前文所描述，数字化是手段，但基于数字化手段获得数据后，需要将这些数据转化为可用的信息，才能真正有效地帮助客户解决现场中的痛点，提升效率。这类问题其实在工厂内非常典型，很多工厂都有 MES 系统，在工厂的生产作业中，产生了大量的数据，但工厂一般都视而不见，没有把这些数据转化为有用的信息，只是为了管理而管理。

只有在线上和线下将数字化的成果完成信息提取之后，并且将这些信息应用到生产优化中，建设透明化、智能化的企业运营管控中心，UWB 定位技术才能真正地在智能工厂中达到持续改善，支持精益生产的智能制造目标。

9.8　本章小结

智能制造领域涉及行业众多，对于 UWB 定位技术应用的需求也千变万化。本章结合典型行业生产和定位技术需求，分别阐述了 UWB 定位技术电气设备行业工艺生产 Cell 线的效率优化、汽车制造行业车间现场安灯系统支持、汽车制造行业车间工序效率优化、电子产品制造行业生产线效率优化、钢铁行业仓储管理、工程机械行业液压油缸生产线柔性物流 UWB 定位和 UWB 精确定位技术在智能运营中心的发展展望，由此撰写完成了本书全部内容。

附　　录

附录 A　UWB 系统 TDOA 定位程序

```
%1,编程语言:matlab;
%2,程序名称:无误差定位程序;
%3,输入参数:R1 基站 1 和移动台之间的距离,
             R2 基站 2 和移动台之间的距离,
             R3 基站 3 和移动台之间的距离;
%4:处理过程:通过测量信号到达监测站的时间,可以确定信号源的距离。利
             用信号源到各个监测站的距离(以监测站为中心,距离为半径作
             圆),就能确定信号的位置。但是绝对时间一般比较难测量,通
             过比较信号到达各个监测站的绝对时间差,就能做出以监测站
             为焦点,距离差为长轴的双曲线,双曲线的交点就是信号的
             位置;
%5,输出结果:基站、目标点以及估计点图和位置偏移量;
%6,程序版本:V3.0;
%7,编写时间:2019 年 8 月;
%8,参考来源:TDOA 定位算法;

clear all;close all;
Length =100;%设置定位范围
Width =100;
Node_number =3;%基站为 3 个
Node(1).x =0;%基站 1 坐标
Node(1).y =0;
```

```matlab
Node(2).x=60;%基站2坐标
Node(2).y=0;
Node(3).x=30;%基站3坐标
Node(3).y=60;
Target.x=30;%移动点坐标
Target.y=30;
%TDOA的Chan算法
X21=Node(2).x-Node(1).x;%计算各个基站之间的坐标差
X31=Node(3).x-Node(1).x;
Y21=Node(2).y-Node(1).y;
Y31=Node(3).y-Node(1).y;
A=inv([X21,Y21;X31,Y31]);
R(1)=sqrt((Node(1).x-Target.x)^2+(Node(1).y-Target.y)^2);%计算基站与目标之间的距离
R(2)=sqrt((Node(2).x-Target.x)^2+(Node(2).y-Target.y)^2);
R(3)=sqrt((Node(3).x-Target.x)^2+(Node(3).y-Target.y)^2);
R21=R(2)-R(1);%分别与R1作差
R31=R(3)-R(1);
B=[R21;R31];
K1=Node(1).x^2+Node(1).y^2;%变量代换
K2=Node(2).x^2+Node(2).y^2;
K3=Node(3).x^2+Node(3).y^2;
C=0.5*[R21^2-K2+K1;R31^2-K3+K1];
a=B'*A'*A*B-1;
b=B'*A'*A*C+C'*A'*A*B;
c=C'*A'*A*C;
root1=(-b+sqrt(b^2-4*a*c))/(2*a);
root2=(-b-sqrt(b^2-4*a*c))/(2*a);
EMS1=-A*(B*root1+C);
EMS2=-A*(B*root2+C);
R21ems1=sqrt((Node(2).x-EMS1(1))^2+(Node(2).y-EMS1(2))^2)-sqrt((Node(1).x-EMS1(1))^2+(Node(1).y-EMS1(2))^2);
R31ems1=sqrt((Node(3).x-EMS1(1))^2+(Node(3).y-EMS1(2))
```

```
^2) - sqrt((Node(1).x - EMS1(1))^2 + (Node(1).y - EMS1(2))^2);
    if sign(R21) == sign(R21ems1)&&sign(R31) == sign(R31ems1),
  OUT = EMS1;
    else    OUT = EMS2;
    end
    figure% 绘图
    hold on;box on;axis([0 100 0 100]);
    xlabel('X[m]');
    ylabel('Y[m]');
    for i = 1:Node_number
    h1 = plot(Node(i).x,Node(i).y,'ko','MarkerFace','g','MarkerSize',
10);
    text(Node(i).x + 2,Node(i).y,['Node',num2str(i)]);
    end
    h2 = plot(Target.x,Target.y,'k^','MarkerFace','b','MarkerSize',
10);
    h3 = plot(OUT(1),OUT(2),'ks','MarkerFace','r','MarkerSize',10);
    line([Target.x,OUT(1)],[Target.y,OUT(2)],'Color','k');
    legend([h1,h2,h3],'Observation Station','Target Postion','Esti-
mate Postion');
    Pro1 = (abs(OUT(1) - Target.x))/Target.x;% 计算位置偏差概率
    sprintf('%2.2f%%', Pro1 * 100)
    Pro2 = (abs(OUT(2) - Target.y))/Target.y;
    sprintf('%2.2f%%', Pro2 * 100)


    %1,编程语言:matlab;
    %2,程序名称:TDOA/AOA 定位的扩展卡尔曼滤波定位算法;
    %3,输入参数:D1 基站 1 和移动台之间的距离,
                D2 基站 2 和移动台之间的距离,
                D3 基站 3 和移动台之间的距离,
                A1 基站 1 测得的角度值,
                A2 基站 2 测得的角度值,
                A3 基站 3 测得的角度值,
```

  Falg1 1×1 矩阵,取值 1,2,3,表明是以哪一个基站作为基准站
  计算 TDOA 数据的,

  FLAG2 N×3 矩阵,取值 0 和 1,每一行表示该时刻各基站的 AOA
  是否可选择,

  1 表示选择 AOA 数据,FLAG2 并非人为给定,而是由 LOS/NLOS
  检测模块确定,

  S0 初始状态向量,4×1 矩阵,

  P0 预测误差矩阵的初始值,4×4 的矩阵,

  SigmaR 无偏/有偏卡尔曼输出距离值的方差,由事先统计得到,

  SigmaAOA 选择 AOA 数据的方差,生成 AOA 数据的规律已知,因
  此可以确定;

```
%4,输出参数 MX,MY;
%5,程序版本:V3.0;
%6,编写时间:2019 年 8 月;
%7,参考来源:TDOA 定位算法;
%% 第一步:计算 TDOA 数据;
if Flag1 ==1
TDOA1 = D2 - D1;
TDOA2 = D3 - D1;
elseif Flag1 ==2
TDOA1 = D1 - D2;
TDOA2 = D3 - D2;
elseif Flag1 ==3
TDOA1 = D1 - D3;
TDOA2 = D2 - D3;
else
error('Flag1 输入有误,它只能取 1,2,3');
end
%% 第二步:构造两个固定的矩阵
% 构造状态转移矩阵 Φ
Phi =[1, 0,0.025, 0;
0, 1, 0,0.025;
0, 0, 1, 0;
```

```
0,0,0,1];
% 构造 W 的协方差矩阵 Q
SigmaU = 0.00001; % 噪声方差取很小的值
Q = [0,0,0,0;
0,0,0,0;
0,0,SigmaU,0;
0,0,0,SigmaU];
%% 第三步:输出数据初始化
N = length(D1);
MX = zeros(1,N);
MY = zeros(1,N);
MX(1) = S0(1);
MY(1) = S0(2);
SS = zeros(4,N);
SS(:,1) = S0;
%% 第四步:以下是迭代过程
for i = 2:N
Flag2 = FLAG2(i,:); % 当前各信道环境的 LOS/NLOS 判据
R = FunR(SigmaR,SigmaAOA,Flag2); % 调用产生 R 矩阵的子函数
S1 = Phi * S0; % 由状态方程得到的预测值
H = FunH(S1,Flag1,Flag2); % 调用产生 H 矩阵的子函数
P1 = Phi * P0 * (Phi') + Q; % 计算上述预测值的协方差矩阵
K = P1 * (H') * inv(H * P1 * (H') + R); % 计算滤波增益(加权系数)
Z = FunZ(TDOA1,TDOA2,A1,A2,A3,SigmaR,SigmaAOA,Flag2,i); % 调
用构造观察向量的子函数
hS1 = FunhS1(S1,Flag1,Flag2); % 调用构造观测值的估计值向量的子
函数
S2 = S1 + K * (Z - hS1); % 加权得到滤波输出值
% 更新 S0 和 P0
P2 = P1 - K * H * P1;
S0 = S2;
P0 = P2;
% 记录滤波输出值
```

```
    MX(i) = S2(1);
    MY(i) = S2(2);
    SS(:,i) = S2;
    end
    function Z = FunZ(TDOA1,TDOA2,A1,A2,A3,SigmaR,SigmaAOA,
Flag2,i)
    %调用构造观察向量的子函数
    m = sum(Flag2);
    Z = zeros(2 +m,1);
    Z(1) = TDOA1(i);
    Z(2) = TDOA2(i);
    if Flag2(1) == 0&&Flag2(2) == 0&&Flag2(3) == 0
    %空语句
    elseif Flag2(1) == 1&&Flag2(2) == 0&&Flag2(3) == 0
    Z(3) = A1(i);
    elseif Flag2(1) == 0&&Flag2(2) == 1&&Flag2(3) == 0
    Z(3) = A2(i);
    elseif Flag2(1) == 0&&Flag2(2) == 0&&Flag2(3) == 1
    Z(3) = A3(i);
    elseif Flag2(1) == 1&&Flag2(2) == 1&&Flag2(3) == 0
    Z(3) = A1(i);
    Z(4) = A2(i);
    elseif Flag2(1) == 1&&Flag2(2) == 0&&Flag2(3) == 1
    Z(3) = A1(i);
    Z(4) = A3(i);
    elseif Flag2(1) == 0&&Flag2(2) == 1&&Flag2(3) == 1
    Z(3) = A2(i);
    Z(4) = A3(i);
    elseif Flag2(1) == 1&&Flag2(2) == 1&&Flag2(3) == 1
    Z(3) = A1(i);
    Z(4) = A2(i);
    Z(5) = A3(i);
    else
    error('Flag2 格式不正确,它的元素只能取 0 或者 1');
```

```
end
function R = FunR(SigmaR,SigmaAOA,Flag2)
%%产生R矩阵的子函数
m = sum(Flag2);
B = [-1,1,0;-1,0,1];
R11 = B * [SigmaR,0,0;0,SigmaR,0;0,0,SigmaR] * (B');
R12 = zeros(2,m);
R21 = zeros(m,2);
if m == 0
R22 = [];
elseif m == 1
R22 = SigmaAOA;
elseif m == 2
R22 = [SigmaAOA, 0;
0,SigmaAOA];
elseif m == 3
R22 = [SigmaAOA, 0, 0;
0,SigmaAOA, 0;
0, 0,SigmaAOA];
else
error('Flag2 格式不正确,它的元素只能取 0 或者 1');
end
R = [R11,R12;
R21,R22];
function hS1 = FunhS1(S1,Flag1,Flag2)
%%构造观测值的估计值向量的子函数
%提取估计的移动台坐标
x = S1(1);
y = S1(2);
%三个基站的横纵坐标
x1 = 0;
y1 = 0;
x2 = 5;
y2 = 8.66;
```

```
x3 =10;
y3 =0;
%计算移动台到三个基站的距离(估计值)
d1 = ((x - x1) ^2 + (y - y1) ^2) ^0.5;
d2 = ((x - x2) ^2 + (y - y2) ^2) ^0.5;
d3 = ((x - x3) ^2 + (y - y3) ^2) ^0.5;
M =2 + sum(Flag2);
hS1 = zeros(M,1);
if Flag1 ==1%以第一个基站为基准计算 TDOA 数据
hS1(1) = d2 - d1;
hS1(2) = d3 - d1;
elseif Flag1 ==2%以第二个基站为基准计算 TDOA 数据
hS1(1) = d1 - d2;
hS1(2) = d3 - d2;
elseif Flag1 ==3%以第三个基站为基准计算 TDOA 数据
hS1(1) = d1 - d3;
hS1(2) = d2 - d3;
else
error('Flag1 格式不正确,它只能取 1,2,3');
end
h1 = atan2(y - y1,x - x1);
h2 = atan2(y - y2,x - x2);
h3 = atan2(y - y3,x - x3);
if Flag2(1) ==0&&Flag2(2) ==0&&Flag2(3) ==0
%空语句
elseif Flag2(1) ==1&&Flag2(2) ==0&&Flag2(3) ==0
hS1(3) = h1;
elseif Flag2(1) ==0&&Flag2(2) ==1&&Flag2(3) ==0
hS1(3) = h2;
elseif Flag2(1) ==0&&Flag2(2) ==0&&Flag2(3) ==1
hS1(3) = h3;
elseif Flag2(1) ==1&&Flag2(2) ==1&&Flag2(3) ==0
hS1(3:4) = [h1;h2];
elseif Flag2(1) ==1&&Flag2(2) ==0&&Flag2(3) ==1
```

```
hS1(3:4)=[h1;h3];
elseif Flag2(1)==0&&Flag2(2)==1&&Flag2(3)==1
hS1(3:4)=[h2;h3];
elseif Flag2(1)==1&&Flag2(2)==1&&Flag2(3)==1
hS1(3:5)=[h1;h2;h3];
else
error('Flag2 格式不正确,它的元素只能取 0 或者 1');
end
```

附录 B UWB 定位数据处理及显示程序

```
%1,编程语言:C++;
%2,程序名称:定位数据收集显示;
%3,输入参数:UWB 采集到的数据;
%4,处理过程:除去格式中不需要的数据,只留坐标数据;
%5,输出结果:经过处理后的数据;
%6,程序版本:V2.0;
%7,编写时间:2019 年 6 月;
%8,参考来源:
#include <iostream>%定义头文件
#include <fstream>
#include <string>
#include <vector>
#include <string.h>
using namespace std;
vector<int>S;
vector<float>X;
vector<float>Y;
vector<float>Z;
void extract(string str,int len){
    float x=0;
    float mul=0.01;
    int id=len-1;
    while(str[id]!="&&id>=0){
```

```
while(str[id]!=','){
    if(str[id]=='.'){
        id--;
        continue;
    }
    else if(str[id]=='-'){
        id--;
        x=x*(-1);
    }
    else{
        x+=(mul*(str[id--]-'0'));
        mul*=10;
    }
}
Z.push_back(x);
x=0;
mul=0.01;
id--;
while(str[id]!=','){
    if(str[id]=='.'){
        id--;
        continue;
    }
    else if(str[id]=='-'){
        id--;
        x=x*(-1);
    }
    else{
        x+=(mul*(str[id--]-'0'));
        mul*=10;
    }
}
Y.push_back(x);
x=0;
```

```
        mul = 0.01;
        id--;
        while (str[id] != ',') {
            if (str[id] == '.') {
                id--;
                continue;
            }
            else if (str[id] == '-') {
                id--;
                x = x * (-1);
            }
            else {
                x += (mul * (str[id--] - '0'));
                mul *= 10;
            }
        }
        X.push_back(x);
        id--;
        int bag = 0;
        int m = 1;
        while (str[id] >= '0' && str[id] <= '9') {
            bag += (str[id--] - '0') * m;
            m *= 10;
        }
        S.push_back(bag);
        return;
    }


}

int main()
{
    ifstream fin;
    fin.open("tag.txt");
```

```
    string line;
    while(getline(fin,line)){
        int len = line. length();
        if(len > 3){
            if(line[len -1] > ='0'&&line[len -1] > ='0'&&line[len -
3] =='.'){
                //cout << line << endl;
                extract(line,len);
            }
        }
    }
    auto it1 = S. begin();
    auto it2 = X. begin();
    auto it3 = Y. begin();
    auto it4 = Z. begin();
    for(;it1! = S. end();it1 ++ ,it2 ++ ,it3 ++ ,it4 ++ ){
        cout << "S:" << * it1 << ",X:" << * it2 << ",Y:" << * it3 <
<",Z:" << * it4 << endl;
    }
}
```

```
[WX]:Tag Height 150
[WX]:anchorID 6001 ,x:0.520000 ,y:0.690000, z:3.200000
[WX]:anchorID 6002 ,x:6.860000 ,y:0.530000, z:3.200000
[WX]:anchorID 6003 ,x:0.520000 ,y:7.530000, z:3.200000
[WX]:anchorID 6004 ,x:6.890000 ,y:7.370000, z:3.200000
[WX]:anchorID 6005 ,x:0.520000 ,y:14.480000, z:3.200000
[WX]:anchorID 6006 ,x:6.860000 ,y:14.320000, z:3.200000
************* TAG [e520] INIT **************
S:0,T:e520,A:6001,R:365cm
S:0,T:e520,A:6002,R:462cm
S:0,T:e520,A:6003,R:926cm
S:0,T:e520,A:6004,R:976cm
S:0,T:e520,A:6005,R:1438cm
S:0,T:e520,A:6006,R:1444cm
S:    0,3.02,-1.22,1.50
S:1,T:e520,A:6001,R:335cm
S:1,T:e520,A:6002,R:469cm
S:1,T:e520,A:6003,R:950cm
S:1,T:e520,A:6004,R:937cm
S:1,T:e520,A:6005,R:1463cm
S:1,T:e520,A:6006,R:1613cm
S:    1,3.02,-1.22,1.50
S:2,T:e520,A:6001,R:330cm
S:2,T:e520,A:6002,R:465cm
S:2,T:e520,A:6003,R:830cm
S:2,T:e520,A:6004,R:837cm
S:2,T:e520,A:6005,R:1448cm
S:2,T:e520,A:6006,R:1592cm
S:    2,3.00,-1.21,1.50
S:3,T:e520,A:6001,R:328cm
S:3,T:e520,A:6002,R:464cm
S:3,T:e520,A:6003,R:853cm
S:3,T:e520,A:6004,R:775cm
S:3,T:e520,A:6005,R:1465cm
S:3,T:e520,A:6006,R:1536cm
S:    3,2.98,-1.16,1.50
S:4,T:e520,A:6001,R:339cm
S:4,T:e520,A:6002,R:465cm
S:4,T:e520,A:6003,R:860cm
S:4,T:e520,A:6004,R:769cm
S:4,T:e520,A:6005,R:1458cm
S:4,T:e520,A:6006,R:1552cm
S:    4,2.96,-1.07,1.50
S:5,T:e520,A:6001,R:344cm
S:5,T:e520,A:6002,R:463cm
S:5,T:e520,A:6003,R:855cm
S:5,T:e520,A:6004,R:793cm
```

```
S:  8, X: 7.15, Y: 6.03, Z: 1.5
S:  9, X: 7.34, Y: 6.03, Z: 1.5
S: 10, X: 7.46, Y: 6.02, Z: 1.5
S: 11, X: 7.53, Y: 6.01, Z: 1.5
S: 12, X: 7.47, Y: 5.97, Z: 1.5
S: 13, X: 7.29, Y: 5.91, Z: 1.5
S: 14, X: 7.07, Y: 5.86, Z: 1.5
S: 15, X: 6.86, Y: 5.84, Z: 1.5
S: 16, X: 6.69, Y: 5.84, Z: 1.5
S: 17, X: 6.56, Y: 5.86, Z: 1.5
S: 18, X: 6.43, Y: 5.84, Z: 1.5
S: 19, X: 6.28, Y: 5.77, Z: 1.5
S: 20, X: 6.17, Y: 5.72, Z: 1.5
S: 21, X: 6.12, Y: 5.72, Z: 1.5
S: 22, X: 6.14, Y: 5.77, Z: 1.5
S: 23, X: 6.2, Y: 5.85, Z: 1.5
S: 24, X: 6.26, Y: 5.92, Z: 1.5
S: 25, X: 6.28, Y: 5.96, Z: 1.5
S: 26, X: 6.3, Y: 5.97, Z: 1.5
S: 27, X: 6.33, Y: 5.99, Z: 1.5
S: 28, X: 6.36, Y: 6.02, Z: 1.5
S: 29, X: 6.39, Y: 6.04, Z: 1.5
S: 30, X: 6.4, Y: 6.06, Z: 1.5
```

附录 C　UWB 系统典型产品性能与选型指导参考

根据国际和国内 UWB 相关产品生产企业的行业影响力，选取具有代表性和国内 UWB 技术企业- 南京沃旭通讯科技有限公司的相关标签、基站、软件系统和平台等产品作为广大读者在实际学习、研究和项目建设工作中的产品性能评价与选型的技术指导，仅供参考。

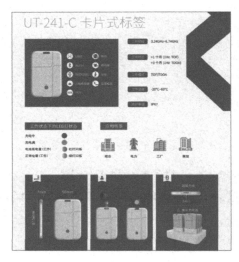

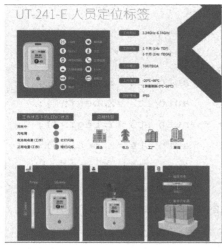

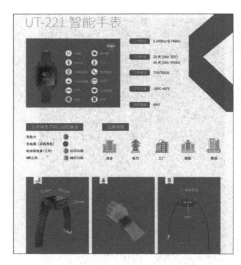

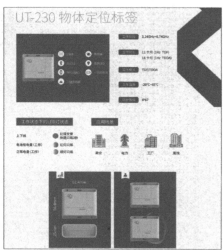

UT-241-A 物资定位标签

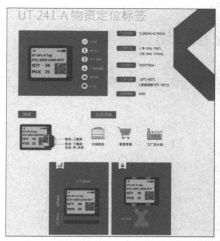

UA-210-O 高功率室外基站

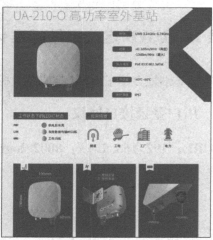

UA-220 室内无线基站

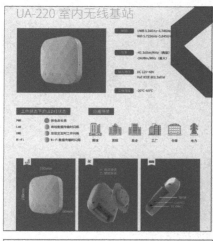

UA-220-O 室外无线基站

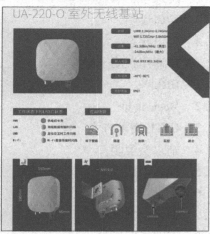

UA-221 有线时间同步基站

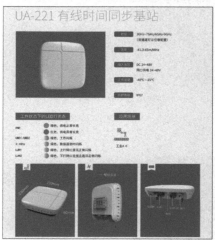

US-10 有线时间同步分配器

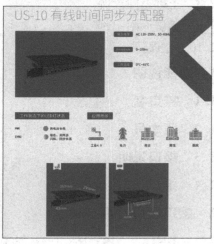

附录 D　UWB 定位系统标准化接口协议参考

本书详细地介绍了 UWB 定位系统标准化接口协议的基础接口部分。

D.1　用户登录接口协议

URL：192. 168. 1. xx：8002/login

目录

1　功能说明

1.1　接口名

1.2　版本号

1.3　接口说明

1.4　接口状态

2　接口调用说明

2.1　URL

2.2　Mock 地址

2.3　HTTP 请求方式

2.4　请求头说明

2.5　输入参数说明

2.6　请求示例

2.7　返回参数说明

2.8　正确返回示例

2.9　错误返回示例

2.10　错误码

1　功能说明

1.1　接口名　　登录

1.2　版本号　　1.2.1

1.3　接口说明

1.4　接口状态　　可用

2　接口调用说明

2.1　URL　　192. 168. 1. xx：8002/login

2.2　Mock 地址　　无

2.3　HTTP 请求方式　　POST

2.4　请求头说明　　无

2.5　输入参数说明

自定义参数（Custom）

```
{
"password":"111111",
"account":"admin"
}
```

自定义参数备注（Custom）

名　　　称	类　　　型	是否必须	备　　注
password	string	true	密码
account	string	true	账号

2.6　请求示例

请求地址：

192.168.1.xx：8002/login

请求头：

请求参数：

```
{
"password":"111111",
"account":"admin"
}
```

2.7　返回参数说明

名　　　称	类　　　型	是否必须	备　　注
code	number	true	返回码
msg	string：undefined?	true	
data	object	true	
idx	number	true	
userId	number	true	用户 id
token	string	true	token

247

（续）

名　　称	类　　型	是否必须	备　　注
expireTime	string	true	过期时间
createTime	string	true	创建时间
lastUpdateTime	string	true	更新时间

2.8　正确返回示例

```
{
"code":200,
"msg":null,
"data":{
"idx":1,
"userId":1,
"token":"c7132ce7dc7b6a05d2755a8149269e7a",
"expireTime":"2019-02-22 02:46:47",
"createTime":"2019-02-21 14:40:18",
"lastUpdateTime":"2019-02-21 14:46:47"
}
}
```

2.9　错误返回示例　　无

2.10　错误码　　无

D.2　实时位置获取协议

URL：ws：//192.168.0.xx：8762/websocket/socketServer.do

目录

1　功能说明

1.1　接口名

1.2　版本号

1.3　接口说明

1.4　接口状态

2　接口调用说明

2.1　URL

1　功能说明

1.1　接口名　　实时位置

1.2　版本号　　1.2.1

1.3　接口说明

第一步　注册：

客户端给服务端发送注册信息：

{

"register" : "123456789"

}

发送的注册码作为后期获取数据的依据。

第二步　获取图层/分组数据

1.3.1　获取图层数据：

客户端给服务端发送获取图层数据信息：

{

"key" : "123456789" ,

"layerId" : 121

}

key 值为第一步注册时的 regiter 的值

layerId 为需要获取的图层 id

1.3.2　获取分组数据：

客户端给服务端发送获取分组数据信息：

{

"key"："123456789"，

"groupId"：8

}

key 值为第一步注册时的 regiter 的值

layerId 为需要获取的分组 id

［Note］：groupId 和 layerId 字段不应该同时给出，否则，服务端将只按照图层数据进行推送数据

［Note］：非嫌疑人类型的资源，不会携带嫌疑人类型字段如：图片路径、案件信息、拘留日期等

1.3.3 发送心跳包格式：

HeartBeat：{"order"：1，"timeStamp"：1573180678387}

后端心跳返回：

{"timeStamp"：1573180678387，"order"：1}

1.4 接口状态　　可用

2 接口调用说明

2.1 URL　　ws：//192.168.0.xx：8762/websocket/socketServer.do

2.2 Mock 地址　　无

2.3 HTTP 请求方式　　WebScoket

2.4 请求头说明　　无

2.5 输入参数说明　　无

2.6 请求示例

请求地址：ws：//192.168.0.xx：8762/websocket/socketServer.do

2.7 返回参数说明

名　　称	类　　型	是否必须	备　　注
message	string	true	消息类型
data	object	true	数据
features	array［object］	true	位置点集合
idx	number	true	地图的 idx
properties	object	true	属性集合

（续）

名　　称	类　　型	是否必须	备　注
contactsPhone	string	true	联系人号码
contactsName	string	true	联系人
city	string	true	城市
address	string	true	地址
detainedUntilDate	string	true	被拘留至（日期） （自动计算）
sentencedDay	string	true	被判刑日
sentencedMonth	number	true	被判刑月
sentencedYear	number	true	被判刑年
isForLife	number	true	是否终身监禁 （1：是 0：否）
detainedDate	string	true	拘留日期
caseNumber	string	true	案件号
caseName	string	true	案件名称
picturePath	string	true	图片路径
longitude	number	false	经度
latitude	number	false	纬度
signalHeart	string	true	心率信号强度
reliabilityHeart	string	true	心率值可信度
rateHeart	string	true	心率值
tagElectricity	string	true	标签电量
resourceId	string	true	资源 id
deptname	string	true	部门名称
workTypeName	string	true	工种
fuser_layer_id	number	true	引擎内地图层号
map_name	string	true	地图名称
displaypackagenumber	number	true	包序
type	string	true	资源类型
name	string	true	资源名字
itemname	string	true	
state	number	true	状态

251

（续）

名　　称	类　　型	是否必须	备　　注
pos_x	number	true	x 坐标
pos_y	number	true	y 坐标
pos_z	number	true	z 坐标
axis	string	true	坐标集合
tag_id	string	true	标签 id
icon	string	true	图标
fuser_lcid	string	true	引擎 id
displaydatetime	string	true	定位时间
size	number	true	缩放比
type	string	true	类型
geometry	object	true	
type	string	true	
coordinates	string	true	
type	string	true	

2.8　正确返回示例

```
{
"data":{
"features":[{
"geometry":{
"coordinates":[-3.93,-4.08],
"type":"Point"
},
"idx":113,
"type":"Feature",
"properties":{
"resourceId":"2034",
"city":"上海",
"icon":"static/img/5ren.png",
"fuser_layer_id":1,
```

```
    "type":"suspect",
    "axis":[ -3.93, -4.08],
    "contactsName":"Tom",
    "pos_y": -4.08,
    "pos_z":5.05,
    "pos_x": -3.93,
    "caseNumber":"AJ201911050000006",
    "detainedDate":"2019 -11 -05",
    "tag_id":"2034",
    "caseName":"案件 y",
    "isForLife":0,
    "state":1,
    "fuser_lcid":"LCIDjErZNZsc",
    "picturePath":"ilesIMAGE9.11a25e57c6239049d3b6601bf7cb7cdd9e.jpg",
    "displaypackagenumber":36520,
    "address":"上海市汉中路12 号",
    "itemname":"Faith",
    "map_name":"公司",
    "displaydatetime":"2019 -11 -05 14:06:33.765",
    "deptname":"研发三部",
    "sentencedDay":0,
    "sentencedYear":1,
    "contactsPhone":"15025652365",
    "size":22,
    "sentencedMonth":0,
    "name":"Faith",
    "idx":113,
    "detainedUntilDate":"2020 -11 -05"
    }
}],
    "type":"FeatureCollection"
},
    "message":"Point"
}
```

2.9　错误返回示例　无

2.10　错误码　无

D.3　添加和修改地图节点协议

Url：192. 168. 1. xx：8002/mapInfo/nodeSave

1　功能说明

1.1　接口名　添加和修改地图节点

1.2　版本号　1. 2. 1

1.3　接口说明　参数中如果有 idx 参数则是修改，没有则为添加

1.4　接口状态　可用

2　接口调用说明

2.1　URL　192. 168. 1. xx：8002/mapInfo/nodeSave

2.2　Mock 地址　无

2. 3　HTTP 请求方式　　POST

2. 4　请求头说明

名　　称	是否必须	类　型	默 认 值	备　注
token	true	string		

2. 5　输入参数说明

自定义参数（Custom）

{

"nodeName"："测试节点 19"，

"parentId"："17"，

"idx"："19"

}

自定义参数备注（Custom）

2. 6　请求示例

请求地址：192. 168. 1. xx：8002/mapInfo/nodeSave

请求头：

token =

请求参数：

{

"nodeName"："测试节点 19"，

"parentId"："17"，

"idx"："19"

}

2. 7　返回参数说明　　无

2. 8　正确返回示例

{

"code"：200，

"msg"："修改成功!"，

"data"：1

}

2. 9　错误返回示例　　无

2.10 错误码 无

D.4 删除地图协议

Url：192.168.1.147：8002/mapInfo/delete

目录

1 功能说明

1.1 接口名 删除地图

1.2 版本号 1.2.1

1.3 接口说明

1.4 接口状态 可用

2 接口调用说明

2.1 URL 192.168.1.xx：8002/mapInfo/delete

2.2 Mock 地址 无

2.3 HTTP 请求方式 POST

2.4　请求头说明

名　称	是否必须	类　型	默认值	备　注
Content-Type	true	string	application/json	
token	true	string		

2.5　输入参数说明

自定义参数（Custom）

[{

"idx" :0

}]

自定义参数备注（Custom）

2.6　请求示例

请求地址：

192.168.1.xx：8002/mapInfo/delete

请求头：

Content − Type = application/json

token =

请求参数：

[{

"idx" :0

}]

2.7　返回参数说明　　无

2.8　正确返回示例

{

"code" :200 ,

"msg" :"删除成功!" ,

"data" :1

}

2.9　错误返回示例　　无

2.10　错误码　　无

D.5　添加和修改地图信息协议

Url：192.168.1.xx：8002/mapInfo/save

目录

1　功能说明

1.1　接口名　　添加和修改地图信息

1.2　版本号　　1.2.1

1.3　接口说明

1.4　接口状态　　可用

2　接口调用说明

2.1　URL　　192.168.1.xx：8002/mapInfo/save

2.2　Mock 地址　　无

2.3　HTTP 请求方式　　POST

2.4　请求头说明

名　称	是否必须	类　型	默认值	备　注
Content-Type	true	string	multipart/form-data	文件上传类型
token	true	string		

2.5　输入参数说明

名　称	是否必须	参数位置	类　型	默认值	备　注
type	true	普通参数	string	layer	地图类型，默认为 layer
nodeName	true	普通参数	string		节点名称，对应之前版本的地图树名称
parentId	true	普通参数	string		父节点地图 id
mapName	true	普通参数	string		地图名称
mapOriginX	true	普通参数	double		原点 X 坐标值
mapOriginY	true	普通参数	double		原点 Y 坐标值
mapOriginZ	false	普通参数	double		原点 Z 坐标值
mapPixelX	true	普通参数	int		图片像素长度
mapPixelY	true	普通参数	int		图片像素宽度
mapPixelZ	false	普通参数	string		
mapActualX	true	普通参数	double		实际长度
mapActualY	true	普通参数	double		实际宽度
mapActualZ	false	普通参数	double		实际高度
remark	false	普通参数	string		地图备注
idx	false	普通参数	int		如果 idx 不为空，则为修改
lcid	true	普通参数	string		引擎的 LCID
layerId	true	普通参数	int		引擎中的层号
file	true	普通参数	file		地图图片

2.6　请求示例

请求地址：

192.168.1.xx：8002/mapInfo/save

请求头：

Content − Type = multipart/form − data

token =

请求参数：

type = layer

nodeName =

parentId =

mapName =

mapOriginX =

mapOriginY =

mapOriginZ =

mapPixelX =

mapPixelY =

mapPixelZ =

mapActualX =

mapActualY =

mapActualZ =

remark =

idx =

lcid =

layerId =

file =

2.7 返回参数说明　无

2.8 正确返回示例

```
{
"code":200,
"msg":"添加成功",
"data":1
}
```

2.9 错误返回示例　无

2.10 错误码　无

参 考 文 献

［1］费先江. 基于 RFID 技术的室内无线定位识别系统的研发［D］. 广州：华南理工大学，2015.

［2］汪苑，林锦国. 几种常用室内定位技术的探讨［J］. 中国仪器仪表，2011，235（2）：54-57.

［3］射频识别技术［EB/OL］. 百度百科，https://baike.baidu.com/item/射频识别技术/9524139.

［4］胡博. 射频识别（RFID）技术的应用［J］. 卷宗，2017，（27）：233-233.

［5］陆锌渤. 浅析射频识别技术［J］. 中国新通信，2018，20（1）：67-68.

［6］SANPECHUDA T，KOVAVISARUCH L. A review of RFID Localization：Applications and Techniques［C］//Proceedings of ECTI-CON. Krabi：［s.n.］，2008：769-772.

［7］BOUET M，DOS SANTOS A L. RFID Tags：Positioning Principles and Localization Techniques［C］//Wireless Days 2008. Dubai：［s.n.］，2008：1-5.

［8］许春生，初明. 基于射频识别技术室内定位系统综述［J］. 科技创新导报，2015，12（29）：134-135.

［9］周晓光，王晓华. 射频识别（RFID）技术原理与应用实例［M］. 北京：人民邮电出版社，2006.

［10］JIANG X J，LIU Y，WANG X L. An Enhanced Approach of Indoor Localization Sensing Using Active RFID［C］//IEEE WASE International Conference on Information Engineering. Taiyuan，Shanxi：［s.n.］，2009：169-172.

［11］HEKIMIAN WILLIAMS C，GRANT B，LIU X W，et al. Accurate Localization of RFID Tags Using Phase Difference［C］//2010 IEEE International Conference on RFID. Orlando，FL：［s.n.］，2010：89-96.

［12］李林. 基于位置指纹的 WiFi 室内定位技术研究与实现［D］. 哈尔滨：哈尔滨工业大学，2017.

［13］韦萌. 蜂窝网络 TOA/TDOA 定位技术研究［D］. 西安：西安电子科技大学，2010.

［14］叶佳卉. 基于 TDOA 的室内定位算法设计与实现［D］. 武汉：华中科技大学，2013.

［15］王润璠. 面向 LTE 的 AOA 无线定位技术的研究［D］. 南京：东南大学，2014.

［16］张利. 基于 WIFI 技术的定位系统设计与实现［D］. 北京：北京邮电大学，2009.12.

［17］张言哲. WiFi 辅助智能手机的室内定位技术研究与实现［D］. 徐州：中国矿业大学，2015.

［18］郑林雨航，刘艳清，王钰娇，等. Wi-Fi 室内定位技术的发展与应用［J］. 福建电脑，2019，35（9）：75-76.

［19］王朔. 基于 ZigBee 的无线传感网络在室内定位系统中的应用研究［D］. 北京：华北电力大学，2018.

［20］刘博. 基于 ZigBee 协议室内定位系统的研究与实现［D］. 长春：东北师范大学，2018.

［21］徐进. 基于 RSSI 的室内无线定位算法的设计与实现［D］. 武汉：武汉理工大学，2015.

［22］徐聪. 基于计算机视觉的室内定位关键技术研究［D］. 成都：电子科技大学，2019.

［23］KÜMMERLE R，GRISETTI G，STRASDAT H，et al. g 2 o：A general framework for graphoptimization［C］//Robotics and Automation（ICRA），2011 IEEE International Conferenceon. IEEE，2011：3607‑3613.

［24］邸凯昌，万文辉，赵红颖，等. 视觉 SLAM 技术的进展与应用［J］. 测绘学报，2018（6）.

［25］韩昊旻. 基于多传感信息融合的迎宾机器人导航系统设计与实现［D］. 上海：上海师范大学，2019.

［26］FORSTER C，PIZZOLI M，SCARAMUZZA D. SVO：Fast semi‑direct monocular visualodometry［C］//IEEE International Conference on Robotics & Automation. 2014.

［27］应宏钟. 基于 ROS 的移动机器人系统 SLAM 技术研究［D］. 成都：西南交通大学，2018.

［28］徐志鑫. 基于 UWB 的室内定位关键技术研究［D］. 南京：南京邮电大学，2019.

［29］袁嫄，杨万全. 获得 FCC 批准的三种 UWB 芯片综述［C］//四川省通信学会 2005 年学术年会论文集. 2005.

［30］彭逸凡. UWB 室内定位系统标定方法研究［D］. 郑州：解放军信息工程大学，2017.

［31］周一青，潘振岗，翟国伟，等. 第五代移动通信系统 5G 标准化展望与关键技术研究［J］. 数据采集与处理，2015（4）：714‑724.

［32］智研咨询. 《2020—2026 年中国通信行业市场消费调查及前景战略分析报告》. http://www. chyxx. com/industry/201911/809141. html.

［33］Everything You Need to Know About 5G. IEEE SPECTRUM［引用日期 2019‑06‑07］.

［34］刘琪，陈诗军，王慧强，等. 运营商级高精度室内定位标准、系统与技术［M］. 北京：电子工业出版社，2017.

［35］闫大禹，宋伟，王旭丹，等. 国内室内定位技术发展现状综述［J］. 导航定位学报，2019，7（4）：5‑12.

［36］欧阳俊，陈诗军，黄晓明，等. 面向 5G 移动通信网的高精度定位技术分析［J］. 移动通信，2019，43（9）：13‑17.

［37］GPS 定位技术［EB/OL］. http://33h. co/dQ7m.

［38］GPS 卫星定位［EB/OL］. https://baike. baidu. com/item/GPS%E5%8D%AB%E6%98%9F%E5%AE%9A%E4%BD%8D/4158558？fr = aladdin.

［39］周巍. 北斗卫星导航系统精密定位理论方法研究与实现［D］. 郑州：解放军信息工程大学，2013.

［40］北斗一代卫星导航系统简介［EB/OL］. http://www. beidou. org. cn/BdSystemNewsDetail. aspx？Id =452&Code =0401.

［41］伽利略卫星导航系统［EB/OL］https://baike. baidu. com/item/%E4%BC%BD%E5%

88% A9% E7% 95% A5% E5% 8D% AB% E6% 98% 9F% E5% AF% BC% E8% 88% AA% E7%
B3% BB% E7% BB% 9F/9142271？ fr = aladdin.

［42］格洛纳斯［EB/OL］. https://baike. baidu. com/item/% E6% A0% BC% E6% B4% 9B%
E7% BA% B3% E6% 96% AF/1338288？ fr = aladdin.

［43］GLONASS 系统概述［EB/OL］. https://wenku. baidu. com/view/7cbd20bef121dd36a32d829e. html.

［44］董伟梁. 室内定位技术的比较与问题探讨［J］. 计算机产品与流通, 2019（7）：171.

［45］LIU X, YANG A Y, WANG Y, et al. Combination of light-emitting diode positioning identi-
fication and time-division multiplexing scheme for indoor location-based service［J］. Chinese
Optics Letters, 2015, 13（12）：16-21.

［46］刘中令. 基于 5G 的高精度室内定位技术研究［D］. 上海：上海交通大学, 2018.

［47］董伟梁. 室内定位技术的比较与问题探讨［J］. 计算机产品与流通, 2019（7）：171.

［48］张恒. 基于 UWB 的室内高精度定位方法研究与应用［D］. 阜新：辽宁工程技术大
学, 2015.

［49］陈小斯. 基于 UWB 的精准室内差分定位技术研究［D］. 海口：海南大学, 2018.

［50］刘丹. 室内多径环境下超宽带系统的高分辨时延估计与定位技术［D］. 长春：吉林大
学, 2007.

［51］CUI Q M, DENG J G, ZHANG X F. Compressive Sensing Based Wireless Localization in In-
door Scenarios［J］. China Communications, 2012, 9（4）：1-12.

［52］ZHANG C, KUHN M J, MERKL B C, et al. Real-Time Noncoherent UWB PositioningRadar
With Millimeter Range Accuracy：Theory and Experiment［J］. IEEE Transactions on Micro-
wave Theory & Techniques, 2010, 58（1）：9-20.

［53］赵登康. 复杂环境下基于 UWB/IMU 联合定位与导航［D］. 哈尔滨：哈尔滨工业大
学, 2016.

［54］周刚. 基于 UWB 定位的变电站作业安全监控技术研究［J］. 中国安全生产科学技术,
2016, 12（8）：125-129.

［55］高旭麟, 余震虹, 张小康, 等. 超宽带技术在无线个域网中的应用［J］. 无线电技术与
信息, 2007（1）：67-72.

［56］李育红, 葛宁, 陆建华, 等. 基于不同调制技术的多频带 UWB-OFDM 系统性能比较
［J］. 系统仿真学报, 2008（7）：1695-1699.

［57］曹琨. MB-OFDM 超宽带系统自适应增强技术的研究［D］. 济南：山东大学, 2009.

［58］李响. 无线传感网络节点自定位技术的研究［D］. 合肥：中国科学技术大学, 2009.

［59］HEIDARI, GHOBAD. WiMedia UWB：Technology of Choice for Wireless USB and Bluetooth
［M］. New York：Wiley, 2008.

［60］彭立, 徐红漫. IEEE 802. 15. 4 in Developing［J］. 现代电信科技, 2004（4）：20-23.

［61］HEIDARI, GHOBAD. WiMedia UWB：Technology of Choice for Wireless USB and Bluetooth
［M］. New York：Wiley, 2008.

[62] 潘峰. 一个有特色的标准化组织——ETSI [J]. 世界电信, 1997 (4): 31-33 +36.

[63] ECMA International. High Rate Ultra Wideband PHY and MAC Standard [S]. Standard ECMA-368, 2005.

[64] 张雯. 标准化对保障中欧贸易流通变得越来越重要——Networking 采访 CEN/CENELEC/ETSI 新任命的驻中国标准化专家 [J]. 中国标准化, 2006 (9): 71.

[65] MILLER A P, LEWIS S, WAITES T. Essentials of Advocacy [J]. Elsevier Inc., 2018, 71 (22): 2598-2600.

[66] 杨晓峰. 基于国家竞争优势理论对政府在标准竞争中的作用之分析和建议 [J]. 中国标准化, 2008 (2): 27-29.

[67] MILLER A P, LEWIS S, WAITES T. Essentials of Advocacy [J]. Elsevier Inc., 2018, 71 (22): 2598-2600.

[68] 田田, 张洪顺, 宋琦军, 等. 超宽带频谱规划问题研究 [C]//全国无线电应用与管理学术会议. 2007.

[69] 赵立昕, 蔡志坚, 周正. 超宽带信号的时频分析 [J]. 高技术通讯, 2006, 16 (2): 133-135.

[70] HEIDARI, GHOBAD. WiMedia UWB: Technology of Choice for Wireless USB and Bluetooth [M]. New York: Wiley, 2008.

[71] 裴凌, 刘东辉, 钱久超. 室内定位技术与应用综述 [J]. 导航定位与授时, 2017, 4 (3): 1-10.

[72] 冯爱丽. 基于 RSSI 的无线传感网络室内定位研究 [D]. 太原: 太原科技大学, 2012.

[73] 陈维克, 李文峰. 基于 RSSI 的无线传感器网络加权质心定位算法 [J]. 武汉: 武汉理工大学学报, 2006, 30 (2): 265-268.

[74] 曹世华. 室内定位技术和系统的研究进展 [J]. 计算机系统应用, 2013, 22 (9): 1-5.

[75] SAHINOGLU Z, GEZICI S, ISMAIL G. Ultra-wideband positioning systems [M]. Cambridge: Cambridge University Press, 2008.

[76] LARRICK Jr J F, FONTANA R J. Waveform adaptive ultra-wideband transmitter [P]. U. S. Patent 6026125, 2000.

[77] MCEWAN T E. Ultra-wideband receiver [P]. EP. Patent 0694235, 1996.

[78] 杜青林. 基于超宽带的无线室内定位算法研究 [D]. 西安: 西安电子科技大学, 2014.

[79] GEZICI S, POOR H V. Position Estimation via Ultra-Wideband Signals [J]. Proceedings of the IEEE, 2009, 97 (2): 386-403.

[80] DARDARI D, CONTI A, FERNER U, et al. Ranging With Ultrawide bandwidth Signals in Multipath Environments [J]. Proceedings of the IEEE, 2009, 97 (2): 404-426.

[81] ZHANG Y, BROWN A K, MALIK W Q, et al. High Resolution 3-D Angle of Arrival Determination for Indoor UWB Multipath Propagation [J]. IEEE Transactions on Wireless Communications, 2008, 7 (8): 3047-3055.

[82] 张贤达. 通信信号处理 [M]. 北京：国防工业出版社，2000.

[83] 夏禹，张效艇，王嵘. TOA 定位算法的坐标解析优化方法综述 [J]. 单片机与嵌入式系统应用，2019（12）：15-18，22.

[84] 史小红. 基于 TDOA 的无线定位方法及其性能分析 [J]. 东南大学学报（自然科学版），2013：252-257.

[85] 蓝芳萍，张文锦，殷旭东. 基于 ZigBee 和 RSSI 测距算法的室内定位系统设计 [J]. 软件导刊，2018，17（2）：110-113.

[86] HE K, ZHANG Y, ZHU Y, et al. A hybrid indoor positioning system based on UWB and inertial navigation [C]. International Conference on Wireless Communications & Signal Processing. IEEE, 2015：1-5.

[87] 何海平. 室内无线定位系统算法研究 [D]. 南昌：南昌大学，2016.

[88] 李艳芳，杨拉明. 基于 UWB 的无线定位技术 [J]. 电子设计工程，2014，22（8）：139-141.

[89] 刘浩杰. 改进的超宽带室内定位算法研究 [D]. 西安：长安大学，2017.

[90] KESHAVARZ S N, HAJIZADEH S, HAMIDI M, et al. A Novel UWB Pulse Waveform Design Method [C]. Fourth International Conference on Next Generation Mobile Applications, Services and Technologies. IEEE, 2010：168-173.

[91] ARIESSAPUTRA S, HIDAYAT R, SUSANTO A. Performance analysis of MB-OFDM UWB modulation through modified Saleh-Valenzuela channel model [C]. TENCON 2011-2011 IEEE Region 10 Conference. IEEE, 2011：460-464.

[92] SOMAYAZULU V S. Multiple Access Performance in UWB Systems Using Time Hopping Vs. Direct Sequence Spreading [C]. IEEE Proc. of WCNC. Orlando, FL, USA：IEEE, 2002：522-525.

[93] 丁锐. 基于 UWB 信号时延估计的无线定位技术研究 [D]. 长春：吉林大学，2009.

[94] 于江，王春岭，沈刘平，等. 扩频通信技术原理及其应用 [J]. 中国无线电，2010（3）：44-47.

[95] Boris I L. Novel applications of the UWB technologies [M]. 2nd edition. Holon：ExLi4EvA, 2016.

[96] 宋洋. 超宽带室内定位技术研究 [D]. 西安：西安科技大学，2019.

[97] GREENSTEIN L J, GHASSEMZADEH S S, HONG S C, et al. Comparison study of UWB indoor channel models [J]. IEEE Transactions on Wireless Communications, 2007, 6（1）：128-135.

[98] 张同丽. 非视距环境下超宽带定位技术研究 [D]. 西安：西安科技大学，2018.

[99] SALEH A, VALENZUELA R. A Statistical Model for Indoor Multipath Propagation [J]. IEEE J. Select. Areas Commun（S0733-8716），1987，5（2）：128-137.

[100] 高霁. 基于 IEEE 802.15.4a 标准的超宽带定位技术的研究 [D]. 南京：东南大

学, 2006.

[101] 杨力, 季茂荣, 张卫平, 等. 基于 IEEE 802.15.4a 信道的超宽带脉冲信号仿真研究 [J]. 系统仿真学报, 2012, 24 (10): 2172-2176.

[102] QIU R C, LU I. Multipath resolving with frequency dependence for broadband wireless channel modeling [J]. IEEE Trans. Veh. Tech, 1999.

[103] SIMO M K, ALOUINI M S. Digital Communication over Fading Channels: A Unified Approach to Performance Analysis [M]. Chichester: John Wiley & Sons Ltd., 2000.

[104] XU B, SUN G D, YU R, et al. High-accuracy TDOA-based Localization without Time Synchronization [J]. IEEE Transactions on Parallel and Distributed Systems, 2013, 24 (8): 1567-1576.

[105] 朱振海. 超宽带精准实时定位系统的 TDOA 定位算法研究 [D]. 海口: 海南大学, 2019.

[106] HUANG Y T, JACOB B, ELKO G W. An efficient Linear-correction Least-squares Approach to Source Location [J]. Proc. of IEEE Workshop on the Applications of Signal Processing to Audio and Acoustics, 2001, 10: 67-70.

[107] OKELLO N, FLETCHER F, MUSICKI D, et al. Comparison of recursive algorithms for emitter localisation using TDOA measurements from a pair of UAVs [J]. IEEE Transactions on Aerospace and Electronic Systems, 2011, 47 (3): 1723-1732.

[108] 阳熊. 基于超宽带的定位技术研究与应用 [D]. 成都: 电子科技大学, 2016.

[109] 杨洲, 汪云甲, 陈国良, 等. 超宽带室内高精度定位技术研究 [J]. 导航定位学报, 2014, 2 (4): 31-35.

[110] YAVAR N. Ultra-Wideband Wireless Positioning Systems [R]. Faculty of Computer Science University of New Brunswick Fredericton, 2014, 34-36.

[111] 肖辉春, 梁晓林. 超宽带室内定位算法 [J]. 电讯技术, 2019, 59 (7): 755-760.

[112] 史刘强, 付江涛. 基于 UWB 定位系统设计 [J]. 电子设计工程, 2019, 27 (15): 161-165.

[113] 孙顶明. 基于 Chan-Taylor 的室内复杂环境 UWB 定位算法研究 [D]. 南京: 南京邮电大学, 2019.

[114] 姜向远, 张焕水, 王伟, 等. IR-UWB 能量检测接收机中基于门限的 TOA 估计 [J]. 电子与信息学报, 2011, 33 (6): 1361-1366.

[115] 田连杰. 基于遗传粒子滤波的多径信号估计算法 [J]. 计算机仿真, 2017 (12): 36-40.

[116] LE B L, AHMED K, TSUJI H. Mobile location estimator with NLOS mitigation using Kalman filtering [C]. IEEE Wireless Communications and Networking, 2003, 3: 1969-1973.

[117] VAGHEFI R M, BUEHRER R M. Target Tracking in NLOS Environment Using Semidefinite Programming [C]. Military Communications Conference, 2013: 160-174.

［118］ WU Y C, CHAUDHARI Q, SERPEDIN E. Clock Synchronization of Wireless Sensor Networks ［J］. IEEE Signal Processing Magazine, 2010, 28（1）：124-138.

［119］ 葛丽丽. 基于 UWB 的高精度室内定位及时钟同步算法的研究 ［D］. 北京：北京邮电大学, 2019.

［120］ 李清泉, 刘炎炎, 钟佳威, 等. 一种针对 UWB 定位的大气误差处理方法 ［P］. CN107884745A, 2018-04-06.

［121］ 李剑, 陈大庚, 戎璐. 一种 TDOA 测量误差的校正方法、传输点和系统 ［P］. CN103781095A, 2014-05-07.

［122］ LI Y H, GE N, LU J H. Performance Evaluation of a Single Carrier UWB System with MSE Channel Estimation ［J］. Chinese Journal of Electronics, 2010, 19（1）：150-154.

［123］ 于梅. 超宽带无线定位算法的研究与仿真 ［D］. 青岛：中国海洋大学, 2012.

［124］ PELEG S, PORAT B. The Cramer-Rao lower bound for signals with constant amplitude and polynomial phase ［J］. Signal Processing IEEE Transactions on, 1991, 39（3）：749-752.

［125］ TEKINAY S, CHAO E, RICHTON R. Performance benchmarking for wireless location systems ［J］. IEEE Communications Magazine, 1998, 36（4）：72-76.

［126］ 基于 UWB/IMU 融合的室内定位与导航技术研究. https://github.com/gao-ouyang/demo_for_kalmanFilter.

［127］ KING A D. Inertial navigation-forty years of evolution ［J］. GEC Review, 1998, 13（3）：1-15.

［128］ 陆元九. 惯性器件（上、下）［M］. 北京：中国宇航出版社, 1990.

［129］ 秦永元. 惯性导航 ［M］. 北京：科学出版社, 2006.

［130］ TITTERTON D H, WESTON J L. Strapdown Inertial Navigation Technology ［M］. 2nd edition. UK：The Institution of Electrical Engineers, 2004：1-7.

［131］ 万德钧. 展望 FOG 在舰艇导航中的应用 ［J］. 中国惯性技术学报, 2002, 10（1）：1-5.

［132］ GYUROSI M. Russia develops strapdown inertial systems for missiles. Jane0s Missiles and Rockets, 2006.

［133］ 罗兵, 王安成, 吴美平. 基于相位控制的硅微机械陀螺驱动控制技术 ［J］. 自动化学报, 2012, 38（2）：206-212.

［134］ LEE P M, JUN B H, CHOI H T, et al. An integrated navigation systems for underwater vehicles based on inertial sensors and pseudo LBL acoustic transponders ［C］. Proceedings of the 2005 MTS/IEEE. Korea：IEEE, 2005：555-562.

［135］ 毕兰金, 刘勇志. 精确制导武器在现代战争中的应用及发展趋势 ［J］. 战术导弹技术, 2004（6）：1-4.

［136］ SCHMIDT G T. INS/GPS technology trends ［J］. Advances in Navigation Sensors and Integration Technology, 2008.

［137］王巍. 光纤陀螺惯性系统［M］. 北京：中国宇航出版社，2010.

［138］YU H, YANG T C, RIGAS D, et al. Modelling and control of magnetic suspension systems［C］. Proceedings of the 2002 IEEE International Conference on Control Applications. Glasgow, UK：IEEE, 2002：944-949.

［139］PAVLATH G A. Fiber optic gyros：the vision realized［C］. Proceedings of the 18th International Conference on Optical Fiber Sensors, 2006.

［140］DIVAKARUNI S P, SANDERS S J. Fiber optic gyros：a compelling choice for high precision applications［C］. Proceedings of the 18th International Conference on Optical Fiber Sensors Conference, 2006.

［141］王巍. 干涉型光纤陀螺仪技术［M］. 北京：中国宇航出版社，2010.

［142］SANDERS G A, SZAFRANIEC B, LIU R Y, et al. Fiber optic gyros for space, marine, and aviation applications［J］. SPIE, 1996, 2837：61-67.

［143］ROZELLE D M. The hemispherical resonator gyro：from wineglass to the planets（AAS 09-176）［C］. Proceedings of the 19th AAS/AIAA Space Flight Mechanics Meeting. AIAA, 2009.

［144］LYNCH D D. HRG development at Delco, Litton and Northrop Grumman, Anniversary Workshop at Yalta［C］. Proceedings of the 2008 Anniversary Workshop at Yalta. Ukraine, 2008：19-21.

［145］HANSE J G. Honeywell MEMS Inertial Technology & Product Status［C］. Proceedings of the 2004 Symposium on Position Location and Navigation, 2004：43-48.

［146］GRIPTION A. The application and future development of a MEMS SiVSr for commercial and military inertial products［C］. Proceedings of the 2002 Symposium on Position Location and Navigation. Palms Springs, CA：IEEE, 2002：28-35.

［147］BENEDICT O. The SiREUS MEMS rate sensor program［C］. Proceedings of the 59th IAC International Astronautical Congress. Glasgow, Scotland, UK, 2008.

［148］王巍，何胜. MEMS 惯性仪表技术发展趋势［J］. 导弹与航天运载技术，2009（3）：23-28.

［149］张良通，李影. 推荐使用的 IEEE 哥氏振动陀螺仪标准和其它惯性传感器标准［J］. 舰船导航，2003（3）：1-9.

［150］DURFEE D S, SHAHAM Y K, KASEVICH M A. Long-term stability of an area-reversible atom-interferometer Sagnac gyroscope［J］. Physical Review Letters, 2006, 97（24）：240801.

［151］KASEVICH M, CHU S. Measurement of the gravitational acceleration of an atom with a light-pulse atom interferometer［J］. Applied Physics B, 1992, 54（5）：321-332.

［152］张学峰，许江宁，周红进. 原子激光陀螺［J］. 中国惯性技术学报，2006, 14（5）：86-88.

［153］邓宏论. 石英振梁加速度计概述［J］. 战术导弹控制技术，2004, 21（4）：52-57.

［154］LE TRAON O, JANIAUD D, MULLER S, et al. The VIA vibrating beam accelerometer：

concept and performance [C]. Proceedings of the 1998 Position Location and Navigation Symposium. Palm Springs, CA: IEEE, 1998: 25-29.

[155] KILLEN A, TARRANT D, JENSEN D. High acceleration, high performance solid state accelerometer development [J]. IEEE Aerospace and Electronic Systems Magazine, 1994, 9 (9): 20-25.

[156] HOPKINS R, MIOLA J, SAWYER W, et al. The Silicon oscillating accelerometer: a high-performance MEMS accelerometer for precision navigation and strategic guidance application [C]. Proceedings of the 61st Annual Meeting of the Institute of Navigation. Cambridge, MA: ION, 2005: 1043-1052.

[157] WANG W, WANG J L. Study of modulation phase drift in an interferometricfiber optic gyroscope [J]. Optical Engineering, 2010, 49 (11): 114401.

[158] 王巍, 杨清生, 王学锋. 光纤陀螺的空间应用及其关键技术 [J]. 红外与激光工程, 2006, 35 (5): 509-512.

[159] WANG W, WANG X F, XIA J L. The influence of Er-doped fiber source under irradiation on fiber optic gyro. Optical Fiber Technology, 2012, 18 (1): 39-43.

[160] LIU H, FANG J C, LIU G. Research on the stability of magnetic bearing system in magnetically suspended momentum wheel under on orbit condition. Journal of Astronautics, 2009, 30 (2): 625-630.

[161] 王巍. 惯性技术研究现状及发展趋势 [J]. 自动化学报, 2013, 39 (6): 723-729.

[162] 段洋. 电动汽车用锂离子电池 SOC 估算方法研究 [D]. 长沙: 湖南大学, 2018.

[163] 丁宁. 基于 UWB/IMU 组合的 AGV 导航技术研究 [D]. 哈尔滨: 哈尔滨工程大学, 2018.

[164] 张秋阳. 无人机姿态测算及其误差补偿研究 [D]. 长沙: 中南大学, 2011.

[165] 任明荣, 刘星桥, 陈家斌, 等. 捷联寻北仪抗环境干扰的研究 [J]. 火力与指挥控制, 2010, 35 (4): 73-75.

[166] 周晓晓. 我国智能制造的发展战略和体制保障 [D]. 天津: 天津师范大学, 2018.

[167] 周济. 智能制造——"中国制造 2025"的主攻方向 [J]. 中国机械工程, 2015, 26 (17): 2273-2284.

[168] SHAH R, WARD P T. Lean manufacturing: Context, practice bundles; and performance [J]. Journal of Operations Management, 2004, 21 (2): 129-149.

[169] 吴澄, 李伯虎. 从计算机集成制造到现代集成制造——兼谈中国 CIMS 系统论的特点 [J]. 计算机集成制造系统, 1998 (5): 1-6.

[170] 杨叔子, 吴波, 胡春华, 等. 网络化制造与企业集成 [J]. 中国机械工程, 2000, 11 (2): 54-57.

[171] 周济. 制造业数字化智能化 [J]. 中国机械工程, 2012, 23 (20): 2395-2400.

[172] 闫坤本. 智能制造对我国装备制造企业知识创新的影响研究 [D]. 哈尔滨: 哈尔滨工

程大学，2018.

[173] 谷雪峰. F 集团 A 生产车间设施布局改善研究及应用［D］. 重庆：重庆大学，2009.

[174] 刘红胜. 汽车制造企业精益供应链物流系统研究［D］. 武汉：武汉理工大学，2013.

[175] 周济，李培根. 走向新一代智能制造［J］. 中国工程院院刊，2018.

[176] VACLAV J, MAREK O, VLADIMIR M. Understanding Data Heterogeneity in the Context of Cyber-Physical Systems Integration［J］. IEEE Transactions on Industrial Informatics，2017：660-667.

[177] TAO F, ZHANG M. Digital twin shop-floor: a new shop-floor paradigm towards smart manu-facturing［J］. IEEE Access, 2017, 5：20418-20427.

[178] 汪林生. 虚实融合技术在智能制造中的应用研究［D］. 南京：南京邮电大学，2018.

[179] 张洁，吕佑龙. 智能制造的现状与发展趋势［J］. 高科技与产业化，2015（3）：42-47.

[180] 过晓颖. 如何理解物流系统柔性化［J］. 物流技术与应用，2014，19（10）：129-132.

[181] 德马泰克. 软硬件结合构建柔性物流系统［EB/OL］. https://www.sohu.com/a/349386912_649545.

[182] 张光明，赵锡斌，邓倩. 物流系统的柔性及其测度［C］. 中国机械工程学会年会论文集，2005.

[183] 自动化立体仓库解决方案［EB/OL］. https://wenku.baidu.com/view/71605b49df80d4d8d15abe 23482fb4daa5 8d1d2d. html.

[184] 智能工厂实时定位解决方案［EB/OL］. https://www.sohu.com/a/326922541_100075937.

[185] 王姚婵. 数控机床制造车间现场物流系统可靠性关键技术研究［D］. 重庆：重庆大学，2018.